现代养牛
技术大全

◎ 柳光明　傅祥伟　陈　同　主编

中国农业科学技术出版社

图书在版编目（CIP）数据

现代养牛技术大全／柳光明，傅祥伟，陈同主编. --北京：中国农业科学技术出版社，2022.9（2025.5 重印）

ISBN 978-7-5116-5868-5

Ⅰ.①现…　Ⅱ.①柳…②傅…③陈…　Ⅲ.①养牛学Ⅳ.①S823

中国版本图书馆 CIP 数据核字（2022）第 147584 号

责任编辑　张国锋
责任校对　李向荣
责任印制　姜义伟　王思文

出 版 者　中国农业科学技术出版社
　　　　　北京市中关村南大街 12 号　　邮编：100081
电　　话　（010）82106625（编辑室）　　（010）82109702（发行部）
　　　　　（010）82109709（读者服务部）
网　　址　http://www.castp.cn
经 销 者　各地新华书店
印 刷 者　北京中科印刷有限公司
开　　本　170 mm×240 mm　1/16
印　　张　14.5
字　　数　300 千字
版　　次　2022 年 9 月第 1 版　2025 年 5 月第 2 次印刷
定　　价　58.00 元

《现代养牛技术大全》
编委会

前　言

　　牛是反刍家畜，以食草为主。充分发挥草食家畜生产潜力，走节粮型畜牧业发展之路，利用各种牧草、农作物秸秆和农副产品发展现代养牛，生产牛乳、牛肉及牛皮等高附加值产品，是当前和今后一段时期，我国畜牧业进行结构调整的中心任务，也是促进农民增收、改善生态环境的重要途径。

　　近年来，随着外来良种的引进和人工授精技术的推广运用，我国牛的良种化程度和饲养管理水平不断提高。但不可否认，养牛的规模化程度低，现代养牛技术的推广应用体制尚不够健全。针对当前牛养殖生产的现实情况，我们组织了长期从事现代养牛生产、技术推广第一线的专家编写了这本《现代养牛技术大全》。本书从实际出发，理论联系实际，从场区建设、环境控制、品种选择、繁殖改良、日粮配合、饲养管理以及疾病防控等方面，比较全面地介绍了现代养牛技术的新理念、新知识和新技术，内容全面，重点突出，贴近生产，服务一线。

　　本书力求语言通俗易懂，技术先进实用，针对性和实战性强，既可供规模化养牛专业场决策参考，也适合小规模养殖户、基层兽医、畜牧兽医技术人员使用，也可作为相关院校师生了解现代养牛技术的参考资料。

　　由于作者水平有限，不足甚至错误在所难免，希望读者在阅读使用过程中提出批评修正意见。

编者

2022 年 2 月

目　　录

第一章　牛场建设与环境控制

第一节　牛场选址与规划

一、选址

选址要慎重，若考虑不周，将会为牧场日后生产带来永久性遗憾。为此，在选址时最好要有专家论证，至少要征求畜牧、水利、电力、交通、通信、建筑等部门有经验专家的意见。牛场场址的选择应主要参考如下内容。

（一）规划依据

要依据城镇建设发展规划、农牧业发展规划、农田基本建设规划和农业产业化发展的政策导向等来规划选址。同时，要适应现代养牛业的发展趋势，因地制宜、科学规划发展肉牛、奶牛或奶水牛业，以满足市场需求，并根据资金、技术、场地和饲料等资源情况科学规划养殖规模。

（二）卫生防疫

牛场的卫生防疫要符合兽医卫生和环境卫生的要求，并得到卫生防疫、环境保护等部门审查要求。要与交通要道、工厂及住宅区保持 500~1 000 米以上的距离，并在居民区的下风向，以防牛场有害气体和污水等对居民的侵害，以利防疫及环境卫生。

（三）地势地形

牛场要求开阔整齐，方形最为理想，地形狭长或多角边都不便于场地规划和建筑物布局。场区面积可根据饲养规模、管理方式、饲料贮存和加工等来确定，同时考虑留有发展余地。例如，存栏 400 头奶牛场需要 6 公顷以上的场区面积。牛场地势高燥，避风向阳，地下水位 2 米以下，平坦稍有缓坡，坡度以 1%~3% 较适宜，最大坡度不得超过 25%。切不可建在低洼或低风口处，以免汛期积水，造成排水困难及冬季防寒困难。若在山区坡地建场，应选择在坡度平缓，向南或向东南倾斜处，以避北方寒风，有利阳光照射，通风透光。土质以砂壤土为佳，其透水性、保水性好，可防止病原菌、寄生虫卵等生存和繁殖。

（四）水电条件

牛场用水量很大，要有清洁而充足的水源，以保证生活、生产用水。自来水饮用安全可靠，但成本较高。井水、泉水等地下水水量充足，水质良好，且取用方便，设备投资少，是通常的解决方案。切忌在严重缺水或水源严重污染地区建场。现代化牛场机械挤奶、牛乳冷却、饲料加工、饲喂以及清粪等都需要电，因此，牛场要建在水电供应方便的地方。

（五）交通通信

牛场每天都有大量的粪便和饲料的进出。因此，牛场的位置应选择在距离农田和放牧地较近以及交通便利的地方。较大的牛场要有专用道路与主公路相连接，供电及通信电缆也需同时考虑。

（六）饲草来源

牛场应选择牧地广阔，牧草品种多、品质好的场所，牛场附近可种植牧草的优质土地供种植高产牧草，以补天然牧草不足。以舍饲为主的牛场，更要有足够的饲料饲草基地或饲料饲草来源。

二、规划与布局

按畜牧业养殖设施与环境标准化的要求，进行牛场的科学规划和布局，使设施与环境达到工厂化生产要求，以提高集约化程度和生产效率，保证养殖环境的净化和生产安全健康的畜产品。

（一）按功能分区的规划布局

场区的平面布局应根据牛场规模、地形地势及彼此间的功能联系合理规划布局，奶牛场还要确保实现两个三分开：即人（住宅）、牛（活动）、奶（存放）三分开；奶牛的饲喂区、休息区和挤奶区三分开，净道和污道分开。为便于防疫和安全生产，应根据当地全年主风向和场址地势，顺序安排以上各区（图1-1）。

1. 生活区

指职工生活住宅与文化活动区。应在牛场上风向和地势较高地段，并与生产区保持100米以上距离，以保证生活区良好的卫生环境。为了减少生活区和办公区外来人员及车辆的污染，有条件的应将生活区和办公区设计在远离饲养场的城镇中，把牛场变成一个独立的生产机构，这样既便于生活和信息交流以及商品销售，又有利于牛场疾病的防控。

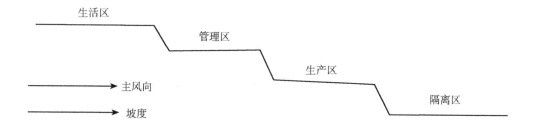

图1-1 牛场各功能区依据地势、风向配置示意图

2. 管理区

或叫生产辅助区，包括与经营管理、产品加工销售等有关的建筑物，如办公楼、仓库、产品加工和销售间等，管理区的经营活动与社会发生经常性的极密切的联系，因此，管理区要和生产区严格分开，保证50米以上距离。外来人员只能在管理区活动，场外运输车辆、牲畜严禁进入生产区。

3. 生产区

应设在场区的较下风向位置，要能控制场外人员和车辆，使之不能直接进入生产区，要保证安全，安静。牛场大门口设门卫传达室、消毒更衣室和车辆消毒池，严格控制非生产人员出入生产区，出入人员和车辆进行严格消毒。

生产区是牛场的核心区，应根据其规模和经营管理方式合理布局，应按分阶段、分群饲养的原则，按产奶牛群、干奶牛群、产房、犊牛舍、育成前期牛舍、育成后期牛舍顺序排列，各牛舍之间要保持适当距离，布局整齐，以便于防疫和防火。但也要适当集中，节约水电线路管道，缩短饲草饲料及粪便运输距离。粗饲料库设在生产区下风口地势较高处，与其他建筑物保持60米以上的防火距离。饲料库、干草棚、加工车间和青贮池，要布置在适当位置，便于车辆运送，减小劳动强度，但必须防止牛舍和运动场因污水渗入而污染草料。

4. 隔离区

该区是卫生防疫和环境保护的重点，包括兽医室、隔离牛舍、尸体剖检和处理设施、贮粪场与污水贮存及处理设施等。牛场隔离区要设在生产区内下风地势低处，与生产区保持不小于300米的卫生间距。隔离区应设单独通道，方便消毒，方便污物处理等；尸坑和焚尸炉距牛舍300米以上，防止病牛、污水、粪尿等废弃物蔓延污染环境。

（二）生产区内的规划布局

1. 充分利用地形地势

以有利排水，保持牛舍内干燥，便于施工减少土方量，方便建设后的饲养管理为宜。牛舍长轴应与地势等高线平行，两端高差不超过 1%~1.5%。在寒冷地区，为了防止寒风侵袭，除应充分利用有利地形挡风及避开风雪外，还应使牛舍的迎风面尽量减少，在主风向可设防风林带、挡风墙；在炎热地区，可利用主风向对场区和牛舍通风降温。

2. 合理利用光照，确定牛舍朝向

由于我国地处北纬 20°~50°，太阳高度角冬季短，夏季长，为使牛舍达到冬暖夏凉，应采取南向即牛舍长轴与纬度平行，这样有利于冬季阳光照入牛舍内以提高舍温，而夏季可防止强烈的太阳光照射。因此，在全国各地均以南向配置为宜，并根据纬度的不同有所偏向东或偏向西。修建多栋牛舍时，应采取长轴平行配置，当牛舍超过 4 栋时，可以 2 行并列配置，前后对齐，相距 10 米以上。

3. 根据生产工艺进行布局

养牛生产工艺包括牛群的组成和周转方式，挤奶、运送草料、饲喂、饮水、清粪等，也包括测量、称重、采精输精、防疫治疗、生产护理等技术措施。修建牛舍必须与本场生产工艺相结合，否则，必将给生产造成不便，甚至使生产无法进行。

4. 放牧饲养生产区的配置

要考虑与放牧地、打草场和青饲料地的联系。即应与放牧地、草地保持较近的距离，交通方便（含牧道与运输道）。放牧季节也可在牧地设野营舍。为减少运输负荷，青饲料地宜设在生产区四周。放牧驱赶距离，成年牛 1~1.5 千米，1岁以上青年牛 2.5 千米，犊牛 0.5~1 千米。

第二节　牛舍建筑设计与牛场的配套设施

一、奶牛舍

（一）奶牛舍的形式

1. 按牛舍屋顶式样不同分

可分为钟楼式、半钟楼式、双坡式和单坡式 4 种（图 1-2）。

（1）钟楼式　通风良好，适合于南方地区，但构造比较复杂，耗料多，造价高。

（2）半钟楼式　通风较好，但夏天牛舍北侧较热，构造复杂。

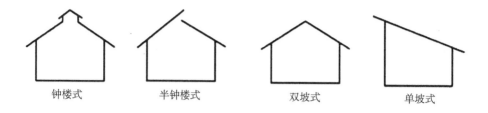

| 钟楼式 | 半钟楼式 | 双坡式 | 单坡式 |

图1-2　牛舍建筑形式

（3）双坡式　屋顶呈楔形，适用于跨度较大的牛舍，造价较低，适用性强，在南北方均用得普遍。

（4）单坡式　采用钢材和彩钢瓦做材料，结构简单，坚固耐用，适用于大跨度的牛舍。

2. 按饲养方式不同分

（1）拴系式　拴系式牛舍是一种传统而普遍使用的牛舍。每头牛都有固定的牛床，用颈枷或链绳拴住牛只，在我国使用得比较普遍，在饲喂、挤奶和刷拭时都可针对单独个体，除运动外，饲喂、挤奶等都在牛舍内进行，每头牛都用链绳或颈枷固定拴系于食槽或栏杆上，限制其活动；每头牛都有固定的槽位和牛床，互不干扰，单独或2头牛合用一个饮水器；拴系式牛舍的跨度通常在10.5~12米，檐高约为2.4米。目前，拴系饲养、挤奶厅集中挤奶已被广泛应用。采用该方式饲养管理可以做到精细化，而缺点是费事、费时，难于实现高度的机械化，劳动生产率较低。

拴系式牛舍按照其跨度和牛床的排列又分单列式和双列式。

① 单列式。只有一排牛床。一般多为单列开敞式牛舍，由东、北、西三面围墙组成，南面敞开，舍内设饲料槽和走廊，在北面墙上设有小窗。多利用牛舍南面的空地为运动场。牛舍宽度为5米，长度由每头奶牛所占的宽度和饲养奶牛的头数来决定，一般的成年牛的宽度可按每头1.1~1.2米计算。槽前通道为1.2米左右，饲槽0.7米，牛床1.8米，粪尿沟0.3米，床后通道1米。这类牛舍跨度小，易于建造，通风和采光良好，造价低廉。但舍内温度不易控制，常随舍外的气温变化而变化，湿度亦然。虽夏热冬凉，但冬季还是可以减轻寒风的袭击，适于冬季不太冷的地区。这类牛舍以家庭养殖的小型农户较常见。

② 双列式。这类牛舍适应于中等以上规模的养殖户（场）。牛舍跨度大，一般跨度为10.5~12米，沿纵轴分成左右两个单元，长根据养牛的数量而定。牛舍可建一层，也可建两层，上层做储干草或垫草用，能满足自然通风的要求。

在双列式中，根据母牛站立方向的不同，又可分为头对头式和尾对尾式两种。头对头式中间为送料道，两边各有一条清粪通道。尾对尾式中间为清粪道，两边各有一条饲料通道。对头式牛只互相干扰，飞沫乱溅不利于防疫保健，不便于清除粪便和观察生殖器官，只是方便饲喂。尾对尾式除不便于饲喂外，克服了上述缺点，而且尾对尾式牛头向窗，通风采光好，挤奶及清粪也方便，故应用较为普遍。

此种牛舍虽然造价稍高，但保暖、防寒性好，适于我国北方地区。以成年奶牛为例，每头占用面积 8~10 米², 跨度 12 米，100 头牛舍长度 80~90 米。

（2）散栏式

①牛舍内设施。对于散栏式饲养牛场，牛舍主要设施包括饲喂牛栏和自由卧栏。

饲喂牛栏：散栏式饲养饲喂牛栏较拴系式饲养简单，牛床为全开放的通道，一般不设隔栏及粪尿沟等，也不使用垫料。牛槽和饮水器等与拴系式牛床相同。主要不同在于颈枷的应用，拴系式颈枷的目的是固定奶牛并保证其能舒适地起卧休息，但散栏式主要是在保证奶牛轻松地获得采食的同时，保证奶牛相互之间不要争食，挤奶后上栏固定，还可以保证奶牛乳头有足够的时间晾干，减少乳房炎的发生。所以，散栏式牛舍通常采用直杆式颈枷，一般有统一联动式和各自自锁式，前者整栏颈枷可以同时锁定打开，减少劳动量，后者针对个体可以人为或自动锁定，控制灵活。饲槽长度每头牛平均为 70~75 厘米，每个颈枷相应设计70~75 厘米宽。国外有些牧场牛舍中自由颈枷数量仅占牛总数的 90%，如果条件允许，按牛舍实际奶牛头数的 100% 设置颈枷数更好。

自由卧栏：是目前普遍采用的方式。在散放饲养时，奶牛采食完饲料及挤完牛奶后，在运动场自由活动。如果运动场仅有凉棚而没有自由卧栏，奶牛会经常卧到被粪尿污染的地方，牛体卫生状况差，乳房炎发病率高。

②自由卧栏的数量。由于奶牛平均每天有 10~14 个小时在卧栏上休息，一般情况下，自由卧栏数量占牛头总数的 85%~90% 即可。

③自由卧栏的管理。因为自由卧栏是奶牛的主要休息场所，必须加大卧栏下的防暑降温设备投资；卧栏尺寸的固定要求青年牛和产奶牛等体重差别较大的奶牛必须分开饲养等。自由卧栏的管理是发挥其效果的保障。要每天清洁卧栏后的粪尿；浸湿或污染的牛床要及时清理；及时维修损坏的隔栏；注意观察奶牛的行为和是否损伤，以便及时调整设备。如果自由卧栏有 10% 以上的空位，或有3%~5% 的奶牛从来不上卧栏，这说明卧栏的设计和管理存在问题，需要及时解决。

④通道。牛舍通道分饲料通道和中央通道。尾对尾式饲养的双列式牛舍，中间通道宽 130~150 厘米，两侧饲料通道宽 80~90 厘米。

⑤饲槽。饲槽设在牛床的前面，有固定式和活动式两种。以固定式的水泥饲槽最适用，其上宽 60~80 厘米，底宽 35 厘米，底呈弧形。槽内缘高 35 厘米（靠牛床一侧），外缘高 60~80 厘米。

⑥通气孔。有的牛舍建有通气孔，通气孔一般设在屋顶，大小因牛舍类型不同而异。单列式牛舍的通气孔为 70 厘米×70 厘米，双列式为 90 厘米×90 厘米。北方牛舍通气孔总面积为牛舍面积的 0.15% 左右。通气孔上面设有活门，可以自由启闭。通气孔高于屋脊 0.5 米或在房的顶部。

⑦粪尿沟和污水池。单列式牛舍粪尿沟在牛舍的一侧，双列式牛舍，为了保护舍内的清洁和清扫方便，粪尿沟一般设在牛舍中间，尿粪沟应不透水，表面光滑。粪尿沟宽 28~30 厘米，深 15 厘米，倾斜度 0.5%~1%。粪尿沟应通到舍外污水池。

污水池应距牛舍 6~8 米，其容积以牛舍大小和牛的头数多少而定，一般可按每头成牛 0.3 米³、每头犊牛 0.1 米³ 计算，以能储满 1 个月的粪尿为准，每月清除 1 次。为了保持清洁，舍内的粪便必须每天清除，粪尿沟要定时冲洗，保持畅通。

⑧清污设施。奶牛舍清污设施分为机械清除和水冲清除。

机械清除：当粪便与垫料混合或粪尿分离，呈半干状态时，常采用此法。清粪机械包括人力小推车、地上轨道车、单轨吊罐、牵引刮板、电动或机动铲车等。

采用机械清粪时，为使粪与尿液及生产污水分离，通常在牛舍中设置污水排出系统，液形物经排水系统流入粪水池储存，而固形物则借助人或机械直接用运载工具运至堆放场。这种排水系统一般由排尿沟、降口、地下排出管及粪水池组成。为便于尿水顺利流走，牛舍的地面应稍向排尿沟倾斜。

水冲清除：这种办法多在不使用垫草，采用漏缝地面时应用。其优点是：省工省时、效率高。缺点是：漏缝地面以下不便消毒，疾病宜在舍内传播；土建工程复杂；投资大、耗水多，粪水储存、管理、处理工艺复杂；粪水的处理、利用困难；易于造成环境污染。此外，采用漏缝地面、水冲清粪易导致舍内空气湿度升高、地面卫生状况恶化，有时出现恶臭、冷风倒灌现象，甚至造成各舍之间空气串通。目前国内应用得很少。

⑨粪污处理设施。在设计奶牛场的同时要充分考虑环境保护问题，这是养殖业发展的方向，也是坚持科学的、可持续发展的必由之路。建设牛舍的同时，要考虑粪污的排放及处理，不得将粪污随意堆放。粪便的存放与处理应有专门的场地，存放与处理前还应考虑牛舍流出的粪污要进行液固分离，分离后分别进行处理。分离方法有自然分离法和机械分离法，自然分离法是利用相对密度的不同将

粪污进行液固分离，一般采用多级沉降。首先从牛舍流出的液体粪污先经过一个宽敞稍有坡度的水泥地面，减小流速，液固初步分开，并及时清理水泥地面上沉积的固体粪渣，然后，污水进入沉淀池，进一步进行沉淀分离，沉淀分离一般为二到三级分离。

机械分离是用机械设备利用离心力法将液固分离，可以将粪污集中进行液固分离，分离效率高，分离后固体含水分低，但需要消耗电力。

液固分离后，液体部分可用于灌溉、水产养殖，或作沼液供发酵沼气，固体部分须堆积发酵，进行无害化处理，机械分离后的固体干燥处理后是加工生产有机肥的原料。

散放饲养节约劳力和投资，便于集约化、机械化管理，除挤奶厅（台）和储乳间建筑质量要求较高外，牛舍建筑都较简单。散放饲养比舍饲方式更适合奶牛的生态习性。

3. 按牛群类别不同分

可分为成年奶牛舍、育成牛和青年牛舍、产房和犊牛舍。

（1）成年奶牛舍　成年奶牛舍在奶牛场中占的比例最大，是牛场的主要建筑，主要饲养产奶牛。建造标准牛舍，我国已有规范设计。双列式牛舍在我国奶牛业使用最为普遍，其中有对头式和对尾式两种。

（2）育成牛和青年牛舍　育成牛为6~16月龄的奶牛，青年牛为16月龄后配种受孕到首次分娩前的奶牛。这类牛舍的基本形式同成年牛舍，只是牛床尺寸小，这类牛舍的基本形式基本同成年牛舍。牛舍建筑上可采用东、西、北面有墙壁，南面没有墙或仅有半截墙的敞开式或半敞开式牛舍。

（3）产房和犊牛舍　较大规模的牛场应专建产房。产房的床位占成年奶牛头数的10%，床位应大一些，一般宽1.5~2米，长2~2.1米，粪沟不宜深，约8厘米即可。

一般产房多与初生犊的保育间合建在同一舍内，既有利于初生犊哺饲初乳，又可节省犊牛的防护设施。有条件的，将产后半月内的犊牛养于特制的活动犊牛栏（保育笼）中，其栏用轻型材料制成，长110~140厘米，宽80~120厘米，高90~100厘米，栏底离地面10~15厘米，以防犊牛直接与地面接触造成污染。保育间要求阳光充足，无贼风，忌潮湿。

犊牛舍按成年母牛的40%设置。采用分群饲养，一般分成0.5~3月龄、3~6月龄两部分。3月龄内犊牛分小栏饲养，栏长130~150厘米，宽110~120厘米，高110~120厘米。3月龄以上的犊牛可以通栏饲喂。牛床长130~150厘米，宽70~80厘米，饲料道宽90~120厘米，粪道宽140厘米。

（二）奶牛舍的主要设施

1. 牛栏和牛床

（1）牛栏　根据奶牛拴系的方式又分为两种，即链条拴系和颈枷拴系（图1-3）。后者在拴系和释放奶牛的时候都比较方便，牛床可相应短一些，因此造价和维护成本低，但被固定的奶牛在站立和卧倒时不舒适。前者优缺点正好相反。不同拴系方式的牛栏结构不同。

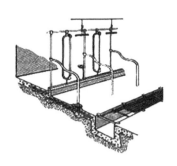

图1-3　颈枷拴系式牛栏基本结构

（2）牛床　是拴系式牛舍最重要的设施，拴系式饲养饲喂和卧栏合二为一，奶牛大部分时间都在牛床上度过，牛床的舒适与否直接影响到奶牛生产性能的发挥。好的牛床还可以减少蹄病、乳房炎、乳头损伤，建立良好的采食习惯，保证奶牛健康和优质高产。衡量牛床的指标包括长短、宽窄、高低、坡度、垫料的性质、饲槽的高低、饮水碗的位置等。

图1-4　牛床尺寸的确定

牛床的空间大小取决于奶牛体格大小，要保证奶牛有足够空间站立、卧倒和休息。在奶牛站起的过程中，奶牛头部前伸幅度约占牛体长（从鼻端到臀端）的20%，前蹄也会前冲20厘米左右，应留有足够的空间和足够长的拴系链条来保证奶牛能舒服地站起（图1-4）。当奶牛卧倒时要有足够的空间，避免被护栏损伤。长宽合适的牛床可以保证空间被有效利用。牛床自前向后须有1%~3%的倾斜，利于排水，但倾斜不宜过大，以免引起后肢负重过多，以及出现子宫后垂等问题。拴系式牛床的尺寸规格，见表1-1。

表1-1　拴系式牛床尺寸　　　　　　　　　　　　　　（单位：米）

体重（千克）	颈枷拴系式牛床	
	宽	长
365	1.02	1.42
455	1.12	1.52
545	1.22	1.63
635	1.32	1.73
680	1.37	1.78

注：上表适用于有电驯化设备条件下，国内由于较少使用驯化设备，牛床尺寸可适当缩小，以保持牛床和牛体干净（Diggins，1984年）。

2. 饲槽

奶牛饲槽一般应高于牛床10~35厘米。饲槽过高，则不利于奶牛唾液的分泌，这也不利于瘤胃发酵功能的稳定；饲槽过低，奶牛采食饲料时，头颈部需要尽量降低，前肢向外分开，导致奶牛前肢内侧负重较大，容易引起蹄病的发生。

3. 饲料通道

其宽度由料车尺寸及操作时必需的宽度来确定。一般1.5米左右，对头式布置可适当增加。

4. 粪尿沟

（1）清粪通道　通道宽度常取1.6~1.8米，其路面要有不大于1%的坡度，做好防滑线。

（2）粪沟　牛舍粪沟多做成明沟；粪沟设在牛床末端，并有5%~6%的坡度。

该沟若为明沟，沟沿宜做成圆钝角，防止损伤牛蹄，粪尿沟末端设置窨井，暂时存储粪尿及冲洗后的污水等，也可以在粪尿沟上覆盖结实稳定的漏缝板，并使之与牛床相平，粪尿沟可相应加深10~15厘米，加宽15~20厘米，这样可防止牛尾巴浸泡在粪尿污水中，这对于用水冲洗的牛床或较短牛床非常有利，但是，此类粪尿沟中牛粪容易发酵产生有毒有害气体，不能及时排走的水分蒸发后也增加了畜舍湿度，导致冬天寒冷地区牛舍的防潮问题很难解决。现代化的奶牛场在粪尿沟底部加装自动清粪刮板可以很好地解决此类问题，还可以大幅度提高劳动生产率和减轻工人的劳动强度。为了加强除湿除臭效果，可以在加装漏粪地板的粪尿沟两端加装风机向牛舍外抽风。

5. 电驯化设备

国外为了保证牛床清洁，使牛养成良好的排粪排尿习惯，常使用电驯化设备。此设备安装于牛前背部正上方，高度可调，牛排粪尿时要弓背，如果过度靠前，将触及电驯化设备，受到一定电压的电刺激，迫使其后退，保证奶牛将粪尿排到牛床外。安装此设备后，牛床清洁度提高，牛床的长度可适当延长，增加奶牛起卧舒适度。

6. 颈枷

（1）固定颈枷拴系　牛的活动范围小，牛床可相应做得短一些，1.65～1.8米比较合适。

（2）直链式和横链式拴系

① 直链式。由两条长短不一的铁链构成。长链长 130～150 厘米，下端固定在饲槽的前壁上，上端则拴在一条横梁上。短铁链（或皮带）长约 50 厘米，两端用 2 个铁环穿在长铁链上，并能沿长铁链上下滑动。使牛有适当的活动余地，采食休息均较方便。

② 横链式。由长短不一的两条铁链组成，为主的是一条横挂着的长链，其两端有滑轮挂在两侧牛栏的立柱上，可自由上下滑动。用另一短链固定在横的长链上套住牛颈，牛只能自如地上下左右活动，而不致拉长铁链导致抢食。

（三）挤奶间（厅）

挤奶间（厅）是散栏牛舍的主要设施，分固定式和转动式。前者又有直线形和菱形 2 种类型，后者根据母牛站立的方式则有串联式、鱼骨式等几种类型。

1. 固定式挤奶厅

（1）直线形挤奶厅　将牛赶到挤奶厅内的挤奶台上，成两旁排列，挤奶员站在厅内两列挤奶台中间的地槽内，不必弯腰工作，先完成一边的挤奶工作后，接着去进行另一边的挤奶工作，随后，放出已挤完奶的牛，放进一批待挤奶的母牛。此类挤奶设备经济实用，平均每个工时可挤 30～50 头奶牛。

（2）菱形挤奶厅　除挤奶台为菱形（平行四边形）外，其他结构均与直线形挤奶厅相同。挤奶员在挤奶台一边操作时能同时观察其他三边母牛的挤奶情况，工作效率较直线形挤奶厅高，一般在中等规模或较大的奶牛场中使用。多边形挤奶厅如菱形挤奶厅，可以提高每边奶牛进出挤奶牛位的速度。

2. 转盘式挤奶厅

（1）串联式转盘挤奶厅　是专为一人操作而设计的小型转盘，转盘上有 8 个床位，牛的头尾相继串联，牛通过分离栏板进入挤奶台。根据运转的需要，转盘可通过脚踏开关开动或停止。每个工时可挤 70～80 头奶牛。

（2）鱼骨式转盘挤奶厅　这一类型与串联式转盘挤奶厅相似，所不同的是牛呈斜形排列，似鱼骨形，头向外，挤奶员在中央操作，这样可以充分利用挤奶台的面积。一人操作的转盘有 13~15 个床位，两人操作则有 20~24 个床位，配有自动饲喂装置和自动保定装置。其优点是机械化程度高、劳动效率高、省劳力、操作方便，但设备造价高。

3. 挤奶厅的附属设施

为充分发挥挤奶厅的作用，应配备与之相适应的附属设施，如待挤区、机房、牛乳制冷间等，这些设施的自动化程度应与挤奶设备的自动化程度相适应，否则将影响设备潜力的发挥，造成无形的浪费。

（1）待挤区　用来将同一组挤奶的牛集中在一个区内等待挤奶，较为先进的待挤区内还配置有自动驱牛装置。待挤区常设计为方形，且宽度不大于挤奶厅。奶牛在待挤区停留的时间一般以不超过 0.5 小时为宜。同时，应避免在挤奶厅入口处设置死角、门、隔墙或台阶、斜坡，以免造成牛只阻塞。待挤区的地面要易清洁、防滑、色浅、明亮、通风良好，且有 3%~5% 的坡度（由低到高至挤奶厅入口）。

（2）滞留栏　采用散放式饲养时，由于奶牛无拴系，如需进行修蹄、配种、治疗等，均需将奶牛牵至固定架或处理间，为了便于将牛只牵离牛群，多在挤奶厅出口通往奶牛舍的走道旁设一滞留栏，栅门由挤奶员控制。在挤奶过程中，如发现有需进行治疗或进行配种的奶牛，则在挤完奶放奶牛离开挤奶台、走近滞留栏时，将栅门开放，挡住返回牛舍的走道，将奶牛导入滞留栏。目前最为先进的挤奶台配有牛只自动分隔门，其由电脑控制，在奶牛离开挤奶台后，自动识别，及时将门转换，将奶牛导入滞留栏，进行配种、治疗等。

（3）储奶间　通常包括奶罐、集奶组、过滤设备、管道冷却设备以及清洗设备的区域。储奶间的大小与奶罐的大小以及奶罐是否伸出门外有关。要按 1 个大罐 2 个小罐的标准来设计储奶间的大小，同时还要考虑到未来的扩张。

建议的最小距离是奶罐后面有 60 厘米的距离，前面与出奶阀和工作端应有 90 厘米的距离。靠重量自流的过滤系统和大的奶罐要求屋顶高在 3 米以上。许多大奶罐设计成一部分伸出储奶间墙外，这样可以减少储奶间的尺寸，降低造价。但支撑奶罐的墙壁要牢固，能够承受奶罐的重压。储奶间是存放牛奶、清洗设备的地方，因此要尽可能地减少异味和灰尘进入。

（4）设备间　安放的设备有真空泵、奶罐冷却设备、热水器、电风扇、暖风炉、电动门等。设备间应大小适中，应确保设备间留有足够的空间方便操作。设备间内光照、排水、通风要处理好。最好能采用卷帘门，方便进出设备间。将配电柜安装在设备间的内墙上可减少水汽凝集，减少对电线的腐蚀。在配电柜的上下及前面 1.5 米的范围内不要安装设备，也不要在配电柜周围 1 米范围内安装水管。

4. 挤奶站的建设

挤奶站由取得工商登记、所在地县级畜牧兽医主管部门颁发的生鲜乳收购许可证的乳制品生产企业、奶牛养殖场、奶农专业生产合作社开办。挤奶站应在奶牛相对集中的地区选址，通常在半径 1 000 米的范围内奶牛饲养量不得少于 200 头。挤奶站要水、电、交通方便，周围无污染源，地势高，排污方便。

（1）基本建筑 挤奶站的面积可根据周边奶牛饲养量和日收奶量灵活掌握。如一般周边有奶牛 500 头和日挤奶可达 4 吨左右的地区，可以选择一个占地 500~600 米^2 的场地，房舍 200^2（其中值班室 10 米^2、化验室 10 米^2、贮奶间 80 米^2、挤奶设备及消毒间等 100 米^2）、挤奶厅（棚）200~300 米^2、奶牛待挤场地 100~200 米^2，地面要求全部硬化，场地防滑、不积水、便于清洗。

（2）机械设备 包括挤奶设备、冷却奶罐、奶泵、发电机组、奶车等及其各种附件，此外还要有相应的化验设施和仪器。

二、肉牛舍

肉牛舍包括拴系式牛舍、开放式牛舍、围栏式牛舍和塑料暖棚式牛舍。

（一）拴系式牛舍

目前国内采用舍饲的肉牛舍多为拴系式，尤其高强度肥育肉牛。拴系式牛舍是将牛只颈部套住，使牛只并排于饲槽前，也称为固定架方式。这种方式多用于肉牛肥育，尤其是幼龄肥育的养牛场。拴系式养牛占地面积少，节约土地，管理比较精细。同时，牛只活动量少，饲料利用率较高。但牛只出入时，系放比较麻烦。

拴系式牛舍内部排列常见的有单列式和双列式。饲养规模小时可采用单列，规模较大的一般采用双列对头式。

牛床长度依牛体大小而异，一般为 160~180 厘米，牛床宽 110~120 厘米。拴系式牛舍饲养母牛，应于分娩前将母牛移至产房。

（二）开放式牛舍

牛只可以自由出入牛舍和进入运动场。舍内部有休息室及饲喂场。休息场的面积以每头 6~8 米^2 为宜，运动场的面积至少应为牛舍的 2 倍。开放式牛舍饲养管理需的劳力少，适于大群饲养。其缺点是不能做到牛只按个体饲养。

（三）围栏式牛舍

围栏式肉牛舍是按牛的头数，以每头繁殖牛 30 米^2，幼龄肥育牛 13 米^2 的比例加以围栏，将肉牛养在天然的围栏内，除树木、土丘等自然物或饲槽外，栏内一般不设棚或仅在采食区和休息区设有凉棚。在围栏式牛场，牛粪、尿随处排放，不利于卫生管理。可采用倾斜地面，铺垫沙床，时常更换饲养所，在饲槽处铺水泥地面等方法加以解决。适合大规模养殖，特别是在气候温暖而雨量又不多，土质和排水较好的地区。目前，围栏式牛舍在世界上比较流行，

（四）塑料暖棚式牛舍

主要用于北方寒冷地区。肥育肉牛以每头 4 米^2 为宜。选用白色透明的不凝结水珠的塑料薄膜，厚 0.02~0.105 毫米。棚架材料可根据当地情况，选用木杆、钢筋，防寒材料可用草帘、棉等。塑料薄膜盖棚面积以棚面积 2/3 的联合式暖棚为最好。在中原地区，塑料坡度可掌握在 40°~60°。封盖适宜时间是 11 月中旬以后至次年的 3 月上旬。塑料薄膜应绷紧拉平，四边封严，不透风。夜间和寒冷阴雨天加盖草帘等防寒材料。暖棚要设置换气孔或换气窗，以排出潮湿空气及有害气体，维持适宜温度、湿度。一般进气孔设在南墙 1/2 的下部，排气孔设在 1/2 的上部或棚面上。每天应通风换气两次，每次 10~20 分钟。

三、牛场的配套设施

（一）运动场和凉棚

奶牛场必须有较宽敞的运动场，一般为牛舍面积的 3~4 倍，设在每幢牛舍的一侧，牛可从牛舍直接进入运动场，是牛休息、运动的场所。运动场地面最好用三合土夯实或水泥混凝土地面，要求平坦且有 2% 的坡度，以利排水，周围应设排水沟，便于排出场内积水，保持运动场地干燥、整洁。

运动场内应设补饲槽，补饲槽的大小、长度根据牛群大小而定，以免相互争食、争饮而打斗。水槽长可 3~4 米，宽 70 厘米，槽底 40 厘米，槽高 60~80 厘米，槽底向场外开排水孔，以便经常清洗，保持饮水清洁。也可设置自动饮水装置。

夏季炎热，运动场应设凉棚，以防夏季烈日暴晒及雨淋，凉棚应建在运动场中央，以砖木、水泥结构为好，棚顶覆盖石棉瓦隔热。一般棚顶净高 3.5 米或略高一点，凉棚地面应为三合土硬地面，大小按成年奶牛每头平均 4 米^2 为宜。运动场三面或两面用钢管做栏杆，围栏上管高 80 厘米，下管高 40 厘米。围栏也可用砖砌成围墙。运动场可设 1~2 个 250 厘米宽的推拉门，以便牛群放牧和运输牛粪。

（二）乳品处理间

奶牛场所生产的牛乳一般需经过初步处理方可出场，故凡有条件的牛场均应

建立乳品处理间，至少包括两部分，即乳品的冷却处理部分和贮藏、洗涤及器具消毒部分。

（三）饲料库

饲养牛所需的饲料特别是粗饲料需要量大，不宜运输。牛场应距秸秆、青贮和干草饲料资源较近，以保证草料供应，减少运费，降低成本。最好在离每栋牛舍的位置都较适中，而且位置稍高的地方建饲料库，既干燥通风，有利于成品料向各牛舍运输。

（四）干草棚及草库

尽可能设在下风向地段，与周围房舍至少保持50米以上距离，单独建造，既防止散草影响牛舍环境美观，又要达到防火安全的要求。

（五）青贮窖或青贮池

建造选址原则同饲料库。位置适中，地势较高，防止粪尿等污水侵入污染，同时要考虑出料时运输方便，减小劳动强度。一般1米³青贮窖容积可贮青玉米600~800千克。

（六）人工授精室

包括采精及输精室、精液处理室、器具洗涤消毒室。采精及输精室应卫生、光线充足；精液处理室的建筑结构应有利于保温隔热，并与消毒室药房分开，以防影响精子的活力。

（七）防疫设施

为了加强防疫，在生产区周围应建造围墙或围栏。生产区门卫要有消毒池、消毒间等消毒设施，车辆进入车轮需经过消毒池，人员进入须更衣换鞋，脚踩消毒池，并在消毒间经紫外线照射杀菌消毒。

（八）兽医室、病牛舍

应设在牛舍下风向，而且相对偏僻一角，便于隔离，减少空气和水的污染传播。

（九）粪场及贮尿污水池

每天每头牛要排放粪尿几十千克，因此必须有贮粪及贮尿的地方。一般设在牛舍的北面，离牛舍有一定的距离，且方便出粪、运输和排放。粪场面积约500米²，三面有1米高的砖墙或石墙。贮尿污水池要有1 000米²，最好是筑塘贮污水，可用来灌溉、浇淋农作物，过多时也可排放。

（十）牛场绿化

绿化是整个牛场建设的一部分，应有统一的计划和方案。场内绿化应把遮阴、改善小气候和美化环境结合起来考虑。在牛舍、运动场四周以种植树干和树冠高大的乔木为主。牛场的主要道路两旁可种植乔木或灌木与花草结合起来。此外，还应利用一切可以栽种场地、边角地种植各类常绿灌木花草，以美化环境。

第三节　牛场的环境控制

牛舍的环境控制首先要按照国家环保总局发布的《畜禽养殖业污染物排放标准（GB18596—2001）》《畜禽养殖业污染防治技术规范（HJT81—2001）》和《畜禽规模养殖污染防治条例》，对各种废弃物排放进行控制，并应采用各种有效措施，进行多层次、多环节综合治理，变废为宝，化害为利，保护生态环境。

一、牛场的废弃物及清除

（一）废弃物及危害

近年来，随着养牛业集约化、专业化、规模化快速发展，由于牛代谢旺盛，采食量大，也随之产生大量废弃物，主要有粪尿、牛舍和挤奶厅的冲洗污水及有害气体等恶臭物质，如果不能对其进行及时有效的处理，将会成为严重的污染源，对牛场周边环境造成严重的污染，并会危及牲畜和人体的健康。

1. 污染土壤和水

牛场是用水大户，同时也是产污大户，牛场对水体污染的主要来源是牛粪尿、牛场冲洗及挤奶厅冲洗等所产生的污水。牛养殖污水中含有大量的有机质和氮、磷、钾等养分，污水的生化指标极高。牛粪污中的大量有机质和氮、磷等养分若进入到水体中，可为藻类和其他水生生物的生长繁殖提供物质条件，极易造成水体的富营养化，进而减少地表水中溶解氧的含量，使水中氨、氮含量增加。

牛粪便中含有大量的氮、磷和有机质，是一种良好的有机肥，一般应用到农田中供作物生长利用。土壤一般对粪便中的养分有较好的吸收和缓慢的释放能力，但是如果过量施用粪肥就会使土壤的续存能力迅速减弱，导致残留在土壤中的氮和磷渗入到地下，促使地下水中的硝酸盐、亚硝酸盐和磷酸盐浓度升高，造成地下水源的污染。

牛粪便、污水中含有大量的钠盐、钾盐，如果直接施用于农田，过量的钠和钾离子会通过反聚作用造成土壤微孔减少、土壤孔隙阻塞，使土壤因透气性和透水性下降而造成板结，破坏土壤的结构，严重影响土壤质量。

2. 传播人畜共患疾病，危害人类健康

牛粪便中含有大量源自动物肠道中的病原微生物、致病寄生虫卵等，且极易滋生大量蝇蛆、蚊虫及其他昆虫，大量增加环境中病原菌的种类和数量，促使病原菌和寄生虫的大量繁殖，造成人和畜禽传染病的蔓延，甚至引发公共健康问题。

3. 其他影响

牛的饲料中含有部分铜、铁、锌、锰、铅、铬、砷等重金属元素添加剂，这些饲料添加剂并不能完全被牛体吸收利用，有很大部分会随粪便排出体外，进而对周边环境造成污染。

（二）牛粪尿的清除

牛场粪尿及污水量大，处理难度大。根据我国养殖的现状，采用减量和固液分离处理粪尿及污水是养牛场合理利用资源和保护环境的基础。粪尿的清除工艺又直接影响着减量和固液分离。现仅介绍如下两种常用工艺。

1. 机械清除工艺

当粪便与垫草混合或粪尿分离，呈半干状态时，常采用此法，属于干清粪。清粪机械包括人力小推车、地上轨道车、单轨吊罐、牵引刮板、电动或机动铲车等。

采用机械清粪时，为使粪与尿液及生产污水分离，通常在牛舍中设置污水排出系统，液态物经排水系统流入粪水池贮存，而固形物则借助人或机械直接用运载工具运至堆放场。这种排水系统一般由排尿沟、降口、地下排出管及粪水池组成。为便于尿水顺利流走，牛舍的地面应稍向排尿沟倾斜。

（1）排尿沟　排尿沟用于接收牛舍地面流来的粪尿和污水，一般设在栏舍的后端，紧接除粪道，排尿沟必须不透水，且能保证尿水顺利排走。排尿沟的形式一般为方形或半圆形，排尿沟向降口处要有 1%～1.5% 的坡度，但在降口处的伸度不可过大，一般要求牛舍不大于 15 厘米。

（2）降口　通称水漏，是排尿沟与地下管道的衔接部位。为了防止粪草落入堵塞，上面应有铁网子，在降口下部，地下排出管口以下，应形成一个深入地下的伸延部，这个伸延部谓之沉淀井，用以使粪水中的固形物沉淀，防止管道堵塞。在降口中可设水封，用以阻止粪水池中的臭气经由地下排出管进入舍内。

（3）地下排出管　与排尿管呈垂直方向，用于将由降口流下来的尿及污水导入牛舍外的粪水池中。因此需向粪水池有 3%～5% 的坡度。在寒冷地区，对地下排出管的舍外部分需采取防冻措施，以免管中污液冻结，如果地下排出管自牛舍外墙至粪水池的距离大于 5 米时，应在墙外设一检查井，以便在管道堵截时进行检查、疏通。

（4）粪水池　应设在舍外地势较低的地方，且应在运动场相反的一侧，距牛舍外墙不少于 5 米，须用不透水的材料做成，粪水池的容积和数量根据舍内牛的头数、舍饲期长短与粪水贮放时间来确定。粪水池如长期不掏，则要求较大的容积，很不经济。故一般按贮积 20～30 天、容积 20～30 米³ 来修建；另外，粪水池一定要远离饮水井，至少 100 米以上。

2. 水冲清除工艺

这种方法多在不使用垫草或应用漏缝地面的牛舍中使用。其优点是：省工省时、效率高。缺点是：漏缝地面以下不便消毒，疾病宜在舍内传播；土建工程复杂；投资大、耗水多，粪水储存、管理、处理工艺复杂；粪水的处理、利用困难；易于造成环境污染。此外，采用漏缝地面、水冲清粪易导致舍内空气湿度升高、地面卫生状况恶化，有时出现恶臭、冷风倒灌现象，甚至造成各舍之间空气串通。目前国内应用得很少。

（三）固液分离

固液分离是处理牛粪尿及污水的关键环节。它既可对固态的有机物再生利用，制成肥料，又可减少污水中的有机悬浮物等，便于污水进一步处理和排放。固液分离是采用机械法将牛粪尿或污水中的固体与液体部分分开，然后分别对分离物质加以利用的方法。例如，采用水冲式清粪工艺的奶牛场废水中含有大量的固体悬浮物，通过固液分离机（包括搅拌机、污物泵、分离主机、压榨机和清水泵等）分离，以减少污水处理的压力。目前，出于环境与经济的双重考虑，国外尤其是欧洲一些国家倾向于采用固液分离技术对养牛场废弃物进行处理，然后将液体部分注入沼气池内发酵后施于农田土壤中作为肥料，固体部分堆肥后施于农田。

二、废弃物的净化与利用

（一）牛粪尿的处理与利用

1. 自然发酵，直接肥田

对远离城镇的郊区，饲养规模小、牛粪便少的地区，可掺拌部分垫料、杂草，让粪便在贮粪池中自然腐熟、发酵；也可以堆在闲置的土地上，粪堆外用稀泥封严，进行厌氧发酵。经自然发酵的粪堆，堆内温度保持在 40℃ 以下不再升温时，说明已基本腐熟。此法生产效率低，占用土地多，产生臭气多，只适合小规模养牛场采用。

2. 好氧堆肥，生产有机肥

对规模化牛场，粪便以固形物为主，经好氧堆肥并进行无害化处理后，直接还田利用。常用的堆肥方式如下。

（1）静态堆沤 将粪便掺拌部分垫料等辅料，使孔隙率达到 30% 左右，先在粪堆底部安装带有空隙的管道，管道另一头与风机相连。管道安装好以后，直接堆粪，粪堆高1~2米。堆肥发酵过程中，风机开通，直接给粪堆供氧进行好氧发酵，不用翻抛，一般4周后发酵成功。此法运行成本低、发酵周期长、堆沤粪肥质量不稳定，在农村分散性、集约化养牛场可以应用。

（2）条垛式堆肥　将牛粪便、堆肥辅料、菌种按照适当的比例混合均匀，将混合物料在土质或水泥地面上堆制成长度不限、高度1.0~1.5米的长条形堆垛，2~3天翻垛一次进行好氧发酵，温度超过70℃时增加翻垛次数。该法投资小，但占地面积大，粪堆发酵和腐熟慢、周期30天以上，翻垛不及时会因厌氧发酵产生大量臭气。适用于中小规模养牛场粪便处理。

（3）槽式堆肥　在密闭式发酵车间内，将按比例混合好的牛堆料混合物放在长槽式发酵槽中，借助翻抛机的往复运动不断搅拌，实现粪堆的好氧发酵和快速腐熟。一般槽高5~8米，深1.2~1.5米，长60~90米，每天翻抛1~2次，发酵15天左右即可。槽式堆肥处理粪便量大、发酵周期短，但成本较高，适用于大型规模化养牛场粪便处理。

值得注意的是，无论是厌氧发酵堆肥还是好氧发酵处理，都要根据排放去向或利用方式执行相应的标准规范。对配套粪污处理所使用土地充足的养殖场户，经无害化处理后进行还田利用的要求及限量，应符合《畜禽粪便无害化处理技术规范》（GB/T 36195—2018）、《畜禽粪便还田技术规范》（GB/T 25246—2010）。

（二）污水减排技术

1. 直接还田利用

牛粪便污水还田作肥料，是传统而经济的处理方法。该方法可使牛粪尿不排往外界环境，污染物零排放。既能有效处置污染物，又能将其中有用的营养成分循环于土壤-植物生态系统中。家庭散户处理养牛粪便污水时均采用该法。该模式适用于远离城市、土地宽广且有足够农田消纳粪便污水的经济落后地区，特别是种植常年需施肥作物的地区，而且养殖场规模较小。此种方式是乡下或远城郊牛养殖场处理场内粪污的主要方式，而且潜力很大，但应充分考虑土壤中NO_3^-、P及重金属沉积对土壤和水源的污染。同时这种处理方式存在着传播畜禽疾病和人畜共患病的潜在危险。

2. 厌氧发酵生产沼气

厌氧发酵是利用厌氧菌（主要是甲烷细菌）对牛粪尿和其他有机物废弃物进行厌氧发酵，产生的沼气用作能源，沼气渣和沼液经发酵后可用作肥料。但常年平均温度较低，冷季时间长的地区，沼气池正常工作的时间有限，限制了该法大范围推广和利用。虽然目前有些养殖场采用不同方式对沼气池进行加热，以延长其运转时间，但成本高，可行性较低。

3. 其他利用方式

除了上述方式外，牛场处理粪污的方式还有加工有机肥，发展牛-沼气-果蔬等生态农业方式等，但因设备价格昂贵或土地等因素的限制，大面积利用推广这些方式的难度较大。

4. 牛粪便的再生利用

牛粪便的再生利用通常是指使用机械或人工的方法收集牛新鲜粪便，经过物理、化学或生物方法，按照一定的工艺流程，保留原有的营养成分，除去有害物质，再作饲料或其他用途（图1-5）。

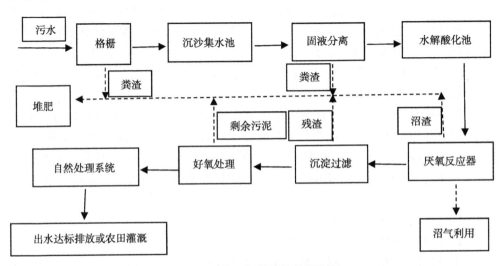

图1-5　厌氧—好氧深度处理流程

（三）粪便沼气处理后沼渣和沼液的利用

沼气工程是以养殖场粪污为原料，以生产沼气和处理畜禽粪污为目的，实现畜禽养殖业生态良性循环的一项工程技术。这项技术的主体是通过厌氧发酵降低粪污中有机质，并获取干净能源沼气，并直接用于生活用能。在处理粪污、制备沼气的过程中，会同时生产出沼渣和沼液，要科学利用。

1. 沼渣的利用

牛粪污在发酵生产沼气后的剩余固形物就是沼渣。其中包括未完全分解的牛粪便、微生物菌体及辅料，含有丰富的腐殖酸、蛋白质、氮、钾等有机和无机营养成分，可改良土壤。

（1）用作肥料，改良土壤　沼渣中含有丰富的有机质和腐殖质，施入土壤后，有利于微生物活动，改善土壤团粒结构和理化性质，可松土、培土、改土。

更重要的是，沼渣中没有硝酸盐，是公认的生产有机蔬菜、绿色农产品的优质肥料。用沼渣做基肥，可改善土壤肥力，防止养分流失；可直接开沟挖穴，用作追肥；还可与碳酸氢铵、过磷酸钙堆沤，提高肥效。

（2）配制营养土 多种花卉、蔬菜、特种农作物在育苗时都要用到营养土，其营养要求条件高，自然土壤难以达到要求，而使用腐熟度好、质地细腻的沼渣与肥沃的大田土按1∶3比例掺拌配制而成的土壤，能很好地满足这些植物育苗对营养土的要求，而且还能预防枯萎病、立枯病和多种地下害虫等病虫害，起到壮苗作用。

（3）做人工基质栽培食用菌 畜禽粪便在正常生产沼气后剩下的沼渣，不仅含有丰富的植物生长所需的营养，且质地松软、酸碱度适中，是栽培食用菌的优质基质。正常生产沼气后，挖取滞留在沼气池内3个月以上、没有粪臭味的沼渣（注意不要挖取池底的沼渣，以免带入寄生虫卵），每500千克沼渣中加入粉碎的稻草或麦秸150千克、棉籽壳1.5千克、石膏6千克、石灰2.5千克，掺拌均匀后，直接栽培蘑菇。

（4）牛场垫料 正常生产沼气后，沼渣晒干，直接当作牛床、运动场的铺设垫料，可增加牛的舒适度。

2. 沼液的利用

沼液是牛粪污经厌氧发酵后的残留液体，含有大量的氮、磷、钾等无机营养成分和氨基酸、维生素、水解酶等有机物，属高浓度有机废水，需经一定处理后方可利用，如果直接排放会造成二次环境污染。

（1）沼液肥用 沼液是很好的液体肥料，大田作物、蔬菜、果树、牧草等的种植均可用沼液进行浇灌、滴灌、渗灌和叶面喷施。作为液态速效肥料，给农作物、果树等追施也具有不错的效果。

（2）沼液浸种 沼液中含有很多生物活性物质和某些植物激素，可刺激、活化植物种子内部营养，促进细胞分裂，并能消除种子自身携带的病原体和细菌。使用沼液浸种，发芽整齐、苗壮，长势旺，抗逆性强。

（3）叶面喷施 牛粪污在沼气池内经长时间的厌氧发酵，或产生大量铜、铁、锌、锰等微量元素以及多种生物活性物质，而这些微生物厌氧发酵的产物都能被植株快速吸收，为作物提供营养，并抑制或杀死某些有害病菌和虫卵，具有很好的植保效果。

第二章　牛品种与改良

第一节　牛品种

一、奶牛品种

（一）国内常见奶牛品种

1. 中国荷斯坦奶牛

中国荷斯坦奶牛原名为"中国黑白花奶牛"，于 1992 年改为现名。该品种是利用引进国外各种类型的荷斯坦牛与我国的黄牛杂交，并经过了长期的选育而形成的一个品种，这也是我国唯一的奶牛品种。

（1）外貌特征　中国荷斯坦奶牛属于乳用型，具有明显的乳用型牛的外貌特征。全身清瘦，棱角突出，体格大而肉不多，活泼精神。后躯较前躯发达，中躯相对发达，皮下脂肪不发达，全身轮廓明显，前躯的头和颈较清秀，相对较小，从侧面观看，背线和腹线之间成一个三角形，从后望和从前望也是三角形。整个牛体像一个尖端在前，钝端在后的圆锥体。奶牛的头清秀而长，角细有光泽。颈细长且有清晰可见的皱纹。胸部深长，肋扁平，肋间宽。背腰强健平直。腹围大而不下垂。皮薄，有弹性，被毛细而有光泽。

（2）生产性能　中国荷斯坦奶牛公牛体高 140 厘米左右，体重 800~1 000千克；母牛体高在 135 厘米左右，体重 450~750 千克。母牛 13~15 月龄初配，23~26 月龄产犊；一个泌乳期（305 天计）的产奶量 5 000千克以上，经产奶牛6 000千克以上，乳脂率不低于 3.4%。

2. 三河牛

三河牛是我国培育的优良乳肉兼用品种，主要分布于内蒙古呼伦贝尔盟大兴安岭西麓的额尔古纳右旗三河（根河、得勒布尔河、哈布尔河地区）。

（1）外貌特征　三河牛体格高大结实，肢势端正，四肢强健，蹄质坚实。有角，角稍向上、向前方弯曲，少数牛角向上。乳房大小中等，质地良好，乳静脉弯曲明显，乳头大小适中，分布均匀。毛色为红（黄）白花，花片分明，头白色，额部有白斑，四肢膝关节下部、腹部下方及尾尖为白色。成年公、母牛的体重分别为 1 050 千克和 547.9 千克，体高分别为 156.8 厘米和 131.8 厘米。犊牛初生重，公犊为 35.8 千克，母犊为 31.2 千克。6 月龄体重，公牛为 178.9 千克，母牛为 169.2 千克。从断奶到 18 月龄之间，在正常的饲养管理条件下，平均日增重为 500 克，从生长发育来看，6 岁以后体重停止增长，三河牛属于晚熟品种。

（2）生产性能 三河牛产奶性能好，年平均产奶量为 4 000 千克，乳脂率在 4%以上。在良好的饲养管理条件下，其产奶量会显著提高。三河牛的产肉性能好，2~3 岁公牛的屠宰率为 50%~55%，净肉率为 44%~48%。

三河牛耐粗饲，耐寒，抗病力强，适合放牧。三河牛对各地黄牛的改良都取得了较好的效果。三河牛与蒙古杂种牛的体高比当地蒙古牛提高了 11.2%，体长增长了 7.6%，胸围增长了 5.4%，管围增长了 6.7%。在西藏林芝海拔 2 000 米高处，三河牛不仅能适应，而且被改良的杂种牛的体重比当地黄牛增加了 29%~97%，产奶量也提高了 1 倍。

3. 新疆褐牛

新疆褐牛为乳肉兼用品种，自 20 世纪 30 年代起历经 50 多年育成。其母本为哈萨克牛，父本为瑞士褐牛、阿拉托乌牛，也曾导入少量的科斯特罗姆牛血液。其种群包括原伊犁地区的"伊犁牛"、塔城地区的"塔城牛"及疆内其他地区的褐牛。曾统称为"新疆草原兼用牛"，后于 1979 年全疆养牛工作会议上统一名称为"新疆褐牛"。1983 年通过鉴定命名。

（1）外貌特征 新疆褐牛体格中等，体质结实，被毛、皮肤为褐色，色深浅不一。头顶、角基部为灰白或黄白色，多数有灰白或黄白色的口轮和宽窄不一的背线。角尖、眼睑、鼻镜、尾尖、蹄均呈深褐色。各部位发育匀称，头长短适中，额较宽，稍凹，头顶枕骨脊凸出，角大小适中，较细致，向侧前上方弯曲呈半椭圆形，角尖稍直。颈长短适中稍宽厚，颈垂较明显。鬐甲宽圆，背腰平直较宽，胸宽深，腹中等大，尻长宽适中，有部分稍斜尖，十字部稍高，臀部肌肉较丰满。乳房发育中等大，乳头长短粗细适中，四肢健壮，肢势端正，蹄固坚实。

（2）生产性能 新疆褐牛在伊犁、塔城牧区草原全年放牧饲养，产乳量受天然草场水草条件的影响，挤奶期多集中在 5—9 月青草季节。挤奶期的长短也与产犊月份有关，牧区一般按挤奶 150 天计算产乳量，城郊奶牛场以 305 天计算产乳量。牧区育种场在常年补饲的情况下，最高日产乳量有高达 30 天的。放牧条件下，6 月龄左右有性行为。母牛在 2 岁、体重达 250 千克时初配，公牛在 1.5~2 岁、体重达 330 千克以上时初配。

4. 草原红牛

草原红牛是吉林、内蒙古、河北、辽宁 4 省（区）协作，以引进的兼用短角公牛为父本，我国草原地区饲养的蒙古母牛为母本，历经杂交改良、横交固定和自群繁育 3 个阶段，在放牧饲养条件下育成的兼用型新品种。1985 年通过原农牧渔业部验收，命名为中国草原红牛。

（1）外貌特征　草原红牛被毛为紫红色或红色，部分牛的腹下或乳房有小片白斑。体格中等，头较轻，大多数有角，角多伸向前外方，呈倒八字行，略向内弯曲。颈肩结合良好，胸宽深，背腰平直，四肢端正，蹄质结实。乳房发育较好。成年公牛体重 700~800 千克，母牛为 450~500 千克。犊牛初生重 30~32 千克。

（2）生产性能　在放牧加补饲的条件下，平均产奶量为 1 800~2 000 千克，乳脂率 4.0%。18 月龄的阉牛，经放牧肥育，屠宰率为 50.8%，净肉率为 41.0%。经短期肥育的牛，屠宰率可达 58.2%，净肉率达 49.5%。草原红牛繁殖性能良好，性成熟年龄为 14~16 月龄，初情期多在 18 月龄。在放牧条件下，繁殖成活率为 68.5%~84.7%。

以上 4 种奶牛是中国的奶牛品种，产奶性能都不错，但只有中国荷斯坦奶牛在我国较为常见，也是其中最好的一种奶牛品种。

（二）我国引进的主要奶牛品种

1. 荷斯坦奶牛

该牛属于大型引入乳用品种，其因毛色为黑白花片、产奶量高而得名，其又因原产于荷兰滨海地区的弗里生省，而又被称为荷兰牛或弗里生牛。

（1）乳用型荷斯坦奶牛　美国、加拿大及日本等国家的荷斯坦奶牛属于此种类型。

① 外貌特征　该牛体格高大，结构匀称，皮薄骨细，皮下脂肪少，被毛细短，乳房庞大，乳静脉明显，后躯较前躯发达，侧视体躯呈楔形，因而具有典型的乳用型外貌。该牛毛色为明显的黑白花片，虽然黑白的多少不一。额部有白星（三角星或广流星），腹下、四肢下部及尾帚为白色。

② 生产性能　乳用型荷斯坦奶牛的产奶量居各奶牛品种之冠，一般母牛年平均产奶量为 6 500~7 500 千克。

乳用型荷斯坦奶牛由于生产性能高，对饲草、饲料条件要求较高。其耐寒性好，但耐热性差，高温时产奶量明显下降。因此，夏季饲养，尤其是南方饲养要注意防暑降温。

（2）兼用型荷斯坦奶牛　原产地荷兰以及德国、法国、丹麦、瑞典、挪威等大多数欧洲国家的荷斯坦奶牛多属于此种类型。

① 外貌特征 体格偏小，体躯宽深，乳房发育良好，体格略呈矩形。鬐甲宽厚，胸宽且深，身腰宽平，臀部方正，发育尤好，四肢短而开张，肢势端正。乳房附着良好，前伸后展，发育匀称，呈方圆形，乳头大小适中，乳静脉发达。毛色与乳用型荷斯坦奶牛相同，但花片更加整齐美观。

② 生产性能 平均产奶量比乳用型荷斯坦奶牛低。一般年平均产奶量为4 500~5 500千克，群体高产者可达6 600千克，个体高产者可达10 000千克以上。乳脂率3.6%~4.2%，平均为3.9%。兼用型黑白花奶牛的产肉性能颇好，其18月龄体重可达500千克，平均日增重可达900~1 200克，屠宰率可达55%~60%。

2. 西门塔尔牛

该牛属于大型引入乳肉兼用品种，原产于瑞士，我国从20世纪初就开始不断地引进，先饲养在内蒙古呼伦贝尔盟的三河地区和滨州铁路沿线，后推广到全国各地。该牛对我国黄牛向乳肉兼用方向的改良曾起到很大作用。

（1）外貌特征 该牛体格高大，额宽，角为左右平出，向前扭转，向上向外挑出，母牛尤为如此。毛色多为黄（红）白色，头尾与四肢为白色。后躯较前躯发达，中躯呈圆筒状。四肢强壮，蹄圆厚。乳房发育中等，乳头粗大，乳静脉发育良好。

（2）生产性能 该牛成年公牛体重约为1 100千克，母牛约为670千克。1岁体重平均可达454千克。公牛肥育后，屠宰率可达65%。该牛的泌乳期平均为285天，乳脂率为3.9%~4.3%，平均为4.1%。

我国从20世纪50年代以来就有计划地进一步从瑞士引进西门塔尔牛，经20多年的繁育对比，在乳、肉生产性能和役用性能方面有良好效果。西门塔尔牛适应性强、耐高寒、耐粗饲，寿命长，因此较受养殖户欢迎。在饲草条件不够充足的地区，用西门塔尔牛杂交改良我国当地牛时，杂交代数不宜过高，一般以3~5代为宜。

3. 短角牛

该牛属于中、小型引入乳肉兼用品种，其原产于英国英格兰东北部梯斯河流域，该流域气候温和，牧草繁茂，放牧条件优越。短角牛是由该地区的土种牛经杂交改良而育成的。现已分布于世界各国，其中，以美国、澳大利亚和新西兰等国为多。

（1）外貌特征 体躯宽大，肌肉丰满，皮下结缔组织发达，体躯呈长方形，肉用体形典型。分有角与无角两种。头短，额宽，颜面窄，角细而短、淡黄色、向两侧下方呈半圆形弯曲。颈短肉多，胸深而宽，鬐甲宽平，背腰平直，臀部丰满，四肢短，肢间距离宽，乳房大小适中。多数为红毛，少数为沙毛。

（2）生产性能 成年牛体重，公牛为1 000~1 200千克，母牛为600~800千克，180 天体重约为 200 千克。屠宰率为 65% 左右。该牛的泌乳期平均为 195 天，个体最高纪录，每胎可达 7 243 千克。乳脂率为 2.7%~5.1%，平均为 3.9%。短角牛输入我国杂交改良蒙古牛后，不仅毛色 70% 以上变为红色，且产乳、产肉性能有显著提高，很受群众欢迎。

4. 娟姗牛

娟姗牛是英国古老的中、小型乳用品种，原产地为英吉利海峡的娟姗岛。该品种早在 18 世纪已闻名于世，并被广泛地引入到欧美各国。该品种以乳脂率高、乳房形状好而闻名。19 世纪中叶以后便陆续地被引入我国各大城市郊区。目前，娟姗牛纯种牛及其杂交改良牛在我国为数不多。

（1）外貌特征　毛色以褐色为主，个体间有深有浅，一般在腹下、四肢内侧、眼圈及口轮有淡色毛，鼻镜、副蹄、尾帚呈黑色。骨骼细致，额部略凹陷，两眼突出，颈垂发达。体躯各部位结合良好，结构匀称，后躯丰满。乳房形态好，质地柔软，乳头略小，乳静脉发达。

（2）生产性能　一般每胎产奶量为 3 000~3 600 千克，乳脂率 5%~7%，乳蛋白率 3.7%~4.4%。其乳脂率和乳中干物质含量为各个乳用品种之冠。

该品种性成熟早，耐热性好，我国南方热带及亚热带地区，可以其为父本与当地黄牛进行级进杂交，培育适合于我国南方地区气候条件的奶牛新品种。

5. 丹麦红牛

丹麦红牛原产于丹麦，为引入的大型乳肉兼用品种。

（1）外貌特征　体格高大，胸部宽深，胸骨向前突出，垂皮大，背长腰宽，臀部发育好，腹部容积大，乳房丰满，发育匀称。被毛为红色或深红色，鼻镜为瓦灰色。但公牛一般毛色较深，头颈部呈黑色或黑红色。

（2）生产性能　在原产地丹麦，年产奶量为 6 712 千克，乳脂率为 4.3%，乳蛋白率为 3.5%。日增重在哺乳期可达 1 020 克，在 12~18 月龄可达 1 010 克，在 18~30 月龄可达 640 克。屠宰率为 55%~62%。

丹麦红牛杂交改良我国黄牛，杂交一代的体尺体重、产肉性能和产奶量均有提高。杂交二代的体尺体重、产肉性能和产奶量继续提高，杂交三代以上的体形外貌和生产性能与丹麦红牛非常相似。杂交改良的各代牛均具有抗寒、耐暑、耐粗、抗病等优点。

6. 瑞士褐牛

属引入的中、小型乳肉兼用品种，其原产于瑞士的阿尔卑斯山区。

（1）外貌特征　该牛体格略小于西门塔尔牛，被毛从浅褐到深褐不等，乳房和四肢内侧毛色较淡，头宽短，额稍凹陷，颈粗短，垂皮不发达。胸深，背线平直，臀宽而平，四肢粗壮结实，乳房匀称。

（2）生产性能　该牛具有较高的乳脂率和乳蛋白率，平均泌乳量2 500~3 300千克，乳脂率4.3%，乳蛋白率3.6%。该牛一般18月龄体重可达485千克，屠宰率可达50%~60%，幼牛日增重为850~1 150克。

7. 爱尔夏牛

爱尔夏牛原产于英国苏格兰西南部的爱尔夏岛，为英国古老的乳用品种之一。该品种是由荷兰牛、娟姗牛、更赛牛等同原产地的土种牛杂交选育而成的。

（1）外貌特征　体格中等，全身结构匀称，乳用特征典型。角形颇特殊，角细长、由基部向外扭转并向上弯曲，角尖向后，角体呈蜡白色，角尖呈黑色。头清秀，颈薄，有皱褶，垂皮小；胸宽深，躯干长，背腰平直，臀部丰满，四肢正直，关节明显；乳房发育匀称，前伸后展，附着良好，乳头长短适中，排列整齐；被毛细短，呈红白花色，以白色居多，红色则由淡红到深红均有，色块多分布在头颈和前躯；眼圈和鼻镜为肉色，尾帚为白色。

（2）生产性能　爱尔夏牛一般年产奶量可达4 000~5 000千克，乳脂率为3.8%~4.4%，一些优秀个体，年产奶量可达12 688千克。

爱尔夏牛具有适宜于放牧、耐粗放环境、耐粗饲、耐寒冷、体质强健、早熟、产奶量及乳脂率高等优点，但略具神经质，胆小敏感，不便管理。我国曾引进过几次，现其纯种牛及其各代杂交改良牛在全国各地仅有少量饲养。

8. 更赛牛

更赛牛原产于英国更赛岛，也是英国古老的奶牛品种之一，与娟姗牛称为姐妹品种。更赛牛是由当地牛与法国的布列塔尼牛、诺曼底牛杂交选育而成的。

（1）外貌特征　更赛牛的外形酷似娟姗牛，但体格略大。头小额窄，角较长，向内上方弯曲。颈细长，胸宽深，多数背平直，少数背凹陷。后躯丰满，四肢正直。乳房发育良好，但不如娟姗牛匀称美观。被毛多数为浅黄色或金黄色，个别为浅褐色。额、腹、四肢下部及尾部多为白色。鼻镜为深黄色或浅红色，角、蹄为蜡黄色，角尖呈黑色。

（2）生产性能　更赛牛以所产的奶浓稠、脂肪球大、干物质和蛋白质含量丰富而著名。成年公牛平均体重为800千克；成年母牛平均体重为550千克。一般年产奶量为4 000~5 000千克，乳脂率为4.4%~5.0%。

二、肉牛品种

（一）国内肉牛品种

1. 秦川牛

秦川牛是我国著名的大型役肉兼用牛品种，因产于陕西省关中地区的"八百里秦川"而得名，主要产地在秦川15个县市，其中以咸阳、兴平、乾县、武功、礼泉、扶风、渭南、宝鸡等地的秦川牛最为著名，量多质优。

（1）体型外貌　秦川牛被毛有紫红、红、黄3种，以紫红和红色居多；鼻镜多呈肉红色，亦有黑、灰和黑斑点等颜色。蹄壳分红、黑和红黑相间，以红色居多。头部方正，角短而钝，多向外下方或向后稍弯，角型非常一致。秦川牛体型大，各部位发育均衡，骨骼粗壮，肌肉丰满，体质强健，肩长而斜，前躯发育良好，胸部深宽，肋长而开张，背腰平直宽广，长短适中，荐骨部稍隆起，一般多是斜尻，四肢粗壮结实，前肢间距较宽，后肢飞节靠近，蹄呈圆形，蹄叉紧、蹄质硬。成年公牛平均体重620.9千克，体高141.7厘米；成年母牛平均体重416千克，体高127.2厘米。

（2）生产性能　在中等饲养水平下，18~24月龄成年母牛平均胴体重227千克，屠宰率为53.2%，净肉率为39.2%；25月龄公牛平均胴体重372千克，屠宰率63.1%，净肉率52.9%。母牛产奶量715.8千克，乳脂率4.7%。在良好的饲养条件下，6月龄公犊达250千克，母犊达210千克，日增重可达1400克。

2. 晋南牛

晋南牛产于山西省晋南盆地，包括运城市的万荣、河津、临猗、永济、运城、夏县、闻喜、芮城、新绛，以及临汾市的侯马、曲沃、襄汾等县市，以万荣、河津和临猗3县的晋南牛数量最多、质量最好。其中，河津、万荣为晋南牛种源保护区。

（1）体型外貌　晋南牛属大型役肉兼用牛品种，体躯高大结实，胸部及背腰宽阔，成年牛前躯较后躯发达，具有役用牛的体型外貌特征。公牛头中等长，额宽，鼻镜粉红色，顺风角为主，角型较窄，颈较粗短，垂皮发达，肩峰不明显。蹄大而圆，质地致密。母牛头部清秀，乳头细小。毛色以枣红为主，也有红色和黄色。成年公牛平均体重660千克，体高142厘米；成年母牛平均体重442.7千克，体高133.5厘米。晋南牛的公牛和母牛臀部都较发达，具有一定的肉用牛外形特征。

（2）生产性能　在一般肥育条件下，成年牛日增重可达851克，最高日增重可达1.13千克。在营养丰富的条件下，12~24月龄公牛日增重达1千克，母牛日增重约0.8千克。肥育后屠宰率可达55%~60%，净肉率为45%~50%。母牛产乳量745千克，乳脂率为5.5%~6.1%。母牛9~10月龄开始发情，2岁配种；产犊间隔为14~18个月，终生产犊7~9头。公牛9月龄性成熟，成年公牛平均每次射精量为4.7毫升。

3. 南阳牛

南阳牛产于河南南阳地区白河和唐河流域的广大平原地区，以南阳市郊区、唐河、邓县、新野、镇平等县市为主要产区。除南阳盆地几个平原县市外，周口、许昌、驻马店、漯河等地区的南阳牛分布也较多。

（1）体型外貌 南阳牛属大型役肉兼用品种，体格高大，肌肉发达，结构紧凑，皮薄毛细，行动迅速，鼻镜宽，口大方正，肩部宽厚，胸骨突出，肋间紧密，背腰平直，荐尾略高，尾巴较细，四肢端正，筋腱明显，蹄质坚实。但部分牛也存在着胸部深度不够、尻部较斜和乳房发育较差的缺点。公牛角基较粗，以萝卜头角为主，母牛角较细。鬐甲较高，公牛肩峰8～9厘米。南阳牛有黄、红、草白3种毛色，以深浅不等的黄色为最多，一般牛的面部、腹下和四肢下部毛色较浅。鼻镜多为肉红色，其中部分带有黑点。蹄壳以黄蜡、琥珀色带血筋较多。成年公牛平均体重647千克，体高145厘米；成年母牛平均体重412千克，体高126厘米。

（2）生产性能 南阳牛善走，挽车与耕作迅速，有快牛之称，役用能力强，公牛最大挽力为398.6千克，占体重的74%，母牛最大挽力为275.1千克，占体重的65.3%。公牛肥育后，1.5岁牛的平均体重可达441.7千克，日增重813克，平均胴体重240千克，屠宰率55.3%，净肉率45.4%。3～5岁阉牛经强度肥育，屠宰率可达64.5%，净肉率达56.8%。母牛产乳量600～800千克，乳脂率为4.5%～7.5%。在纯种选育和本身的改良上，南阳牛有向早熟肉用方向和兼用方向发展的趋势。

4. 鲁西黄牛

鲁西黄牛也称为"山东牛"，是我国黄牛的优良地方品种。鲁西黄牛主要产于山东省西南部，以菏泽市的郓城、巨野、梁山和济宁地区的嘉祥、金乡、济宁、汶上等县为中心产区。鲁西黄牛以优质肥育性能著称。

（1）体型外貌 鲁西黄牛体躯高大，身稍短，骨骼细，肌肉发达，背腰宽平，侧望为长方形，体躯结构匀称，细致紧凑，具有较好的役肉兼用体型。鼻镜与皮肤多为淡肉红色，部分牛鼻镜有黑色或黑斑。角色蜡黄或琥珀色。骨骼细，肌肉发达。蹄质致密，但硬度较差，不适于山地使役。鲁西黄牛被毛从浅黄到棕红色都有，以黄色为最多。多数牛有完全或不完全的"三粉"特征（指眼圈、口轮、腹下与四肢内侧色淡）。公牛头大小适中，多平角或龙门角，垂皮较发达，肩峰高而宽厚，胸深而宽，但缺点是后躯发育较差，尻部肌肉不够丰满。母牛头狭长，角形多样，以龙门角较多，后躯发育较好，背腰较短而平直，尻部稍倾斜。成年公牛平均体重644千克，体高146厘米；成年母牛平均体重366千克，体高123厘米。

（2）生产性能 鲁西黄牛对高温适应能力较强，而对低温适应能力则较差，在冬季-10℃以下的条件下，要求有严密保暖的厩舍，否则易发生死牛现象。鲁西黄牛的抗病力较强，尤其是具有较强的抗焦虫病能力。鲁西黄牛主要生活在地势平坦的中原地区，不适于生活在山区。以青草和少量麦秸为粗料，每天补喂混合精料 2 千克，1~1.5 岁牛平均胴体重 284 千克，平均日增重 610 克，屠宰率 55.4%，净肉率 47.6%。鲁西黄牛产肉性能良好，肌纤维细，脂肪分布均匀，呈明显的大理石状花纹。

5. 延边牛

延边牛是东北地区优良地方牛种之一。主要产于吉林省延边朝鲜族自治州的延吉、和龙、汪清、珲春及毗邻地区，分布于东北 3 省东部的狭长地带。

（1）体型外貌　延边牛胸部深宽，骨骼坚实，被毛长而密，皮厚而有弹力。公牛头方额宽，角基粗大，多向外后方伸展成一字形或倒八字角。母牛头大小适中，角细而长，多为龙门角。毛色多呈浓淡不同的黄色，鼻镜一般呈淡褐色或带有黑斑点。成年公牛平均体重 465 千克，体高 131 厘米；成年母牛平均体重 365 千克，体高 122 厘米。

（2）生产性能　延边牛体质结实，抗寒性能良好，耐寒、耐劳、耐粗饲，抗病力强，适应水田作业。公牛经 180 天肥育，屠宰率可达 57.7%，净肉率 47.23%，日增重 813 克。母牛产乳量 500~700 千克，乳脂率 5.8%~8.6%。母牛初情期为 8~9 月龄，性成熟期平均为 13 月龄。公牛性成熟平均为 14 月龄。

6. 郏县红牛

郏县红牛原产于河南省郏县，毛色多呈红色，故而得名，是我国著名的役肉兼用型地方优良黄牛品种。现主要分布于郏县、宝丰、鲁山 3 个县和毗邻各县以及洛阳、开封等地区部分县境内。

（1）体型外貌　郏县红牛体格中等大小，结构匀称，体质强健，骨骼坚实，肌肉发达，后躯发育较好，侧观呈长方形，具有役肉兼用牛的体型。头方正，额宽，嘴齐，眼大有神，耳大且灵敏，鼻孔大，鼻镜肉红色，角短质细，角型不一。被毛细短，富有光泽，分紫红、红、浅红三种毛色。公牛颈稍短，背腰平直，结合良好，四肢粗壮，尻长稍斜，睾丸对称，发育良好。母牛头部清秀，体型偏低，腹大而不下垂，鬐甲较低且略薄，乳腺发育良好，肩长而斜。郏县红牛成年公牛体重 608 千克，体高 146 厘米，成年母牛体重 460 千克，体高 131 厘米。

（2）生产性能　郏县红牛体格高大，肌肉发达，骨骼粗壮，健壮有力，役用能力较强，是山区农业生产上的主要役力。郏县红牛早熟，肉质细嫩，肉的大理石纹明显，色泽鲜红。据对 10 头 20~23 月龄阉牛肥育后屠宰测定，平均胴体重为 176.75 千克，平均屠宰率为 57.57%，平均净肉重 136.6 千克，净肉率 44.82%。12 月龄公牛平均胴体重 292.4 千克，屠宰率 59.9%，净肉率 51%。

7. 渤海黑牛

渤海黑牛原称"抓地虎牛""无棣黑牛",是中国罕见的黑毛牛品种,原产于山东省滨州市,主要分布于无棣县、沾化县、阳信县和滨城区。在山东省的东营、德州、潍坊三市和河北省沧州市也有分布。

(1) 体型外貌 被毛呈黑色或黑褐色,有些腹下有少量白毛,蹄、角、鼻镜多为黑色。低身广躯,后躯发达,体质健壮,形似雄狮,当地称为"抓地虎"。头矩形,头颈长度基本相等,角多为龙门角。胸宽深,背腰长宽、平直,尻部较宽、略显方尻。四肢开阔,肢势端正。蹄质细致坚实。公牛额平直,眼大有神,颈短厚,肩峰明显;母牛清秀,面长额平,四肢坚实,乳房呈黑色。渤海黑牛成年公牛体重 487 千克,体高 130 厘米;母牛体重 376 千克,体高 120 厘米。

(2) 生产性能 渤海黑牛肉质细嫩,呈大理石状,营养丰富,肉品蛋白质中,氨基酸总量达 95.11%。自 20 世纪 90 年代开始,渤海黑牛出口日本、香港等国家和地区,被誉为"黑金刚"。未经肥育时,渤海黑牛公牛和阉牛屠宰率为 53%,净肉率为 44.7%,胴体产肉率为 82.8%,肉骨比为 5.1∶1。在营养水平较好的情况下,公牛 24 月龄体重可达 350 千克。在中等营养水平下进行肥育,14~18 月龄公牛和阉牛平均日增重达 1 千克,平均胴体重 203 千克,屠宰率为 53.7%,净肉率为 44.4%。

8. 蒙古牛

蒙古牛是我国古老的牛种,原产于内蒙古高原地区,以兴安岭东西两麓为主。现广泛分布于内蒙古、东北、华北北部和西北各地,蒙古和苏联以及亚洲中部的一些国家也有饲养。蒙古牛是牧区乳、肉的主要来源,以产于锡林郭勒盟乌珠穆沁的类群最为著名。我国的三河牛和草原红牛都以蒙古母牛为基础群而育成。

(1) 体型外貌 蒙古牛体格中等,头短、宽而粗重。眼大有神,角向上前方弯曲,平均角长,母牛 25 厘米,公牛 40 厘米,角间线短,角间中点向下的枕骨部凹陷有沟。颈短而薄,鬐甲低平,肉垂不发达。胸部狭窄,肋骨开张良好,腹大、圆而紧吊,后躯短窄,尻部尖斜。四肢粗短,多呈"X"状肢势,后肢肌肉发达,蹄质坚实。乳房发育良好,乳房基部宽大,结缔组织少,但乳头小。毛色以黄褐色及黑色居多,其次为红(黄)白花或黑白花。成年公牛体高 120.9 厘米,体重 450 千克,母牛体高 110.8 厘米,体重 370 千克。

(2) 生产性能 蒙古牛具有肉、乳、役多种经济用途,但生产水平均不高。全身肌肉发育欠丰满,后腿发育更差。产肉量与屠宰率随季节不同而有较大差异。8 月下旬屠宰的上等膘情母牛,屠宰率为 51.5%。泌乳期 6 个月左右,平均产乳量 665 千克，乳脂率 5.2%。中等营养水平的阉牛平均宰前重 376.9 千克，屠宰率为 53%，净肉率 44.6%，骨肉比 1∶5.2，眼肌面积 56 厘米²。肌肉中粗脂肪含量高达 43%。蒙古牛役用性能良好，持久力强，吃苦耐劳。蒙古牛耐热、抗寒、耐粗饲，抗病，适应性强，容易肥育，肉的品质好，生产潜力大。

（二）引进肉牛品种

1. 西门塔尔牛

西门塔尔牛原产于瑞士阿尔卑斯山西部西门河谷。19 世纪初育成，是乳肉兼用牛，役用性能也很好。自 20 世纪 50 年代开始，我国从苏联引进西门塔尔牛；20 世纪 70~80 年代，先后从瑞士、德国、奥地利等国引进西门塔尔牛。该品种是目前群体最大的引进兼用品种。1981 年成立中国西门塔尔牛育种委员会。中国西门塔尔牛品种于 2006 年在内蒙古和山东省梁山县同时育成，由于培育地点的生态环境不同，分为平原、草原、山区 3 个类群。

（1）外貌特征 西门塔尔牛毛色多为黄白花或淡红白花，头、胸、腹下、四肢、尾帚多为白色。体格高大，成年母牛体重 550~800 千克，公牛 1 000~1 200 千克，犊牛初生重 30~45 千克；成年母牛体高 134~142 厘米，公牛 142~150 厘米。西门塔尔牛后躯较前躯发达，中躯呈圆筒型，额与颈上有卷曲毛，四肢强壮，大腿肌肉发达，蹄圆厚。乳房发育中等，乳头粗大，乳静脉发育良好。

（2）生产性能 西门塔尔牛肉用、乳用性能均佳，平均产乳量 4 700 千克以上，乳脂率 4%。初生至 1 周岁，平均日增重可达 1.32 千克，12~14 月龄活重可达 540 千克以上。较好条件下屠宰率为 55%~60%，肥育后屠宰率可达 65%。西门塔尔牛的牛肉等级明显高于普通牛肉，肉色鲜红，纹理细致，富有弹性，大理石花纹适中，脂肪色泽为白色或带淡黄色，脂肪质地有较高的硬度。西门塔尔牛胴体体表脂肪覆盖率为 100%，普通牛肉很难达到这个标准。西门塔尔牛耐粗饲，适应性强，有良好的放牧性能，四肢坚实，寿命长，繁殖力强。

2. 夏洛来牛

夏洛来牛是著名的大型肉牛品种，原产于法国中西部到东南部的夏洛来和涅夫勒地区。18 世纪开始进行系统选育，主要通过本品种严格选育，1920 年育成专门肉用品种。我国在 1964 年和 1974 年先后两次直接由法国引进夏洛来牛，分布在东北、西北和南方部分地区。用该品种与我国本地牛杂交进行改良，取得了明显效果。

（1）外貌特征 夏洛来牛体躯高大强壮，全身毛色乳白或浅乳黄色。头小而短宽，嘴端宽方，角中等粗细，向两侧或前方伸展，角色蜡黄。颈短粗，胸宽深，肋骨弓圆，腰宽背厚，臀部丰满，肌肉极发达，使体躯呈圆筒形，后腿部肌肉尤其丰厚，常形成"双肌"特征，四肢粗壮结实。公牛常有双鬐甲和凹背者。

蹄色蜡黄，鼻镜、眼睑等为白色。成年夏洛来公牛体高 142 厘米，体长 180 厘米，胸围 244 厘米，管围 26.5 厘米，体重 1 140 千克；成年母牛体高、体长、胸围、管围、体重分别为 132 厘米、165 厘米、203 厘米、21 厘米、735 千克。初生公犊重 45 千克，初生母犊重 42 千克。

（2）生产性能　夏洛来牛以生长速度快、瘦肉产量高、体型大、饲料转化率高而著称。据法国的测定，在良好的饲养管理条件下，6 月龄公犊体重达 234 千克，母犊 210.5 千克，平均日增重公犊 1 000~1 200 克，母犊 1 000 克。12 月龄公犊重达 525 千克，母犊 360 千克。屠宰率为 65%~70%，胴体产肉率为 80%~85%。母牛平均产奶量为 1 700~1 800 千克，个别牛达到 2 700 千克，乳脂率为 4.0%~4.7%。青年母牛初次发情为 396 日龄，初配年龄为 17~20 月龄。但是，由于该品种存在难产率高（13.7%）的缺点，在一定程度上影响了品种推广。夏洛来牛生产性能上的主要缺点是肌肉纤维比较粗糙、肉质嫩度不够好。

3. 利木赞牛

利木赞牛原产于法国中部利木赞高原，并因此而得名。利木赞牛在法国的分布仅次于夏洛来牛。利木赞牛源于当地大型役用牛，主要经本品种选育，于 1924 年育成，属于专门化的大型肉牛品种。1974 年和 1993 年，我国数次从法国引入利木赞牛，在河南、山东、内蒙古等地改良当地黄牛。

（1）外貌特征　利木赞牛毛色多以红黄为主，腹下、四肢内侧、眼睑、鼻周、会阴等部位毛色较浅，为白色或草白色。头短，额宽，口方，角细。蹄壳琥珀色。体躯冗长，肋骨弓圆，背腰壮实，荐部宽大，但略斜。肌肉丰满，前肢及后躯肌肉块尤其突出。在法国，较好的饲养条件下，成年公牛体重可达 1 200~1 500 千克，公牛体高 140 厘米，成年母牛 600~800 千克，母牛体高 131 厘米，公犊初生重 36 千克，母犊 35 千克。

（2）生产性能　利木赞牛肉用性能好，生长快，尤其是幼年期，8 月龄小牛就可以生产出具有大理石纹的牛肉，在良好的饲养条件下，公牛 10 月龄能长到 408 千克，12 月龄达 480 千克。牛肉品质好，肉嫩，瘦肉含量高，肉色鲜红，纹理细致，富有弹性，大理石花纹适中，脂肪色泽为白色或带淡黄色。利木赞牛具有较好的泌乳能力，成年母牛平均泌乳量 1 200 千克，个别可达 4 000 千克，乳脂率为 5%。

4. 安格斯牛

安格斯牛产于英国苏格兰北部的阿伯丁、安格斯和金卡丁等郡，全称阿伯丁–安格斯牛。安格斯牛是英国最古老的肉牛品种之一，但在 1800 年以后才开始被单独识别出来，作为优种肉牛进行饲养。安格斯牛的有计划育种工作，始于 18 世纪末，着重在早熟性、屠宰率、肉质、饲料转化率和犊牛成活率等方面进行选育。1862 年育成。现在世界上主要的养牛国家，大多数都饲养安格斯牛。中国安格斯牛最近 30 年开始生产，生产基地在东北和内蒙古。

（1）外貌特征　安格斯牛无角，毛色以黑色居多，也有红色或褐色。体格低矮，体质紧凑、结实。头小而方，额宽，颈中等长且较厚，背线平直，腰荐丰满，体躯宽而深，呈圆筒形。四肢短而端正，全身肌肉丰满。皮肤松软，富弹性，被毛光泽而均匀，少数牛腹下、脐部和乳房部有白斑。成年公牛平均体重 700~750 千克，母牛 500 千克，犊牛初生重 25~32 千克。成年公牛体高 130.8 厘米，母牛 118.9 厘米。

（2）生产性能　安格斯牛具有良好的增重性能，日增重约为 1 000 克。早熟易肥，胴体品质和产肉性能均高。肥育牛屠宰率为 60%~65%。安格斯牛母牛年平均泌乳量 1 400~1 700 千克，乳脂率 3.8%~4%。安格斯牛 12 月龄性成熟，18~20 月龄可以初配。产犊间隔短，一般为 12 个月左右。连产性好，初生重小，极少难产。安格斯牛对环境的适应性好，耐粗、耐寒，性情温和，抗某些红眼病，但有时神经质，不易管理，其耐粗性不如海福特。在国际肉牛杂交体系中，安格斯牛被认为是较好的母系。安格斯牛肉要在 10℃ 以下冷藏 10~14 天时，食用的口感最好，这是牛肉中蛋白质纤维被自然分解的效果。没有经过冷藏的安格斯牛肉较韧，冷藏过度的则较老。

5. 海福特牛

海福特牛也是英国最古老的肉用品种之一，原产于英国英格兰西部威尔士地区，属中小型早熟肉牛品种。海福特牛是在威尔士地方土种牛的基础上选育而成的。在培育过程中，曾采用近亲繁殖和严格淘汰的方法，使牛群早熟性和肉用性能显著提高，于 1790 年育成海福特品种。海福特牛现在分布在世界许多国家，我国在 1913 年、1965 年曾陆续从美国引进海福特牛，现已分布于我国东北、西北广大地区。

（1）外貌特征　海福特牛体躯的毛色为橙黄色、黄红色或暗红色，头、颈、腹下、四肢下部和尾帚为白色，即"六白"特征。头短宽，角呈蜡黄色或白色。公牛角向两侧伸展，向下方弯曲，母牛角尖向上挑起，鼻镜粉红。体型宽深，前躯饱满，颈短而厚，垂皮发达，中躯肥满，四肢短，背腰宽平，臀部宽厚，肌肉发达，皮薄毛细，整个体躯呈圆筒状。分有角和无角两种。成年海福特公牛体高 134.4 厘米，体重 850~1 100 千克；成年母牛体高 126 厘米、体重 600~700 千克。初生公犊重 34 千克，初生母犊重 32 千克。

（2）生产性能　海福特牛增重快，出生到 12 月龄，平均日增重达 1 400 克，18 月龄体重 725 千克（英国）。据黑龙江省的资料，海福特牛哺乳期平均日增重，公犊 1 140 克，母犊 890 克。7~12 月龄的平均日增重，公牛 980 克，母牛

850 克。屠宰率为 60% ~ 64%；经肥育后，屠宰率可达 67% ~ 70%，净肉率达 60%。海福特牛肉质细嫩，味道鲜美，肌纤维间沉积丰富的脂肪，肌肉呈大理石状。年产乳量 1 200 ~ 1 800 千克，但常有泌乳量不能满足哺奶牛的情况出现。海福特牛性成熟早，小母牛 6 月龄开始发情，15 ~ 18 月龄、体重达 445 千克可以初次配种。海福特牛适应性好，在年气温变化为 −48 ~ 38℃ 的环境中，仍然表现出良好的生产性能。该品种耐粗饲，放牧时觅食性能好，不挑食，性情温顺，但反应迟钝。

6. 皮埃蒙特牛

皮埃蒙特牛原产于意大利北部皮埃蒙特地区，包括都灵、米兰等地，属于欧洲原牛与短角瘤牛的混合型，是在役用牛基础上选育而成的专门化肉用品种。皮埃蒙特牛是目前国际上公认的终端父本，已被 20 多个国家引进，用于杂交改良。我国于 1987 年和 1992 年先后从意大利引进皮埃蒙特牛，并开展了皮埃蒙特牛对中国黄牛的杂交改良工作，现已在 10 余省市推广应用。

（1）外貌特征　皮埃蒙特牛体型较大，体躯呈圆筒状，肌肉发达。毛色为乳白色或浅灰色，鼻镜、眼圈、肛门、阴门、耳尖、尾帚为黑色，犊牛幼龄时毛色为乳黄色，后变为白色。成年公牛体重 800 ~ 1 000 千克，母牛 500 ~ 600 千克。公牛体高 140 厘米，体长 170 厘米；母牛体高 136 厘米，体长 146 厘米。公犊初生重 42 千克，母犊初生重 40 千克。

（2）生产性能　皮埃蒙特牛生长快，肥育期平均日增重 1 500 克。肉用性能好，屠宰率一般为 65% ~ 70%；肉质细嫩，瘦肉含量高，胴体瘦肉率达 84.13%。皮埃蒙特牛的牛排肉中，脂肪以极细的碎点散布在肌肉纤维中，难以形成大理石状肉。皮埃蒙特牛有较好的泌乳性能，年泌乳量达 3 500 千克。

7. 德国黄牛

德国黄牛原产于德国和奥地利，其中德国数量最多，是瑞士褐牛与当地黄牛杂交育成的品种，可能含有西门塔尔牛的基因。1970 年出版良种登记册，为肉乳兼用品种。德国黄牛主要分布在德符次堡和纽伦堡地区以及相邻的奥地利毗邻地区。1996 年和 1997 年，我国先后从加拿大引进纯种德国黄牛，表现适应性强、生长发育良好，主要用于各地黄牛的改良。

（1）外貌特征　德国黄牛毛色为浅黄色、黄色或淡红色。体型外貌近似西门塔尔牛。体格大，体躯长，胸深，背直，四肢短而有力，肌肉强健。成年公牛体重 1 000 ~ 1 100 千克，母牛体重 700 ~ 800 千克；公牛体高 135 ~ 140 厘米，母牛体高 130 ~ 134 厘米。

（2）生产性能　德国黄牛母牛乳房大，附着结实，泌乳性能好，年产奶量达 4 164 千克，乳脂率为 4.15%。初产年龄为 28 个月，难产率低。公犊平均初生重 42 千克，断奶重 231 千克。肥育性能好，去势小牛肥育到 18 月龄，体重达600~700 千克，平均日增重 985 克。平均屠宰率为 62.2%，净肉率为 56%。

8. 契安尼娜牛

契安尼娜牛原产于意大利多斯加尼地区的契安尼娜山谷，由当地古老役用品种培育而成。1931 年建立良种登记簿，是目前世界上体型最大的肉牛品种。契安尼娜牛现主要分布于意大利中西部的广阔地域。

（1）外貌特征　契安尼娜牛被毛白色，尾帚黑色，除腹部外，皮肤均有黑色素；犊牛初生时，被毛为深褐色，在 60 日龄内逐渐变为白色。契安尼娜牛体躯长，四肢高，体格大，结构良好，但胸部深度不够。成年公牛体重 1 500 千克，最大可达 1 780 千克，母牛体重 800~900 千克；公牛体高 184 厘米，母牛体高157~170 厘米。公犊初生重 47~55 千克，母犊初生重 42~48 千克。

（2）生产性能　契安尼娜牛生长强度大，日增重达 1 000 克以上，2 岁内最大日增重可达 2 000 克。牛肉量多而品质好，大理石纹明显。契安尼娜牛适应性好，繁殖力强，很少难产，抗晒耐热，宜于放牧。母牛泌乳量不高，但足够哺育犊牛。

第二节　牛的外貌与年龄鉴别

一、奶牛的外貌特征

首先，从奶牛整体来看，奶牛外貌上的基本特点是：皮薄骨细，血管显露，被毛细短而有光泽；肌肉不甚发达，皮下脂肪沉积不多；胸腹宽深，后躯和乳房十分发达，细致紧凑型表现明显。从侧望、前望、上望均呈"楔形"。

侧望：将背线向前延长，再将乳房与腹线连成一条长线，延长到牛头前方，而与背线的延长线相交，构成一个楔形。从这个体型可以看出奶牛的体躯是前躯浅，后躯深，表示其消化系统、生殖器官和泌乳系统发育良好，产奶量高。

前望：以鬐甲顶点为起点，分别向左右两肩下方做直线并延长，而与胸下的直线相交，又构成一个楔形。这个楔形表示鬐甲和肩胛部肌肉不多，胸部宽阔，肺活量大。

上望：由鬐甲分别向左右二腰角引两根直线，与两腰角的连线相交，亦构成一个楔形。这个楔形表示后躯宽大，发育良好。发育良好的标准乳房，前乳房向前延伸至腹部和腰角垂线之前，后乳房向股间的后上方充分延伸，附着极高，使乳房充满于股间而突出于躯体后方，形状为半圆形。

4 个乳区发育匀称，4 个乳头大小、长短适中，呈圆柱状，乳头间距离宽，底线平坦，略高于飞节。这种乳房称为"方圆乳房"，它具有薄而细致的皮肤，短而稀疏的细毛，弯曲而明显的乳静脉。乳房充满弹性，挤奶前和挤奶后形状变异较大：挤奶前，由于乳腺内充满奶，乳房饱满，左右乳区间形成明显的纵沟；挤奶后纵沟消失，乳房变得很柔软，弹性下降。

这种乳房，由于腺体发达，同时也叫"腺质乳房"。如果乳房内非腺体组织过分发育，就会抑制腺体组织的发育和活动，这种乳房叫"肉乳房"，虽然形状很大但缺乏弹性，挤奶前后形状差别不大。凡具有这种乳房的奶牛，产奶量一般不会很高。畸形乳房一般是指在外形和内部结构上发育不正常的乳房。

在外形上主要表现为前后乳区和左右乳区明显分开，或某一个乳区发育不匀称，乳头大小、数目异常等；在内部结构上主要表现为腺体组织和结缔组织的比例失常，或内部韧带松弛而形成的肉质乳房、悬垂乳房（乳房底线远远超过飞节）和漏斗乳房。所有畸形乳房的产奶量都低。

乳静脉是从乳房沿下腹部经过乳井到达胸部，汇合胸内静脉而进入心脏的静脉血管，分左右 2 条。它们是由乳房向心脏输送血液的主要血管。一般青年牛或初产牛乳静脉较细，但富有弹性。自第 1 次分娩后，乳静脉开始逐渐变粗，直到完全成熟为止。产奶牛特别是高产奶牛的乳静脉比干奶牛和低产牛的粗大、弯曲，而且分支多，这是血液循环良好的标志。

乳静脉是否暴露明显，还与乳房皮肤的厚度及乳静脉位置的深浅有关。

二、肉牛的外貌特征

肉牛的外形反映了产肉性能，整个躯干宽深，背宽、平，腹小，四肢较短，外形呈长方形。肉牛全身肌肉发达，肌肉平整而无凹凸，肉质良好；骨骼良好；骨骼细而坚实；皮肤薄而疏松，被毛细密；皮下结缔组织发达，沉积大量的脂肪。

肉牛的体形有利于饲料高效率地转变为优质肉，而且附着的肉较多。

肉牛的外貌特征分如下 7 个部分。

（1）头部　头短，额宽，嘴宽广，鼻孔大，眼大，角质细，大小适中。

（2）颈部　颈短、粗、多肉。

（3）前躯　肩胛宽圆、平滑，肩后无凹陷。胸宽、深，肌肉充实，前胸发达。

（4）中躯　背腰长、宽、平，肋骨开张，腹部呈圆筒形。

（5）后躯　尻部长、平而宽，尾根部丰满，大腿肌肉发达，腿内外侧肌肉丰满。

（6）四肢　四肢短粗而直，前后裆宽，蹄圆结实。

（7）皮肤和被毛　皮厚、柔软、有弹性，皮下脂肪发达，被毛密而细。

三、牛的年龄鉴别

牛的年龄鉴别方法有牙齿鉴定、外貌鉴定、角轮鉴定 3 种，其中门齿鉴定是比较好区分的。

（一）根据门齿鉴别

牛牙齿的生长、更换、磨损程度是有一定规律的，鉴定牛的年龄可以根据牛的门齿变化来判定，即根据乳齿的生长或乳齿更换成永久齿以及永久齿的磨损程度来判定。

牛共有 32 个牙齿，其中门齿 8 个，臼齿 24 个。门齿也称切齿，生于下腭前方，上腭没有门齿。在下腭中央的一对门齿叫钳齿，其两边的一对叫内中间齿，再外边的一对叫外中间齿，最外边的一对叫隅齿。在门齿的两侧还有臼齿。在鉴别年龄时主要看乳门齿的发生、乳门齿换生永久齿的情况及永久齿的磨蚀程度。乳齿的特征是：齿小而薄，洁白，排列稀疏而不整齐。牛在 1.5~2 岁开始换生钳齿、2.5~3 岁换生内中间齿、3.5 岁换外中间齿、4.5 岁换隅齿，5 岁时牛所有乳门齿均换生为永久齿，并长齐，俗称"齐口"。

永久齿的特征是：齿大而较厚，微黄，排列紧密而整齐。牛的年龄大致等于永久门齿的对数加 1.5 岁，以后就要根据永久齿的磨蚀程度鉴定：5 岁隅齿开始磨蚀；6 岁钳齿齿面磨成月牙形或长方形；7 岁钳齿与内中间齿齿面磨成长方形，仅后缘留下一个燕尾小角；8 岁时钳齿齿面磨成四方形，燕尾小角消失；9 岁时钳齿出现齿星（齿髓腔被磨蚀成为圆形时称为齿星），内、外中间齿齿面磨成四方形；10 岁内中间齿出现齿星，钳齿磨成近圆形，全部门齿开始变短，且齿间开始出缝隙。以上适合奶牛、肉牛、黄牛的年龄鉴定，牦牛、水牛由于晚熟，切齿的更换和磨蚀特征的出现要比普通牛约迟 1 年，所以在鉴别年龄时，应根据上述牙齿的更换规律加 1 岁计算。

此外，牙齿的更换、磨蚀程度也受以下因素的影响。

1. 品种

早熟品种牛牙齿出生得早，更换得也早，磨损得也快。

2. 牙齿的坚硬程度

遗传上的个体差异。

3. 饲料的性质

经常采食粗糙低劣的饲料，牙齿的磨蚀就较快。

4. 营养与管理

牛营养条件的好坏，尤为与牙齿有关的钙、磷营养及镁、锰、氟等微量元素的平衡与否，对牙齿的状况有很大的影响。为了便于记忆，可称作：一岁半，一对牙；二岁半，二对牙；三岁半，三对牙；四岁半，四对牙；五岁口齐。牛牙齿变化情况见表2-1。

表2-1　不同年龄牛牙齿的特征

年龄	牙齿特征
4~5月龄	乳门齿已全部长出
1~1.5岁	内中间乳齿齿冠磨平
1.5~2岁	乳钳齿脱落，到2岁时在这里换生永久齿，即"对牙"
2.5~3岁	内中间乳齿脱落，到3岁时在这里换生永久齿，即"四牙"
3.5岁	外中间乳齿脱落，到3.5岁时在这里换生永久齿，即"六牙"
4~4.5岁	乳隅齿脱落，4.5岁时在这里换生永久齿，但此时尚未充分发育，4.9岁时换生永久齿，即"齐口"
5岁	隅齿前缘开始磨损
6岁	隅齿磨损面积扩大，钳齿和内中间齿磨损很深
7~7.5岁	钳齿和内中间齿的磨损面近似长方形
8岁	钳齿的磨损面近似四方形
9岁	钳齿出现齿星，内外中间齿磨损面呈四方形
10岁	全部门齿变短，呈正方形
11~12岁	全部门齿变短，呈圆形或椭圆形

（二）根据外貌鉴别

根据外貌鉴别牛的年龄，只能鉴定其老幼，而不能判断准确年龄。一般地，年轻的牛被毛有光泽，粗硬适度，皮肤柔润而富有弹性，眼盂饱满，目光明亮，举动活泼有力。而老年牛则相反，四肢站立姿势不正，被毛乱而无光泽，皮肤干枯，眼盂凹陷，目光呆滞，眼圈多皱纹，举动迟缓。水牛除上述变化外，随年龄增长毛色变深，而密度变稀。

（三）根据角轮鉴别

角轮如树木的年轮。角轮一般是在饲草枯乏季节，或在怀孕期间，由于营养不足形成的。母牛每分娩1次，角的表面即形成一凹轮。所以，角轮数加配种年龄，即为母牛年龄。但这只是正常情况下才准确，若母牛空怀、流产、患病或营养不平衡时，角轮的深浅、宽窄都不会一样，而且往往界限不清，每年也不止形成一个。因此，通常只计算大而明显的角轮。否则，易导致判定错误。对于饲养条件好的种公牛来说，角上一般是没有角轮的。

第三节 牛品种改良

一、牛的引种

牛的引种是指将区外（省外或国外）牛的优良品种、品系或类型引入本地，直接推广或作为育种材料。引种即可引入活体，也可引进冻精和胚胎。

任何一个品种都有其特定的分布范围，当一个牛种引入到新的地区，包括气候、温度、湿度、海拔和光照在内的自然条件、饲料及饲养管理方式都不同，因此，引入品种有一个风土驯化和适应的过程。要求引入品种不仅能够生存、繁殖和正常生长发育，并且还能够将其固有的特征和优良的生产性能表现出来。引种的主要原则如下。

（1）要根据国民经济发展的要求和育种的需要选择引入品种，并考虑原产地的自然环境条件。大规模引种前可先引入少量个体进行适应性观察，然后再确定是否大规模引种。

（2）要严格进行系谱审查，选择祖先和亲属表现良好的个体，避免引入有亲缘关系的个体；严格选择个体本身，防止引入遗传缺陷病和其他疾病。

（3）严格检疫，按进出口动物检疫法程序进行。到达引入地后要进行严格的隔离观察，确信无任何疫病后，方可用于生产。

（4）加强引入后的饲养管理。为了加强风土驯化，尽量创造一个与原产地相似的微气候环境和饲养条件，并逐渐过渡到引入地的正常状态，使之逐渐适应新的环境条件。对引入品种要加强统一管理，制定统一的育种措施，逐渐扩大种群数量，建立品系，保持和进一步提高其生产性能。

二、牛的选种选配

选种和选配是相互关联和相互促进的两个方面。选种可以增加牛群中高产基因的比例，选配可有意识地组织后代的基因型。

（一）种公牛的选择

选择种公牛，主要依据外貌、系谱、旁系和后裔等几个方面的材料进行选择。

1. 外貌选择

种公牛的外貌，不表现产奶能力，也很难确切反映产肉能力，主要看其体型结构是否匀称，外形及毛色是否符合品种要求，雄性特征是否突出，有没有明显的外貌缺陷（四肢不够健壮结实、肢势不正，背线不平、颈浅薄、狭胸、垂腹、尖尻），凡是体型结构、局部外貌有明显缺陷的，或者生殖器官畸形（如单睾、隐睾）的，一律不能做种用。种公牛的外貌等级不得低于一级，种子公牛要求特级。

2. 系谱选择

系谱选择是根据系谱中记载的祖先资料，如生产性能、生长发育及其他有关资料，进行分析评定的方法。在审查公牛系谱时，应特别引起重视的是：虽然祖先的代数越远，对个体的影响越小，但是不能忽略远祖中的某一成员可能会携带隐性有害基因。同时，还要逐代地比较，看其祖先的生产力是否一代胜过一代，注重分析其亲代与祖代。种公牛的父、母必须要求是良种登记牛。若系谱中父系或母系双方出现共同祖先，还应进一步分析近亲程度。凡在系谱中，母亲的生产力大大超过全群的平均数，父系又经后裔鉴定证明是优良的，或者父亲的姐妹是高产的，这样的系谱应予以高度的注意。

3. 旁系选择

在选择后备公牛时，除审查本身外貌和系谱外，可分析其半同胞的泌乳性能，借以判断从父母接受遗传性的好坏。旁系亲属与公牛的关系越近，它们的各种表型资料对选择的参考价值越大。

4. 后裔测定

种公牛后裔测定，是选择优良种公牛的主要手段和最可靠的方法。被测公牛系谱必须三代清楚，并按系谱指数的大小结合公牛本身的条件进行选择。体质健壮，外貌结构匀称，无明显缺陷；经检验无任何疾病；在16～18月龄采精，精液品质符合国家标准要求。

（二）生产母牛的选择

1. 产乳量

要求成母牛产奶量要高，根据母牛产奶量高低次序进行排队，将产奶量高的母牛选留，产奶量低的淘汰。

因为头胎母牛产奶量和以后各胎次产奶量有显著正相关，所以，从头胎母牛产奶量即可基本确定牛只生产性能优劣，对那些产奶量低、产奶期短的母牛应及时淘汰。以后各胎次母牛，除产奶因素外，有病残情况的应淘汰。

2. 乳的品质

除乳脂率外，近年不少国家对乳蛋白率的选择也很重视。

由于乳脂率的遗传力为 0.5～0.6，乳蛋白率的遗传力为 0.45～0.55，非脂固体物亦为 0.45～0.55，可见这些性状的遗传力都较高，通过选择容易见效。而且乳脂率与乳蛋白含量之间呈 0.5～0.6 的中等正相关，与其他非脂固体物含量也呈 0.5 左右的中等正相关。这表明，在选择高乳脂率的同时，也相应地提高了乳蛋白及其他非脂固体物的含量，达到一举两得之功效。但在选择乳脂率的同时，还应考虑乳脂率与产奶量呈负相关，二者要同时进行，不能顾此失彼。

3. 繁殖力

就奶牛而言，繁殖力是奶牛生产性能表现的主要方面之一。因此要求成母牛繁殖力高、产犊多。对那些有繁殖障碍且久治不愈的母牛，也应及早处理。

4. 饲料转化率

是奶牛的重要选择指标之一。在奶牛生产中，通过对产奶量直接选择，饲料转化率也会相应提高，可达到直接选择70%~95%的效果。

5. 排乳速度

排乳速度多采用排乳最高速度（排乳旺期每分钟流出的奶量）来表示。排乳速度快的牛，有利于在挤奶厅中集中挤奶，可提高劳动生产率。

6. 前乳房指数

指前乳房泌乳量占前后乳房泌乳总量的比例。前乳房指数反映4个乳区的均匀程度。在一般情况下，母牛后乳房一般比前乳房大。初胎母牛前乳房指数比2胎以上的成年母牛大。据瑞典研究，前乳房指数的遗传力为0.32~0.76，平均为0.5。在生产中，应选留前乳房指数接近50%的母牛。

7. 泌乳均匀性的选择

产奶量高的母牛，在整个泌乳期中泌乳稳定、均匀，下降幅度不大，产奶量能维持在很高的水平。这种母牛所生的后代公牛，在育种上具有特别重要意义。因为它在一定程度上能将此特性遗传给后代（遗传力为0.2）。故泌乳均匀性的选择对奶牛具有一定意义。

奶牛在泌乳期中泌乳的均匀性，一般可分为以下3个类型。

（1）剧降型　这一类型的母牛产奶量低，泌乳期短，但最高日产量较高。一般从分娩后2~3个月泌乳量开始下降，而且下降的幅度较大；大约最初3个月产奶量为305天总产奶量的46.4%；第4、5、6月为29.8%；以后几个月为23.8%。

（2）波动型　这一类型牛泌乳量不稳定，呈波动状态。最初1、2两泌乳月内泌乳量很高；3、4两泌乳月变低；5、6两泌乳月又升高，而后又下降。此类型牛产奶量也不高，繁殖力也较低，适应性差，不适宜留作种用。

（3）平稳型　本类型牛在牛群中最常见，泌乳量下降缓慢而均匀，产奶量高。一般在最初3个月泌乳量为总产奶量的36.6%；第4、5、6月3个泌乳月为31.7%；最后几个月为31.7%。这一类型牛健康状况良好，繁殖力也较高，可留作种用。

（三）核心母牛群选择

建立核心母牛群，主要是为创造、培育两种公、母牛。这是育种工作中一项重要的基本建设，对不断提高种牛质量，加速牛群改良有极为重要的作用。

20世纪70年代以来，胚胎移植技术获得了巨大成功，并广泛应用于养牛业。组建核心母牛群，选择其中最优秀的个体作为超数排卵的供体母牛，与选出的最优秀的公牛配种，取得胚胎并经性别鉴定和分割后，植入受体母牛子宫中发育成长至分娩。从得到的后代全同胞的公犊牛选留一头饲养，其余淘汰。母犊养至15~16月龄时进行配种，这样到2.5岁时已应有90天的产奶记录，将这些母牛的生产性能即产奶量、乳成分、饲料采食量、排乳速度、抗病力和体型外貌等性状按家系进行比较，根据生产性能的好坏决定是否将它们全同胞中所留的公牛淘汰。这些母牛再使用最佳公牛配种，通过胚胎移植生产第三代。数个世代后，核心牛群选出的公牛、母牛的平均育种值将优于商品牛群的牛只，甚至可优于提供精液配种的原公牛。这样选择出的优秀公牛就可以为其他牛群提供优良精液了。

核心母牛群种子母牛的选择标准是：群体中产奶量和乳脂率最高的5%头胎牛或成年产奶量在9 000千克以上、乳脂率在3.6%以上、外貌评分在80分以上的母牛。

（四）冻精选择及系谱资料

公牛冻精系谱资料与质量，具体由种牛站负责。这是关系到牛的繁殖率与繁殖后代质量的关键因素。

公牛冻精主要有两种形式：颗粒和细管。现阶段主要采用细管冻精，因为细管冻精制作设备昂贵，不容易有假，质量更可靠。其表面有种牛的资料，包括种公牛品种、个体号、冻精日期、生产单位等，利于选种选配。冻精质量参照国家标准执行。

牛的系谱资料，应全面、系统，充分体现个体的各项性状，反映其生产性能和生产潜力。

不同品种公牛的系谱资料，内容和方法略有区别。荷斯坦种公牛的资料包括：其父、母、祖父以及与他们性能的一致性；其后裔测定成绩，主要有产乳性能，包括产乳量、乳脂率、乳蛋白浓度、排乳速度、乳中细菌含量与体细胞数；奶牛体型外貌，包括乳房、骨盆的结构、乳区均匀度；奶牛的繁殖性能，包括繁殖率、分娩难易度、利用年限。其中，牛的体型外貌由专家评估。同时，综合以上性状成绩，计算出奶牛乳用育种值和复合育种值，确定该公牛的种用价值。美国、法国、英国等发达国家的育种公司，会通过月报、季报、年报的形式定期向社会发布种牛的上述信息及种牛的排名。

（五）选配方案及其实施

选配的方法有个体选配和群体选配之分。个体选配就是每头母牛按照自己的特点与最合适的优秀种公牛进行交配；群体选配是根据母牛群的特点选择多头公牛，以其中的一头为主、其他为辅的选配方式。在选配和制定选配计划时，应遵循以下基本原则。

（1）要根据育种目标综合考虑，加强优良特性，克服缺点。

（2）尽量选择亲和力好的公母牛进行交配，应注意公牛以往的选配结果和母牛同胞及半同胞姐妹的选配效果。

（3）公牛的遗传素质要高于母牛，有相同缺点或相反缺点的公母牛不能选配。

（4）慎重采用近交，但也不绝对回避。

（5）搞好品质选配，根据具体情况选用同质选配或异质选配。

为将选配方案制定好，首先必须了解和搜集整个牛群的基本情况，如品种、种群和个体历史情况、亲缘关系与系谱结构，生产性能上应巩固和发展的优点及必须改进的缺点等，其次应分析牛群中每头母牛以往的繁殖效果及特性，以便选出亲和力最好的组合进行交配。要尽量避免不必要的近交与不良的选配组合。

选配方案一经确定，必须严格执行，一般不应变动。但在下一代出现不良表现或公牛的精液品质变劣、公牛死亡等特殊情况下，可作必要的调整。

三、牛的杂交改良

我国黄牛虽然具有适应性强、耐粗饲等优点，但乳、肉性能都不高。牛的改良须采用本品种选育提高和杂交改良相结合的方法，并因牛因地制宜。

（一）黄牛的改良与新品种的形成

我国早在 20 世纪 30 年代就开始黄牛改良，但有组织、有计划、大规模地开发这项工作是在 20 世纪 70 年代末，先后引进乳用荷斯坦牛、乳肉兼用西门塔尔牛及肉用的夏洛来牛、利木赞牛等十多个品种公牛改良我国黄牛。主要采用的杂交方式有以下几种。

1. 导入杂交

当一个品种已具有多方面的优良性状，其性能已基本符合育种要求，只是在某一方面还存在个别缺点，并且用本品种选育的方法又不能使缺点得以纠正时，就可利用具有这些方面优点的另一品种公牛与之交配，以纠正其缺点，使品种特性更加完善，这种方法称作导入杂交。

我国某些黄牛的尖斜尻及后躯发育差的缺点，就可以采用导入杂交的方法，使其迅速纠正而提高产肉性能。如，为提高秦川牛、南阳牛、鲁西牛、晋南牛、延边牛等的生产性能，导入利木赞牛、夏洛来牛、丹麦红牛、短角牛等的血液，吸收其某些优点，就可改进其体型结构，提高产肉性能。为了提高我国草原红牛的产奶性能，1985 年内蒙古赤峰地区开始导入丹麦红牛血液，其一代杂种犊牛尻部宽长而平直，原有局部缺点得到了明显改进，且产奶量（初产）提高了 33.54%。

2. 级进杂交

也称吸收杂交或改造杂交，这种杂交方法是以引入品种为主、原有品种为辅的一种改良性杂交。当原有品种需要做较大改造或生产方向根本改变时使用。它的具体方法是：杂种后代公牛不参加育种，母牛反复与引入品种杂交，使引入品质基因成分不断增加，原有品种基因成分逐渐减少。

级进杂交在我国很早就用来改良黄牛。我国的草原红牛就是以短角牛为父本、蒙古牛为母本，级进杂交至第三代后横交固定的结果。不少地区的奶牛就是利用荷斯坦牛对本地区黄牛实行级进杂交发展起来的。通常一代杂种的产奶量能达到纯种奶牛产量的一半以上，三代以上有时产奶量由于杂种优势而超过纯种牛。各地黄牛用荷斯坦公牛级进杂交后，除牛乳含脂率有逐步下降的趋势外，其产奶量一般随着杂交代数的增加而不断提高，但其耐粗性、适应性可能有所下降，所以一般认为，级进杂交到三四代以后，即外血含量为 75%～87.5%为宜。中国荷斯坦牛就是在级进杂交高代牛群的基础上繁衍而来的。利用乳用型荷斯坦公牛对本地牛实行级进杂交，到三四代后，经鉴定符合中国荷斯坦牛标准的便可晋级升为良种牛，不符合标准的继续级进杂交。

级进杂交应当注意的问题如下。

（1）选择引入品种既要考虑生产性能高，能满足畜牧业发展需要，还要考虑对当地气候、饲养条件的适应性。因为随着级进代数的提高，外来品种基因比例不断增加，适应性的问题会愈加突出。

（2）级进到多少代为好，没有固定的模式。并不是级进代数越高越好，因为随着级进代数的增加，杂种优势会逐代减弱，因此实践中不必追求过多代数，一般级进 3 代即可。过高代数还会使杂种后代的生活力、适应性下降。只要体型外貌、生产性能基本接近引进品种就可以进行横交固定。

（3）级进杂交中要注意饲养管理条件的改善和选种选配的加强。随着杂交代数增加，生产性能不断提高，一般要求饲养管理水平也要相应提高。

3. 育成杂交

用 2 个或 2 个以上品种牛进行杂交，使后代表现出双亲的优良特性，产生原来品种所没有的优良品质。在杂种牛符合育种目标时，就选择其中优秀的公、母牛进行自群繁殖、横交固定而育成新品种。在育成杂交中，如果只用 2 个品种杂交，就称为简单育成杂交，用2个以上品种进行杂交，称为复杂的育成杂交。

在我国，第一个乳肉兼用品种三河牛，就是由分布于呼伦贝尔草原的蒙古牛和许多外来品种经过半个多世纪的杂交选育而成。中国草原红牛和新疆褐牛也是采用育成杂交的方法，分别采用乳肉兼用型的短角牛和瑞士褐牛及含有瑞士褐牛基因的阿拉托乌牛对本地黄牛进行长期改良，级进杂交到3代或3代以上横交固定，经长期选育而成的。

（二）商品肉牛杂交生产

目前，我国尚无专门化肉牛品种，牛肉生产以杂交改良牛为主。我国商品肉牛杂交生产的主要方式有以下几种。

1. 经济杂交

也称简单杂交，是用两个不同品种的公、母牛杂交，所生杂种一代牛全部用于肥育。生产中常见的两品种杂交类型有2种。

（1）肉用或兼用品种与本地黄牛杂交　如用利木赞或西门塔尔等肉牛品种作为杂交父本，当地品种牛作杂交母本。杂交公牛和不留作种用的杂交母牛皆可肥育利用。生产中广泛利用这种杂交方法，以提高经济效益。

（2）肉用公牛与乳用母牛杂交　这种方式在奶牛业发达的国家广泛采用。杂一代母牛（AB）再用C品种公牛配种，所生杂二代（ABC）全部用于肥育。三元杂交可使各品种的优点互补而获得较高的生产性能。

2. 轮回杂交

两个或更多个品种间轮回杂交，杂种母牛继续繁殖，杂种公牛全部作肥育用。

3. "终端"公牛杂交

就是用B品种公牛与A品种母牛交配，F_1代母牛再与第三个品种C的公牛交配，F_2代中无论公母全部作经济用，最终停止在C品种公牛的杂交称"终端"公牛杂交体系。

4. 轮回-"终端"公牛杂交

这种方式是轮回杂交和"终端"公牛杂交体系的结合，即在两品种或三品种轮回杂交的后代母牛中保留45%继续轮回杂交，以作为更新母牛之需；另55%的母牛用生长快、肉质优良的品种之公牛（"终端"公牛）配种，以期获得饲料利用率高、生产性能更好的后代。据报道，两品种和三品种轮回的"终端"公牛杂交体系可分别使犊牛平均体重增加21%和24%。

第三章 牛繁殖技术

第一节 母牛的发情与配种

一、性成熟与使用年限

（一）性成熟与体成熟

1. 性成熟

性的成熟是一个过程，当公、母牛发育到一定年龄，生殖机能达到了比较成熟的阶段，就会表现出性行为和第二性征，特别是能够产生成熟的生殖细胞，在这期间进行交配，母牛能受胎，即称为性成熟。因此性成熟的主要标志是能够产生成熟的生殖细胞，即母牛开始第一次发情并排卵，公牛开始产生成熟精子。

达到性成熟的年龄，由于牛的种类、品种、性别、气候、营养以及个体间的差异而有不同。如培育品种的性成熟，公牛一般为 9 个月，母牛一般为 8~14 个月；而原始品种的肉牛生后 10~12 个月龄，杂交肉牛 12~15 个月龄。一般公牛的性成熟较母牛晚，饲养在寒冷北方的牛较饲养在温暖南方的牛性成熟晚，营养充足较营养不足的牛性成熟早。个体之间由于先天性疾病的原因，性成熟也可能推迟。

2. 体成熟

肉牛机体具备成年肉牛固有的外形，叫体成熟。一般肉牛体成熟是 1.5~2 岁，杂交肉牛为 2.5 岁；奶牛在 15~22 个月龄。但由于肉牛品种、饲养管理、气候条件等不同，大有促进和延迟体成熟的可能。

（二）初配适龄

体成熟就可以参加配种繁殖。公、母牛达到性成熟年龄，虽然生殖器官已发育完全，具备了正常的繁殖能力，但此时身体的生长发育尚未完成，故尚不宜配种，以免影响母牛本身和胎儿的生长发育及以后生产性能的发挥。

公、母牛配种过早，将影响到本身的健康和生长发育，所生犊牛体质弱、出生重小、不易饲养，母牛产后产奶受影响，公牛性机能提前衰退，缩短种用年限。配种过迟则对繁殖不利、饲养费用增加，而且易使母牛过肥，不易受胎；公牛则易引起自淫、阳痿等病症而影响配种效果。因此正确掌握公、母牛的初配适龄，对改善牛群质量、充分发挥其生产性能和提高繁殖率有重要意义。

母牛的初配适龄应根据牛的品种及其具体生长发育情况而定，一般比性成熟晚些，在开始配种时的体重应为其成年体重的 70% 左右。年龄已达到，体重还未达到时，则初配适龄应推迟；相反则可适当提前。一般肉牛的初配适龄为：早熟品种，公牛 15~18 月龄，母牛 16~18 月龄；晚熟品种，公牛 18~20 月龄，母牛 18~22 月龄。

（三）使用年限

肉牛的繁殖能力都有一定的年限，年限长短因品种、饲养管理以及牛的健康状况不同而有差异。母牛的配种使用年限为 9~11 年，公牛为 5~6 年。超过繁殖年限，公、母牛的繁殖能力会降低，便无饲养价值，应及时淘汰。

二、母牛的发情与发情周期

（一）发情

母畜发育到一定年龄，便开始出现发情。发情是未孕母畜所表现的一种周期性变化。发情时，卵巢上有卵泡迅速发育，它所产生的雌激素作用于生殖道使之产生一系列变化，为受精提供条件；雌激素还能使母畜产生性欲和性兴奋，以及允许雄性爬跨、交配等外部行为的变化。把这种生理状态称为发情。

（二）发情周期

母畜到了初情期后，生殖器官及整个有机体便发生一系列周期性的变化，这种变化周而复始（非发情季节及怀孕母畜除外），一直到性机能停止活动的年龄为止。这种周期性的性活动，称为发情周期。发情周期通常是指从一次发情的开始到下一次发情开始的间隔时间。肉牛平均为 21 天左右，但也存在个体差异。壮龄、营养较好的母牛发情周期较为一致，而老龄和营养不佳的母牛发情周期较长。一般来讲，青年母牛较成年母牛约短 1 天。

发情周期的出现是由于卵巢周期变化的结果。卵巢周期受到复杂的内分泌机理所控制，涉及丘脑下部、垂体、卵巢和子宫等所分泌激素的相互作用。

根据动物的性欲表现和相应的机体及生殖器官变化，可将发情周期分为发情前期、发情期、发情后期和休情期 4 个阶段。根据卵巢上卵泡发育、成熟及排卵，与黄体的形成和退化两个阶段，将发情周期分为卵泡期和黄体期。卵泡期指卵泡从开始发育到排卵，相当于发情前期和发情期；而黄体期是指在卵泡破裂排卵后形成黄体，直至黄体开始退化为止，相当于发情后期和间情期。

肉牛属于全年多次周期发情的动物。在温暖季节里，发情周期正常，发情表现显著。但是在寒冷地区，特别是粗放饲养情况下，发情周期也会停止。因此，牛的发情周期虽然不像马、羊及其他野生动物那样有明显的季节性，但还是受季节影响。

非当年产犊的干奶母牛发情多集中于7—8月，初配母牛发情次之，多在8—9月，当年产犊哺乳母牛多集中在9—11月发情。发情的季节性在很大程度上受气候、牧草及母牛营养状况的影响，都是在当地自然气候及草场条件最好的时期。此外，海拔在4 500米以上的地区，7月初才有个别母牛发情。

三、发情鉴定

母牛一般在6~12月龄初次发情，称为初情期。由于生殖器官和生殖功能仍在生长发育阶段，所以，初情期发情表现持续期短，发情周期还不正常。母牛到8~14月龄、生长发育到有正常生殖能力的时期，叫作性成熟期。此时，母牛生殖器官基本发育完全，已具备受孕能力，但由于身体正处于生长发育旺盛阶段，如果此时配种受孕，会影响其生长发育和今后的繁殖能力，还会缩短使用年限，而且会使后代的生活力和生产性能降低，所以，此时不宜配种。

母牛发情有一定的周期，这就是发情周期。发情周期是指发情持续的时间，通常以一次发情的开始至下一次发情的开始所间隔的天数为准，一般为18~24天，平均为21天，处女牛较经产牛发情周期短一些。根据母牛的精神状态和生殖器官生理变化及对公牛的性欲反应情况，可将母牛的发情周期分为4个阶段，即发情前期、发情期、发情后期、休情期。

发情前期：卵巢上功能黄体已经退化，卵泡正在成熟，阴道分泌物逐渐增加，生殖器官开始充血，持续时间为4~7天。

发情期：卵泡已经成熟，继而排卵，发情征候集中出现，母牛表现兴奋，食欲下降，外阴部充血肿胀，子宫颈口松弛开张，阴道有黏液流出，持续13~30小时。

发情后期：已经排卵，黄体正在形成，发情征候开始消退，母牛由性兴奋逐渐转入平静状态，排卵24小时后，大多数母牛从阴道内流出少量血。发情后期的持续时间为5~7天。

休情期：黄体逐渐萎缩，卵泡逐渐发育，性欲完全停止，精神状态恢复正常，持续12~15天。如果已妊娠，周期黄体转为妊娠黄体，直到妊娠结束前不再出现发情。

发情鉴定的目的，是在牛群中及时发现发情母牛，正确掌握配种时间并进行配种，防止误配漏配，提高受胎率。鉴定母牛发情的方法有外部观察法、阴道检查法、试情法和直肠检查法等。

（一）外部观察法

外部观察法是鉴定母牛发情的主要方法，主要根据母牛的外部表现来判断其发情情况。发情母牛表现兴奋不安，哞叫，两眼充血，反应敏感，拉开后腿，频频排尿，在牛舍内常站立不卧，食欲减退，反刍时间减少或停止反刍；外阴部红肿，排出大量透明的牵缕性黏液，发情初期清亮如水，末期混而黏稠，在尾巴等处能看到分泌黏液的结痂物。在运动场或放牧时，发情母牛四处游荡，常常表现出爬跨和接受其他牛爬跨的特点。两者的区别：被爬跨的牛如已发情，则站立不动并举尾迎合，如未发情，则往往拱背逃走；发情牛爬跨其他牛时，阴门搐动并滴尿，具有公牛交配的动作，外阴部红肿，从阴门流出黏液；其他牛常嗅发情牛的阴唇，发情母牛的背腰和尻部有被爬跨所留下的泥土、唾液等，有时被毛弄得蓬松不整。

母牛的发情表现虽有一定的规律性，但由于内外因素的影响，有时表现不大明显或没有规律，因此，在确定输精适期时，必须善于综合判断，进行具体分析。

（二）阴道检查法

这种方法是用开膣器观察阴道的黏膜、分泌物和子宫颈口的变化，以判断母牛发情与否。发情母牛阴道黏膜充血潮红，表面光滑湿润，子宫颈外口充血、松弛、柔软开张，排出大量透明的黏液，呈玻棒状，不易折断。黏液最初稀薄，随着发情时间的推移，逐渐变稠，量也由少变多；到发情后期，黏液量逐渐减少且黏性变差，颜色不透明，有时含淡黄色细胞碎屑或微量血液。不发情的母牛阴道苍白、干燥，子宫颈口紧闭，无黏液流出。

黏液的流动性取决于其酸碱度，碱性越大黏度越强。发情期的阴道黏液比乏情期的碱性强，故黏性大；发情开始时，黏液碱性较低，故黏性最小；发情旺期，黏液碱性增高，故黏性最强，有牵缕性，可以拉长。母牛阴道壁上的黏液比取出的黏液酸，如发情时的黏液，在阴道内测定时，pH 值为 6.57，而取出在试管内测定时，pH 值则为 7.45。子宫颈的黏液一般比阴道的黏液稍微酸些。

阴道检查法只能作为辅助诊断，检查时应严格消毒，防止动作粗暴。

（三）试情法

试情法是根据母牛爬跨的情况来发现发情牛。这是生产上最常用的方法。此法尤其适用于群牧的繁殖母牛群，可以节省人力，提高发情鉴定效果。

试情法有 3 种具体操作方法。

1. 结扎公牛法

将结扎输精管的公牛放入母牛群中，白天放在牛群中试情，夜间将公牛分开，根据公牛追逐爬跨情况以及母牛接受爬跨的程度来判断母牛的发情情况。

2. 试情公牛法

将试情公牛接近母牛，如母牛喜靠近公牛，并做弯腰弓背姿势，表现可能发情。

3. 下腭标记法

用容量0.54千克左右的壶状物，固定在笼头上，壶中装满液体油剂染料，壶的中部有一滚动的圆珠装置。试情公牛戴上笼头，圆珠正好位于下颌的下面，当公牛爬跨从母牛腰部滑下时，其下颌便拖下一条色线。壶中的染料1周加1次即可，比较方便。据试验，使用这种方法，当母牛和试情母牛比例为30∶1时，发情鉴定率最高可达95%。

（四）直肠检查法

直肠检查法是将手伸入母牛直肠内部，用手指隔直肠壁检查子宫的形状、粗细、大小、反应以及卵巢上卵泡的发育情况，以判断母牛是否发情。

直肠检查，发情母牛子宫颈稍大，较软，子宫角体积略增大，子宫收缩反应比较明显，子宫角坚实，卵巢中的卵泡突出、圆而光滑，触摸时略有波动。卵泡直径，发育初期为1.2~1.5厘米，发育最大时为2~2.5厘米。在排卵前6~12小时，随着卵泡液的增加，卵泡紧张度与卵巢体积均有所增大。到卵泡破裂前，其质地柔软，波动明显。排卵后，原卵泡处有不光滑的小凹陷，以后就形成黄体。

准确掌握发情时间，是提高母牛受胎率的关键。一般正常发情的母牛，其外部表现都比较明显，利用外部观察辅以阴道检查，就可以判断母牛发情情况。但母牛发情持续期较短，如果不注意观察，就容易错过情期而漏配。为提高鉴别率，在生产实践中，可以发动值班员、饲养员和挤奶员等共同观察。同时，要建立母牛发情预报制度，根据前次发情日期，预报下次发情日期（按发情周期计算）。但有些母牛营养不良，常出现安静发情或假发情或生殖器官机能衰退、卵泡发育缓慢、排卵时间延迟或提前等状况，对这些母牛，则需要通过直肠检查来判断其排卵时间。

四、配种方法

牛的配种方法可分为自由交配、人工辅助交配和人工授精3种方法。目前，绝大多数都是采用冷冻精液人工授精的配种方法。

（一）人工授精配种的优点

奶牛人工授精，可以克服母牛生殖道异常不易受孕的困难。使用人工授精，可提供完整的配种记录，有助于分析母牛不孕的原因，帮助提高受胎率。由于精液可以保存，尤其是冷冻精液保存的时间很长，可以将精液运输到很远的地方，因此，公、母牛的配种可以不受地域的限制，尤其是优秀种公牛的精液，如果输送到很远的地方，可以有效地解决种公牛质劣地区的母牛配种问题。

人工授精，可以大幅度提高种公牛的配种效率，特别是在使用冷冻精液的情况下，在自然交配状态下，1头公牛一年可负担40~100头母牛的配种任务，而采用人工授精，1头公牛每年可配母牛3 000头以上，甚至可配上万头母牛。人工授精，可以选择最优秀的种公牛用于配种，充分发挥其性能，达到迅速改良牛群的目的，同时相应减少了种公牛的饲养数量，有效节约饲养管理费用。人工授精，可以防止自然交配引起的疾病传播，特别是生殖道传染病的传播，而每次人工授精前都要进行发情鉴定和生殖器官检查，对阴道炎、子宫内膜炎及卵巢囊肿等疾病而言，可以做到及早发现、及时治疗。人工授精时，使用的都是合乎要求的精液，通过发情鉴定正确掌握输精时间，并且会把精液直接输送到子宫颈内，这样能保证较高的受胎率。在自然交配情况下，如果使用体型大的肉牛改良体型小的肉牛时，往往会出现体格相差太大不易交配的困难，使用人工授精，则不会有这样的情况出现。

当然，人工授精必须使用经过后裔鉴定的优良种公牛。假如使用遗传上有缺陷的公牛，造成的危害范围比本交会更大；同时，人工授精要求严格遵守操作规程、严格进行消毒，还必须有技术熟练的操作人员。

（二）人工授精的方法

1. 输精技术

母牛人工授精技术可分2类共3种方法：第一类为冷冻精液人工授精技术，第二类为液态精液人工授精技术。其中，液态精液人工授精又分为2种方法，第一种是鲜精或低倍稀释精液［1：（2~4）］人工授精技术，1头公牛一年可配母牛500~1 000头，比用公牛本交进步10~20倍，用这种技术，将采出的精液不稀释或低倍稀释，立刻给母牛输精，适用于母牛季节性发情较显著而且数目较多的地区。第二种是精液高倍稀释［1：（20~50）］人工授精技术，1头公牛一年可配种母牛10 000头以上，比本交进步200倍以上。

2. 输精时间

（1）初次输精　母牛体成熟比性成熟晚，通常育成母牛的初次输精（配种）适龄为18月龄，或达到成年母牛体重的70%（300~400千克）为宜。

（2）产后输精　通常在产后60天左右开始观察发情表现，经鉴定，若发情正常，即可以配种。但也有产后 35~40 天第一次发情正常的，遇到类似的情况也可以配种，这样可缩短产犊间隔时间，提高繁殖率。

（3）适时输精 由于母牛正常排卵是在发情结束后 12~15 小时，所以，输精时间安排在发情中期至末期阶段比较适宜。第一次输精时间应视发情表现而定：上午 8:00 以前发情的母牛，在当日下午输精；8:00 至 14:00 发情的母牛，在当日晚上输精；14:00 以后发情的母牛，在翌日早晨输精。第一次输精后，间隔 8~12 小时进行第二次输精。

3. 操作步骤

（1）输精技术 输精的操作技术通常有 2 种，即阴道开张法和直肠把握法。

阴道开张法需要使用开膣器。将开膣器插入母牛阴道内打开，借助反光镜或手电筒光线，找到子宫颈外口，将输精器吸好精液，插入到子宫颈外口内 1~2 厘米，注入精液，取出输精器和开膣器。阴道开张法的优点是操作的技术难度不大，缺点则是受胎率不高，目前已很少使用。

目前，生产中主要采用直肠把握法进行子宫颈输精。把母牛保定在配种架内（已习惯直肠检查的母牛可在槽上进行），将牛尾巴用细绳拴好拉向一侧。术者一手戴产科手套，涂抹皂液，将手臂伸入直肠内，掏出粪便，然后清洗消毒外阴部，擦干，用手在直肠内摸到子宫颈，把子宫颈外口处握在手中，另一手持已装好精液的输精枪，从阴门插入 5~10 厘米，再稍向前下插入到子宫颈口外，两手配合，让输精器轻轻插入子宫颈深部（经过 2~3 个皱褶），随后缓慢注入精液，然后缓慢抽出输精枪。操作时动作要谨慎，防止损伤子宫颈和子宫体，在输精操作前，要确定是空怀发情牛，否则会导致母牛流产。输精结束后，先将输精枪取出，直肠里的手按压子宫颈片刻后再取出，然后再轻轻按摩阴蒂数秒钟。

（2）输精深度 试验结果表明，子宫颈深部、子宫体、子宫角等不同部位输精的受胎率没有显著差别，子宫颈深部输精的受胎率是 62.4%~66.2%，子宫体输精的受胎率是 64.6%~65.7%，子宫角输精的受胎率是 62.6%~67%。输精部位并非越深越好，越深越容易引起子宫感染或损伤，所以，采取子宫颈深部输精是安全可靠的方法。

（3）输精量 输精量一般为 1 毫升。新鲜精液一次输精含有精子数 1 亿个以上。冷冻精液输精量，安瓿和颗粒均为 1 毫升，塑料细管以 0.5 毫升或 0.25 毫升较多。要求精液中含前进运动精子数 1 500 万~3 000万个。

4. 正确解冻

冷冻精液需要贮存在 -196℃ 的液氮罐中。当从贮存冷冻精液的液氮中取出冷冻精液时，应将冷冻精液迅速解冻。解冻用 38℃ 的热水。先将杯中或盒内的水温调节在 38℃，然后用镊子（要先预冷）夹出细管冻精，迅速竖放或平放埋入热水中，并轻微摇荡几下，待冻精溶解（约30秒钟）后取出，用药棉擦干细管外壁，用消毒剪刀剪去封口端，活力镜检合格后，方可用于输精。

注意：液氮罐应放在阴凉处，室内要通风，注意不要用不卫生工具污染液氮罐内，及时补充液氮，保证液氮面的高度应高于贮存的冻精，最好将精液沉至罐底。冷冻精液取出后应及时盖好罐塞，为减少液氮消耗，罐口可用毛巾围住。取冻精的金属镊子用前需插入液氮罐颈口内先预冷1分钟。从液氮罐中取冷冻精液时，提筒不能高于液氮罐口，应在液氮罐口水平线下，停留时间不应超过5秒钟，需继续操作时，可将提筒浸入液氮后再提起。

第二节 母牛的妊娠与分娩

一、妊娠诊断

在母牛的繁殖管理中，妊娠诊断尤其是早期妊娠诊断，是保胎、减少空怀、增加产奶量和提高繁殖率的重要措施。经妊娠诊断，确认已怀孕的母牛，应加强饲养管理；而对于未孕母牛，则要注意再发情时的配种和对未孕原因进行分析。在妊娠诊断中，还可以发现某些生殖器官的疾病，以便及时治疗；对屡配不孕的母牛，则应及时淘汰。

虽然妊娠诊断方法很多，但目前应用最普遍的还是外部观察法和直肠检查法。

（一）外部观察法

母牛怀孕后，表现为发情停止，食欲和饮水量增加，营养状况改善，毛色润泽，膘情变好，性情变得安静、温顺，行动迟缓，常躲避角斗或追逐，放牧或驱赶运动时，常落在牛群之后。怀孕中后期，腹围增大，腹壁一侧突出，可触到或看到胎动。育成牛在妊娠4~5个月后，乳房发育加快，体积明显增大；妊娠8个月以后，右侧腹壁可见到胎动。经产牛乳房常常在妊娠的最后1~4周才明显肿胀，在妊娠的中后期，外部观察才能发现乳房明显的变化。外部观察法的最大缺点，是不能早期确定母牛是否妊娠，因此，外部观察法只能作为辅助的诊断方法。

（二）直肠检查法

直肠检查法是判断母牛是否妊娠和妊娠时间最常用最可靠的方法，可用于母牛早期妊娠诊断，一般在妊娠2个月左右就可以做出诊断，准确而快速，在生产实践中普遍应用。直肠检查法的诊断依据，是妊娠后母牛生殖器官的一些变化，在诊断时，对这些变化要随妊娠时期的不同而有所侧重，如：妊娠初期，主要检查子宫角的形态和质地变化；30 天以后以胚泡的大小为主；中后期则以卵巢、子宫的位置变化和子宫动脉特异搏动为主。在具体操作中，探摸子宫颈、子宫角和卵巢的方法与发情鉴定相同。

1. 检查方法

未妊娠母牛的子宫颈、子宫体、子宫角及卵巢均位于骨盆腔；经产牛有时子宫角可垂入骨盆腔入口前缘的腹腔内，会出现两角不对称的现象；未孕母牛两侧子宫角大小相当，形状相似，向内弯曲，如绵羊角。

触摸子宫角时有弹性，有收缩反应，角间沟明显，有时卵巢上有较大的卵泡存在，说明母牛已开始发情。

妊娠 20~25 天，排卵侧的卵巢上有突出于表面的妊娠黄体，卵巢的体积大于另一侧。两侧子宫角无明显变化，触摸时感到壁厚而有弹性，角间沟明显。

妊娠 30 天，两侧子宫角不对称，孕角变粗、松软、有波动感，弯曲度变小，而空角仍维持原有状态。用手轻握孕角，从一端滑向另一端，有胎泡从指间滑过的感觉。若用拇指和食指轻轻捏起子宫角，然后放松，可感到子宫壁内似有一层薄膜滑开，这就是尚未附植的胎膜。技术熟练者，还可以在角间韧带前方摸到直径为 2~3 厘米的豆形羊膜囊。此时，角间沟仍较明显。

妊娠 60 天，孕角明显增粗，相当于空角的 2 倍大小，孕角波动明显。此时，角间沟变平，子宫角开始垂入腹腔，但仍可摸到整个子宫。

妊娠 90 天，子宫颈前移至耻骨前缘，子宫开始沉入腹腔，子宫颈被牵拉至耻骨前缘，孕角大如婴儿头，波动感明显，有时可摸到胎儿，在胎膜上可摸到蚕豆大的胎盘子叶。孕角子宫颈动脉根部开始有微弱的震动。此时角间沟已摸不清楚，空角也明显增粗。

妊娠 120 天，子宫及胎儿全部沉入腹腔，子宫颈已越过耻骨前缘，一般只能触摸到子宫的局部及该处的子叶，如蚕豆大小。子宫动脉的特异搏动明显。此后直至分娩，子宫进一步增大，沉入腹腔，甚至可达胸骨区，子叶逐渐增大如鸡蛋；子宫动脉两侧都变粗，并出现更明显的特异搏动，用手触及胎儿，有时会出现反射性的胎动。

寻找子宫动脉的方法，是将手伸入直肠，手心向上，贴着骨盆顶部向前滑动。在岬部的前方，可以摸到腹主动脉的最后一个分支，即髂内动脉，在左右髂内动脉的根部各分出一支动脉，即为子宫动脉。通过触摸此动脉的粗细及妊娠特异搏动的有无和强弱，就可以判断母牛妊娠的大体时间段。

2. 值得注意的问题

（1）注意技术要领 母牛妊娠 2 个月之内，子宫体和孕侧子宫角都膨大，胎泡的位置不易掌握，触摸感觉往往不明显，初学者感觉很难判断，必须经过反复实践，才能掌握技术要领。

（2）找准子宫颈　妊娠 3 个月以上，由于胎儿的生长，子宫体积和重量的增大，使子宫垂入腹腔，触摸时，难以触及子宫的全部，并且容易与腹腔内的其他器官混淆，给判断造成困难。最好的方法是找到子宫颈，根据子宫颈的所在位置以及提拉时的重量，判断是否妊娠并估计妊娠的时间。

（3）注意双胞胎　牛怀双胎时，往往双侧子宫角同时增大，在早期妊娠诊断时要注意这一现象。

（4）注意假发情　注意部分母牛妊娠后的假发情现象。配种后 20 天左右，部分母牛有发情的外部表现，而子宫角又有孕向变化，对这种母牛应做进一步观察，不应过早做出发情配种的决定。

（5）注意子宫疾病　注意妊娠子宫和子宫疾病的区别。因胎儿发育所引起的子宫增大，有时在形态上与子宫积脓、子宫积液很相似，也会造成子宫下沉现象，但积脓、积水的子宫，提拉时有液体流动的感觉，脓液脱水后是一种面团样的感觉，而且也找不到胎盘子叶，更没有妊娠子宫动脉的特异搏动。

（三）阴道检查法

肉牛怀孕后，阴道黏液的变化较为明显，该方法主要根据阴道黏膜色泽、黏液、子宫颈等来确定母牛是否妊娠。母牛怀孕 3 周后，阴道黏膜由未孕时的淡粉红色变为苍白色，没有光泽，表面干燥，同时阴道收缩变紧，插入开膣器时有阻力感。怀孕 1.5~2 个月，子宫颈口附近有黏稠的黏液，量很少，3~4 个月后量增多变为浓稠，灰白或灰黄色，形如浆糊。妊娠母牛的子宫颈紧缩关闭，有浆糊状的黏液块堵塞于子宫颈口，这就是子宫颈塞（栓）。子宫颈塞（栓）是在妊娠后形成的，主要起保护胎儿免遭外界病菌侵袭的作用。在分娩或流产前，子宫颈扩张，子宫颈塞溶解，并呈线状流出。所以，阴道检查对即将流产或分娩的牛来说是很有必要的，可以及时发现症状，以便于采取有效的应对措施；而对于检查妊娠，虽然也有一定的参考价值，但却不如直肠检查准确。

（四）其他诊断方法

1. 超声波诊断法

超声波诊断法是利用超声波的物理特性和不同组织结构的特性相结合的物理学诊断方法。国内外研制的超声波诊断仪有多种，是简单而有效的检测仪器。目前，国内试制的有两种：一种是用探头通过直肠探测母牛子宫动脉的妊娠脉搏，由信号显示装置发出的不同声音信号，来判断母牛妊娠与否。另一种是探头自阴道伸入，显示的信号有声音、符号、文字等几种形式。重复测定的结果表明，妊娠 30 天内探测子宫动脉反应或 40 天以上探测胚胎心音，都可达到较高的准确率。但有时也会因子宫炎症、发情所引起的类似反应干扰测定结果而出现误诊。

有条件的大型养牛场，可采用较精密的 B 型超声波诊断仪。其探头放置在右侧乳房上方的腹壁上，探头方向应朝向妊娠子宫角。通过显示屏，可清楚地观察胎泡的位置、大小，并且可以定位照相。通过探头的方向和位置的移动，可见到胎儿各部的轮廓、心脏的位置及跳动情况、单胎或双胎等。在具体操作时，探头接触的部位应先剪毛，并在探头上涂以接触剂（凡士林或石蜡油）。

2. 孕酮水平测定法

根据妊娠后血及奶中孕酮含量明显增高的现象，用放射免疫和酶免疫法，测定孕酮的含量，判断母牛是否妊娠。由于收集奶样比采血方便，目前测定奶中孕酮含量的较多。大量的试验表明，奶中孕酮含量高于 5 纳克/毫升为妊娠；而低于该值者为未妊娠。放射免疫测定虽然精确，但需送专门实验室测定，不易推广。近年来，国内外研制的酶免疫药盒，使这种诊断趋于简单化、实用化。

3. 激素反应法

妊娠后的母体内，占主导地位的激素是孕酮，它可以对抗适量的外源性雌激素，使之不产生反应。因此，依据母牛对外源性雌激素的反应，可作为是否妊娠的判断标准。母牛配种后 18～20 天，肌内注射合成雌激素（己烯雌酚等）2～3 毫克或三合激素，未孕者能促进发情，怀孕者不发情。注射后 5 天内不发情即可判为妊娠，此法简单，准确率在 80% 以上。

二、分娩与助产

（一）母牛分娩征兆

母牛在接近分娩时，生理机能会发生剧烈变化，根据这些变化，可以大致判断分娩时间。在分娩前约半个月，乳房迅速发育膨大，腺体充实，乳头膨胀，临产前 1 周，有的滴出初乳。临产前，阴唇逐渐松弛变软、水肿，皮肤上的皱襞展平；阴道黏膜潮红，子宫颈肿胀、松软，子宫颈栓溶化变成半透明状黏液，排出阴门，呈索状悬垂于阴门处；骨盆韧带柔软、松弛，耻骨缝隙扩大，尾根两侧凹陷，以适于胎儿通过。在行动上，母牛表现为活动困难，起立不安，高声哞叫，尾高举，回顾腹部，常做排粪排尿姿势，食欲减少或停止。根据以上表现，大致可以判断母牛分娩的时间。

（二）分娩的过程

正常的分娩过程，一般可分为下列 3 个阶段。

1. 开口期

子宫颈扩大，子宫壁纵形肌和环形肌有节律地收缩，并从孕角尖端开始收缩，向子宫颈方向进行驱出运动，使子宫颈完全开放，与阴道的界限消失。随着子宫间歇性收缩（阵缩）力量的加大，收缩持续时间延长，间歇缩短，压迫羊水及部分胎膜，使胎儿的前置部分进入子宫颈。此时，母牛表现为不安，时起时卧，进食和反刍不规则，尾巴抬起，常作排粪姿势，哞叫。这一阶段一般持续 6 小时左右，经产母牛一般短于初产母牛。

2. 胎儿产出期

以完成子宫颈的扩大和胎儿进入子宫颈及阴道为特征。该时期的子宫平滑肌收缩期延长，松弛期缩短，弓背努责，胎囊由阴门露出。一般先露出尿膜囊，破裂后流出黄褐色尿水，然后继续努责和阵缩，包囊犊牛蹄子的羊膜囊部分露出阴门口。胎头和肩胛骨宽度大，娩出最费力，努责和阵缩最强烈，每阵缩一次，都能使胎头排出若干，但阵缩停止，胎儿又有所回缩。经若干次反复后，羊膜破裂，流出白色混浊的羊水，母牛稍作休息后，继续努责和阵缩，将整个胎儿排出体外。这一阶段一般持续 0.5~2 小时。若羊膜破裂后 0.5 小时以上胎儿不能自动产出，应考虑进行人工助产。如产双胎，一般会在第一个胎儿产出 20~120 分钟后，产出第二个胎儿。

3. 胎衣排出期

胎儿排出后，母牛稍作休息，子宫又继续收缩，将胎衣排出。但由于牛属于子叶型胎盘，母子之间联系紧密，收缩时不易脱落，因此，胎衣排出时间较长，为 2~8 小时。如果超过 12 小时胎衣不下，则应进行人工剥离，并在剥离后向子宫内灌注药物。

（三）科学助产

分娩是母畜正常的生理过程，一般情况下不需要助产而任其自然产出。但牛的骨盆构造与其他动物相比，更易发生难产，在胎位不正、胎儿过大、母牛分娩无力等情况下，母牛自动分娩有一定的困难，必须进行必要的助产。助产的目的，是尽可能做到母子安全，同时，还必须力求保持母牛的繁殖能力。如果助产不当，则极易引发一系列产科疾病，影响繁殖力。因此，在操作过程中，必须按助产原则小心处理。

1. 产前准备

（1）药械准备　产房要求宽大、平坦、干净、温暖；器械与药品的准备包括催产药、止血药、消毒灭菌药、强心补液药及助产器械、手术器械等。

（2）人员准备　助产人员要固定专人，产房内昼夜均应有人值班，助产者要穿工作服、剪指甲，准备好酒精、碘酒、剪刀、镊子、药棉以及产科绳等。

（3）消毒准备　发现母牛有分娩征状，助产者用 0.1%~0.2% 的高锰酸钾温水或 1%~2% 的煤酚皂溶液，洗涤母牛外阴部或臀部附近，消毒后用毛巾擦干。铺好清洁的垫草，给牛一个安静的环境。助产人员的手、工具和产科器械，都要严密消毒，以避免将病菌带入子宫内，造成生殖系统疾病。

2. 科学助产

与其他家畜相比，母牛发生难产的概率很高。因此，助产是必要的措施。尤其对于初产母牛、倒生或产程过长的母牛，进行助产更加重要。这样可以保证胎儿成活，使产程缩短，让母牛产后尽快恢复健康。

助产的过程：当胎膜露出又未及时产出时，就要判断胎儿的方向、位置和姿势是否正常。当胎儿前肢和头部露出阴门而羊膜仍未破裂时，可将羊膜撕破，并将胎儿口腔和鼻腔内的黏液擦净，以利于胎儿呼吸；如果胎位不正，就要把胎儿推回到子宫处并加以校正；如果是倒生，当后肢露出时，应配合努责，及时把胎儿拉出；如果是母牛努责无力，可以用产科绳拴住两前肢的掌部，随着母牛的努责，左右交替用力，护住胎儿的头部，沿着产道的方向拉出；当胎儿头部通过阴门时，要注意保护阴门和会阴部，尤其是阴门和会阴部过分紧张时，应有一人用手护住阴门，防止阴门撑破；当母牛努责无力时，可用手抓住胎儿的两前肢，或用产科绳系住胎儿的两前肢，同时用手握住胎儿下颌，随着母牛的努责适当用力，顺着骨盆产道方向慢慢拉出胎儿。

母牛产出胎儿以后，要喂给足量温暖的盐水麦麸粥，这对于提高腹压、保暖、解饿、恢复体力特别有好处。

胎儿产出以后，要及时用干草或毛巾，把口鼻处的黏液擦干净，进行母子分离。

如果脐带已自然断裂，需要立即用5%的碘酒进行消毒；如果脐带没有扯断，可以在距腹部6~8厘米处，用消毒过的剪子剪断，然后用碘酒进行消毒。小牛第一次吃奶必须人工陪同，时刻注意小牛的姿势以及母牛的不稳定情绪。

需要注意的是，分娩过程中发生的问题，只有在努责间歇期才能观察到。若母牛强烈努责，或看到犊牛的蹄尖和鼻子，预计分娩会正常进行，可不予助产。若助产太早，子宫颈开张不足，犊牛在拖出的过程中有可能受伤，甚至由于用力过猛而将犊牛摔在地上，严重影响犊牛的健康。所以，在母牛生产的过程中，要注意细心观察，还要有足够的耐心，不能操之过急。

3. 产后处理

产后3小时内，注意观察母牛产道有无损伤及出血；产后6小时内，注意观察母牛努责情况，若努责强烈，需要检查子宫内是否还有胎儿，并注意子宫脱出症兆；产后12小时内，注意观察胎衣排出情况；产后24小时内，注意观察恶露排出的数量和性状，排出多量暗红色恶露为正常；产后3天，注意观察生产瘫痪症状；产后7天，注意观察恶露排尽程度；产后15天，注意观察子宫分泌物是否正常；产后30天左右，通过直肠检查，判断子宫康复情况；产后40~60天，注意观察产后第一次发情。

第三节　提高母牛繁殖力

一、影响母牛繁殖力的因素

（一）环境因素

气候因素和环境因素，如季节、温度、湿度和日照等，都会影响到牛的繁殖力。温度过高或过低，都可降低繁殖效率。在我国多数地区，夏季炎热，冬季寒冷，牛的繁殖率包括发情率与受胎率等都比较低，而春、秋两季温度适宜，牛的繁殖率也都较高。据统计，夏季肉牛情期受胎率比冬季肉牛受胎率平均低30%左右。因此，为了提高肉牛的繁殖率，必须具备理想的环境条件，尤其是在炎热的夏天，要注意防暑降温，而在寒冷的冬天，则要注意防寒保暖。另外，若将母牛迁移至与原气候及饲养条件截然不同的地方，往往会使母牛卵巢功能受到抑制，也会造成暂时性不孕。

（二）营养因素

营养是影响肉牛繁殖力的重要因素，两者间的关系日益受到人们的重视，尤其对母牛的发情、配种、受胎以及犊牛成活起着决定性的作用，还可引起公牛精液品质降低、性机能减退等，在营养因素中，以能量和蛋白质对繁殖的影响最大，矿物质和维生素也对繁殖起着重要作用。

1. 能量

能量水平过高或长期不足，都会直接影响母牛的繁殖力。如果日粮能量水平过高，则肉牛体内脂肪过多沉积，母牛变肥，生殖器官脂肪浸润，受胎率降低，甚至造成难产，性机能下降。同时，日粮能量水平过高，还会使乳腺内沉积脂肪，造成泌乳机能降低。对于公牛来说，日粮能量水平过高也有不利影响，主要表现是公牛过肥，配种时爬跨困难，性机能减退，精液品质下降，导致母牛不孕。相反，如果日粮能量水平长期不足，则犊牛生长发育迟缓，青年母牛的性成熟和适配年龄延迟，母牛的有效生殖时间缩短，成年母牛则会导致发情征状不明显或只排卵不发情，产后发情日期推迟。对于已经妊娠的母牛，如果日粮能量水平过低，则会造成流产、死胎、分娩无力或产出弱犊。

2. 蛋白质

蛋白质是牛体组织细胞的主要成分，又是构成酶、激素、黏液、抗体等物质的重要成分，也是促使母牛受孕和胎儿正常生长发育的重要物质。母牛的日粮中缺乏蛋白质，会影响食欲、采食、消化与吸收，导致体重下降，直接或间接影响母牛的健康与繁殖，造成母牛不孕或胎儿发育受阻。同时，蛋白质缺乏还会降低日粮消化率，使母牛获得的营养物质减少，从而也会影响健康和繁殖。

3. 矿物质

矿物质中的钙、磷较为重要，对母牛的繁殖力影响很大。缺钙会影响胎儿的生长发育和产后泌乳，导致成年母牛骨质疏松、胎衣不下和产后瘫痪。缺钙还会影响能量的利用，使育成母牛初情期推迟。缺磷会推迟性成熟，影响成年母牛的受胎率。生产上，在按照需要量供应钙和磷的同时，还应注意钙和磷的比例，因为钙磷比例不当，也会影响母牛的繁殖力。此外，一些微量元素，如钴、铜、碘、锰等对牛的繁殖和健康都起作用，饲料中不可缺少。

4. 维生素

维生素中影响较大的是维生素 A、维生素 D、维生素 E。缺乏维生素 A，往往导致母牛流产、死胎、弱胎、胎衣不下等疾病。公牛缺乏维生素 A，睾丸的生殖细胞变性，影响精子的形成，配种能力降低。

（三）管理因素

管理措施不当，如饲料供不应求，长时期圈养缺乏必要的运动、环境不佳、卫生条件差等，均会使母牛发情与排卵不正常，受胎与妊娠困难，甚至会常年不发情、不受胎，或妊娠中断与流产等。不注意做好发情记录，发情诊断和妊娠诊断不准确，则容易造成误配、漏配，甚至导致流产等现象。在人工授精过程中，如果配种器械消毒不彻底、操作不科学、配种时机掌握不好、直肠检查技术不熟练、配种技术不佳等，都会导致繁殖率降低。此外，冷冻精液制作质量较差，精液解冻方法不正确，也会影响繁殖力。发生一些疾病时，也会严重影响母牛的繁殖力，引起不孕的疾病有布鲁氏菌病、滴虫病、阴道炎、卵巢炎、输卵管炎、子宫内膜炎、卵巢囊肿等。

（四）母牛因素

繁殖力受遗传因素的影响，牛繁殖力的遗传力为 0.05 左右。品种不同，繁殖力差异很大，即使同一品种，由于遗传因素不同，个体之间繁殖力也不同。一般来说，繁殖力高的个体，其后代繁殖力也高，如双胎个体的后代，产双胎的可能性明显大于单胎个体后代。

母牛因内分泌紊乱，可出现异常发情，对繁殖力造成严重影响。常见的异常发情主要有如下 4 种。

1. 隐性发情

又称安静发情，指母牛外部发情征候不明显，但有卵泡发育和排卵，发情时间短，很容易发生漏配。在生产上应结合直肠检查做到准确判断。

2. 假发情

母牛具有发情表现，但无卵泡发育和排卵，这种情况多见于青年母牛及患子宫内膜炎或阴道炎的母牛。有少数妊娠 4~5 个月或在临产前 1~2 个月的母牛，也会出现假发情。在生产中一定要根据配种记录，认真观察，防止屡配。

3. 不发情

引起不发情的原因包括子宫积液及子宫积脓、持久黄体、卵巢发育不全、黄体囊肿、异性孪生母犊、哺犊母牛、极度营养不良等。在生产中应区别对待，加以解决。

4. 持续发情

连续 2~3 天或更长时间发情不止，主要由卵泡囊肿、分泌雌激素过多所致。如果左右卵巢的卵泡交替发育，也可使母牛持续发情。

二、提高母牛繁殖力的措施

提高母牛的繁殖力，力争做到母牛适时全配、全准、繁殖大量健壮的小牛，这是发展肉牛生产的核心途径，其中，克服母牛不孕、消灭空怀，是提高母牛繁殖力的关键环节。

造成母牛空怀的原因很多，主要有先天和后天两个方面。先天性不孕，一般是由于公牛、母牛生殖器官发育不正常，如：子宫颈位置不当、阴道狭窄、公牛隐睾、异性孪生的母犊等。先天性不孕较少见，对这类牛应采取淘汰措施。后天性不孕，多数是由于饲养管理与使役不当造成，有时也与生殖器官疾病有关。

提高母牛繁殖力，可从多个方面入手。

（一）加强饲养管理

1. 改善饲养水平

母牛的不孕，在很大程度上与营养有关，因此，在饲养上必须满足与繁殖有关的主要营养物质，特别是能量、蛋白质、矿物质和维生素的需要。针对不同阶段的牛群，要制定不同的饲料配方，合理饲喂，掌握好喂量，要避免营养水平过高使母牛过肥造成卵巢脂肪变性。

2. 加强日常管理

要保证繁殖母牛得到充足的运动和合理的日粮安排，加强妊娠母牛的管理，防止流产。饲料要品质新鲜，严禁饲喂腐败、冰冻的饲料，避免有毒有害物质。运动场要保持平整、无碎石、无坑洼地，牛舍内部要保持空气流通，同时，还要增加牛舍的消毒，定期对母牛进行修蹄。一般每 2 年要进行一次布氏杆菌病检测，检出的病牛要及时淘汰。

正确安排生产也很重要，这是确保母牛正常繁殖的关键环节。

3. 注意空怀母牛管理

有些母牛会屡配不孕或长时间不发情，从而造成空怀。导致空怀的原因，多数是因为有持久黄体、卵巢囊肿或卵巢萎缩。对于这类母牛，要及时排查原因，对于持久黄体、卵巢囊肿，可以用前列腺素、LH（促黄体素）等药物进行治疗，卵巢萎缩可能是因为营养水平不够或是母牛年龄太大造成，实在调理不好的应予以淘汰。

（二）提高配种技术

1. 重视观察记录

要提高母牛的受胎率，就要提高配种技术。因此，在管理上就要做好每头母牛的发情记录，每天早晨与晚间都要巡查一次，对发情症状不明显或不发情的母牛，应及时治疗，保证母牛正常发情。

2. 及时安排配种

发情母牛受胎率的高低，除与公牛精液品质有关外，还与能否适时配种及配种技术是否熟练有很大的关系。对发情的母牛，必须掌握好时机，及时配种。实践证明，母牛产后第一次发情配种，可使母牛一年产一犊；如果母牛产犊后第一次发情或第二、第三次发情不给配种，较易造成不孕。因此，一般母牛产犊后第一次发情，就应抓紧配种。

3. 做好人工授精

人工授精是目前提高母牛受胎率的重要方法之一，对母牛实行人工授精时，应选用品质好、符合标准的冷冻精液，每次购进的精液都要进行抽样镜检，对于不合格的成批精液应及时调换。同时，配种技术人员要掌握一定的解冻方法，控制好解冻温度并保持在38~40℃，解冻时间不宜过长，一般在10~15分钟为佳。配种前，要对配种的器械进行消毒，技术员要戴好长臂乳胶手套，根据母牛的不同年龄，掌握适时的配种时间，并间隔8~10小时重新输精一次。输精枪要缓慢进入，以免损伤阴道及子宫黏膜。母牛在配种后2个月，要及时通过直肠把握法来检测母牛是否受孕，对于没有受孕的母牛，要及时进行检查，找出原因并采取合适的措施。

（三）搞好孕牛保胎

母牛怀孕后，必须做好保胎工作，以保证胎儿的正常发育和母牛的安全分娩，防止中途流产。胎儿在怀孕中途死亡，孕牛突然发生异常收缩，母牛体内分泌调节机能发生紊乱、失去保胎能力等，都是造成孕牛流产的原因。

母牛怀孕2个月内，胚胎在子宫内呈游离状态，胎儿靠子宫内膜分泌的子宫乳作为营养，逐渐过渡到靠胎盘吸收母体的营养。此时，如果孕牛饲养水平低、子宫乳分泌不足，就会影响胎儿发育，造成胚胎死亡。怀孕后期，胎儿发育很快，如果母牛营养不足或受到强烈刺激，也会造成流产。针对以上情况，要加强孕牛的饲养管理，满足营养需要，特别是蛋白质（饼类和鱼粉等），要保证供应，要补充维生素 A 和维生素 E；冬春季节缺乏青绿饲料，可补喂麦芽或青贮饲料；还要补喂骨粉，防止母牛和犊牛软骨症；要防止喂发霉变质、酸度过大、冰冻有毒的饲料；孕牛要适当运动，严防惊吓、鞭打、滑跌、挤撞，减轻使役，产前 1 个月要停止使役，单舍饲养，随时准备接产。

（四）合理使用激素

母牛输精后 5~7 分钟内，肌内注射催产素 40 单位，可促使精子向受精部位运行，增加精子与卵子结合的机会。对不孕母牛，产后 20 天，可向子宫内注射 5% 葡萄糖溶液和青霉素 50 万单位。对屡配不孕青年母牛，配种前后肌内注射促性腺素释放激素 10 毫克，能有效提高母牛的繁殖能力。也可使用三合激素。

（五）管护初生犊牛

母牛产犊时，要及时擦净犊牛嘴端黏液，合理断脐并消毒，断脐后一般不要进行结扎，以免形成积液发生脐带感染。有些犊牛出生后体质较弱，不能及时吃到初乳，无法尽快获得母源抗体，容易生病而死。因此，在犊牛出生后 2 小时内，要让小牛及时吃到初乳，同时要对新生犊牛加强护理，做好保温工作，防止受凉腹泻。犊牛 2 周龄时可以训练吃食。发生疾病的要及时治疗，以免延误病情。

第四章　牛的营养需要与饲料

第一节　牛的消化生理特点

一、牛的消化特点

（一）牛的消化器官

1. 口腔

牛没有上切齿，只有臼齿（板牙）和下切齿。牛是通过左右侧臼齿轮换与切齿切断饲草，在唾液润滑下吞咽入瘤胃，反刍时再经上下齿仔细磨碎食物。

2. 四个胃区

牛有四个胃，即瘤胃、网胃（蜂巢胃）、瓣胃（百叶胃）、皱胃（真胃）。由于牛本身营养的需要，必须采食大量饲草饲料，因此，消化道相应地有较大的容量来完成加工和吸收营养物质的功能。其消化道中以瘤胃的容量最大。

3. 小肠与大肠

食入的草料在瘤胃发酵形成食糜，通过其余3个胃进入小肠，经过盲肠、结肠然后到大肠，排出体外。整个消化过程大约需72小时。

（二）牛的消化生理

1. 瘤胃微生物

瘤胃里生长着大量微生物，每毫升胃液中含细菌250亿~500亿个，原虫20万~300万个。瘤胃微生物的数量依日粮性质、饲养方式、喂后采样时间和个体的差异及季节等而变动，并在以下两方面发挥重要作用，第一，能分解粗饲料中的粗纤维，产生大量的有机酸，即挥发性脂肪酸（VFA），约占牛的能量营养来源的60%~80%，这就是为什么牛能主要靠粗饲料维持生命的原因；第二，瘤胃微生物可以利用日粮中的非蛋白氮（如尿素）合成菌体蛋白质，进而被牛体吸收利用。

2. 瘤胃发酵

瘤胃黏膜上有大量乳头突,网胃内部由许多蜂巢状结构组成。食物进入这两部分,通过各种微生物(细菌、原虫和真菌)的作用进行充分的消化。事实上瘤胃就是一个大的生物"发酵罐"。

瘤胃发酵是指瘤胃中的微生物在一定条件下对进入瘤胃的食物进行发酵分解的过程。牛的瘤胃在出生后几个小时内就会出现微生物,正常成年牛的瘤胃液1毫升可含160亿~400亿个细菌和20万个原生物,这些微生物种类很多。此外,真菌也是瘤胃内的一类微生物群系。牛摄入饲料的种类决定了哪一类细菌为瘤胃内主要群系,而细菌的类群又决定了挥发性脂肪酸的生成量和比例(对瘤胃的pH值有很大影响)。

瘤胃的环境最适合微生物生长,瘤胃内的pH值在2.5~7.0,无氧气,温度约为39.5℃,这一条件是许多酶活性的最佳条件。瘤胃内有丰富的食物,这些食物大致呈连续性供给。发酵的产物如挥发性脂肪酸和氨通过瘤胃壁被吸收。

通过瘤胃发酵,牛可以从纤维素和半纤维素中吸收能量,否则这两类植物纤维无法被动物体利用;将低质量的蛋白质和非蛋白氮(NPN)转变成细菌蛋白被牛体利用;瘤胃细菌合成的B族维生素复合物和维生素K可供牛利用,所以不需要在奶牛饲料中补充B族维生素和维生素K;瘤胃发酵还可中和饲料中的一些有毒成分。

但是瘤胃发酵也会产生一些副作用,如淀粉、糖等碳水化合物被细菌发酵分解生成甲烷和二氧化碳等,造成能量丢失;如果细菌没有足够的能量将氨转化成细菌蛋白就会降解饲料中部分高质量蛋白质,以获取能量,这部分蛋白质最后以氨的形式丢失。所以饲料中要有一定含量的粗蛋白,否则会造成高质量蛋白质的丢失;牛采食的粗纤维能量较低,而且瘤胃细菌利用纤维素的速度有限,如果日粮中粗纤维的含量过高,可能会由于不能及时分解产生能量而造成机体能量供应不足。

另外需要注意,日粮成分的变化会引起不同挥发性脂肪酸比例的变化,虽然瘤胃内微生物对前者的适应很快,但牛对后者的适应则需要很长时间。所以改变日粮成分应当是渐进的(一般需4~5天)。

3. 反刍

当牛吃完草料后或卧地休息时,人们会看到牛嘴不停地咀嚼和吞咽,每次需1~2分钟,这种行为称作反刍。牛每天需要6~8小时进行反刍。反刍能使大量饲草变细、变软,较快地通过瘤胃到后面的消化道中去,这样使牛能采食更多的草料。

4. 嗳气

由于食物在消化道内发酵、分解，产生大量的二氧化碳、甲烷等气体。这些气体会随时排出体外，这就是嗳气。嗳气也是牛的正常消化生理活动，一旦失常，就会导致一系列消化功能障碍。

二、牛的采食特性

（一）采食

牛的唇不灵活，不利于采食饲料，但牛的舌长、坚强、灵活，舌面粗糙，适于卷食草料，并被下腭门齿和上腭齿垫切断而进入口腔。同时，牛进食草料的速度快而且咀嚼不细，进入口腔的草料混合了口腔中大量的唾液后形成食团进入瘤胃，之后经过反刍又回到口腔，经过二次咀嚼后再咽下，才可以彻底消化。牛采食的特殊性决定了牛采食后有卧槽反刍的习惯。奶牛的采食量按干物质计算，一般为自身体重的2%～3%，个别高产牛可高达4%。牛每天放牧8小时，用8小时反刍，这意味着牛每天的采食时间超过16小时。在适宜温度下自由采食时间一般为每昼夜6～8小时，气温高于30℃，白天的采食时间就会减少，因此炎夏要注意早晨和晚上饲喂。

（二）饮水

水分是构成牛身体和牛乳的主要成分。据测定，成年母牛身体的含水量达57%，牛乳的含水量达87.5%。牛的新陈代谢、生长发育、繁衍后代、生产牛乳等都离不开水，特别是处于泌乳盛期的奶牛，代谢强度增加，更需要大量饮水。研究证明，产奶量与耗水量呈正相关（相关系数0.815）。在饲养管理中，保证奶牛充足的饮水是获得高产的关键。奶牛一天的饮水量大约是它采食饲料干物质量的4～5倍，产奶量的3～4倍。一头体重600千克、日产奶20千克的奶牛，饲料干物质摄入量约为16千克，饮水量应在60千克以上，夏季更多。因此，应保证给奶牛供应充足的、清洁卫生的饮水，冬季要饮温水。

（三）反刍

反刍是牛、羊等反刍动物共有的特征，反刍有利于牛把饲料嚼碎，增加唾液的分泌量，以维持瘤胃的正常功能，还可提高瘤胃氮循环的效率。牛采食时将饲料初步咀嚼，并混入唾液吞进瘤胃，经浸泡、软化，待卧息时再进行反刍。反刍包括逆呕、再咀嚼、再混入唾液、再吞咽4个步骤，一般在采食后30～60分钟开始反刍，每次持续40～50分钟，每个食团约需1分钟，一昼夜反刍10多次，累计7～8小时。因此，牛采食后应有充分的时间休息进行反刍，并保持环境安静，牛反刍时不能受到惊扰，否则会立刻停止反刍。

（四）排泄

牛随意排泄，通常站着排粪或边走边排，因此牛粪常呈散布状；排尿也常取站立的姿势。成母牛一昼夜排粪约 30 千克，排尿约 22 千克；年排粪量约 11 吨，年排尿量 8 吨左右。据研究，产奶量与日排粪次数、日排尿时间呈不同程度的正相关，但与日排粪时间呈负相关，泌乳盛期奶牛的排泄次数显著多于泌乳后期和干奶期。奶牛倾向于在洁净的地方排泄。经过训练的奶牛甚至可以在一定时间内集体排泄。

第二节　牛常用饲料的加工调制

一、牛常用饲料的特性

牛常用的饲料种类很多，特性各异。按照生产上的习惯和牛的利用特性，常归结为粗饲料、精饲料、矿物质饲料、维生素饲料和非蛋白氮饲料等。

（一）主要粗饲料的特性

粗饲料是粗纤维含量高（超过 20%）、体积大、营养价值较低的一类饲料，主要包括秸秆、秕壳和干草等。

1. 玉米秸

玉米秸营养价值是禾本科秸秆中最高的。刚收获的玉米秸，营养价值较高，但随着贮存期的加长，营养物质损失加大。一般玉米秸粗蛋白含量为 5%～5.8%，粗纤维含量为 25% 左右，牛对其消化率为 65% 左右，钙少磷多。为了保存玉米秸的营养含量，最好的办法是收获果穗后立即青贮。目前已培育出收获果穗后玉米秸全株保存绿色的新品种，很适合制作青贮。

2. 麦秸

包括小麦秸、大麦秸、燕麦秸等。其中燕麦秸营养价值最好，大麦秸次之，小麦秸最差（春小麦比冬小麦好），但小麦秸数量较多。总体来看，麦秸粗纤维含量高，消化率低，适口性差，是质量较差的饲料。这类饲料喂牛时应经氨化或碱化等适当处理，否则，对牛没有多大营养价值。

3. 稻草

稻草是我国南方地区主要的粗饲料来源，营养价值低于玉米秸而高于小麦秸。稻草中粗蛋白含量为 2.6%～3.6%，粗纤维含量为 21%～30%；钙多磷少，但总体含量很低。牛对其消化率为 50%。经氨化和碱化后可显著提高粗蛋白含量和消化率。

4. 秕壳

农作物籽实脱壳后的副产品。营养价值除稻壳和花生壳外，略高于同一作物秸秆。其中豆荚含粗蛋白质 5%～10%，含无氮浸出物 42%～50%，含粗纤维 33%～40%，饲用价值较高，适于喂牛。谷类皮壳营养价值低于豆荚。棉籽壳含粗蛋白质 4.0%～4.3%，含粗纤维 41%～50%，含无氮浸出物 34%～43%，虽含有棉酚，但对肥育牛影响不大，喂时搭配其他青绿块根饲料效果较好。

5. 豆秸

指豆科秸秆。普遍质地坚硬，木质素含量高，但与禾本科秸秆相比，粗蛋白含量较高。豆科秸秆中，花生藤营养价值最好，其次是豌豆秸，大豆秸最差。由于豆秸质地坚硬，消化率低，应粉碎后饲喂，以便被牛较好利用。

6. 豆科牧草

豆科牧草种类比禾本科少，所含粗蛋白质和矿物质比禾本科草高。干物质中粗蛋白质可达 20% 以上，可溶性碳水化合物低于禾本科牧草。主要有苜蓿、三叶草、花生藤、紫云英、毛苕子、沙打旺等。其中苜蓿有"牧草之王"的美称，产量高，适口性好，营养价值很高，富含多种氨基酸齐全的优质蛋白质，丰富的维生素和钙等。

有些豆科牧草多含有皂素，在牛瘤胃中能产生大量泡沫，易使牛发生瘤胃膨胀，所以喂量不能太多，最好先喂一些干草或秸秆，再喂苜蓿等豆科饲料。

7. 禾本科牧草

禾本科牧草种类很多，包括天然草地牧草与人工栽培牧草，最常用的是羊草、鸡脚草、无芒雀麦、披碱草、象草、苏丹草等。禾本科牧草除青刈外，还可制成青干草和青贮饲料，作为各类牛常年的基本饲料。

（二）主要精饲料的特性

精饲料一般指体积小、纤维成分含量低（干物质中粗纤维含量低于 18%）、可消化养分含量高，用于补充牛基本饲料中能量和蛋白质不足的一类饲料。主要有禾谷类籽实（玉米、高粱、大麦等）、豆类籽实、饼粕类（大豆饼粕、棉籽饼粕、菜籽饼粕等）、糠麸类（小麦麸、米糠等）、草籽树实类、淀粉质的块根块茎类（薯类、甜菜）、工业副产品（玉米淀粉渣、玉米胚芽渣、啤酒糟粕、豆腐渣等）、酵母类等饲料原料和多种饲料原料按一定比例配制的精料补充料。精饲料可消化营养物质含量高，体积小，粗纤维含量少，是饲喂肉牛的主要能量饲料和蛋白质饲料。

1. 禾本科籽实饲料

（1）营养特点　谷实类饲料干物质中以无氮浸出物（主要是淀粉）为主，占干物质的 70%～80%；粗纤维含量低，在 6% 以下；粗蛋白质含量在 10% 左右，蛋白质品质不高。因此,禾谷类籽实的生物学价值低,为50%~70%;脂肪含量少,为2%~5%,大部分在胚种和种皮内,主要是不饱和脂肪酸。钙的含量少,有机磷含量多,主要以磷酸盐形式存在,均不易被吸收。含有丰富的维生素 B_1 和维生素 E,但禾谷类籽实中缺乏维生素 D;除黄玉米外,均缺乏胡萝卜素。禾谷类籽实的适口性好,易消化,易保存。

(2)几种主要的禾本科籽实饲料

① 玉米。玉米被称为"饲料之王",是牛最主要的能量饲料。有效能值高,产奶净能8.66兆焦/千克,肉牛综合净能8.06兆焦/千克;亚油酸较高,玉米含有2%的亚油酸,在谷实类饲料中含量最高;蛋白质含量低,低于10%,且品质差,氨基酸组成不平衡,缺乏赖氨酸和色氨酸等必需氨基酸;矿物质约80%存在于胚部,钙非常少,只有0.02%,磷约含0.25%;脂溶性维生素中维生素 E 较多,约为20毫克/千克,维生素 D 和维生素 K 几乎没有,黄玉米中含有较高的胡萝卜素。

② 大麦。大麦的蛋白质含量(9%~13%)高于玉米,氨基酸中除亮氨酸及蛋氨酸外均比玉米多,但利用率比玉米差。产奶净能8.2兆焦/千克,肉牛综合净能7.19兆焦/千克;大麦赖氨酸含量(0.40%)接近玉米的2倍;纤维含量(6%)高,为玉米的2倍左右;富含 B 族维生素,包括维生素 B_1、维生素 B_2、维生素 B_6 和泛酸,烟酸含量较高,但利用率较低,只有10%,脂溶性维生素 A、维生素 D、维生素 K 含量低,少量的维生素 E 存在于大麦的胚芽中。

大麦是牛的优良精饲料,供肉牛肥育时与玉米营养价值相当。大麦粉碎太细易引起瘤胃臌胀,宜粗粉碎,或用水浸泡数小时或压片后饲喂可起到预防作用。此外,大麦进行压片、蒸汽处理可改善适口性和肥育效果,微波以及碱处理可提高消化率。

③ 高粱。营养价值稍低于玉米。高粱粗蛋白质含量略高于玉米,为9%~11%,但同样品质不佳,缺乏赖氨酸(0.21%~0.22%)和色氨酸,蛋白质不易消化,高粱所含脂肪(2.8%~3.4%)低于玉米,脂肪酸组成中饱和脂肪酸比玉米稍多一些,所以脂肪的熔点高;高粱淀粉含量与玉米相近,但消化率较低,使其有效能值低于玉米,产奶净能7.74兆焦/千克,肉牛综合净能6.98兆焦/千克。因含单宁,适口性差,喂牛易引起便秘,一般用量不超过日粮的20%,与玉米配合使用可使效果增强。

④ 燕麦。燕麦产奶净能7.66兆焦/千克,肉牛综合净能6.96兆焦/千克。燕麦蛋白质含量在11.6%左右,其品质较差,氨基酸组成不平衡,赖氨酸含量低。

燕麦是牛很好的能量饲料,其适口性好,饲用价值较高。燕麦的营养价值在所有谷实类中是最低的，仅为玉米的 75%～80%，但莜麦的饲喂价值与玉米相当。饲用前磨碎和粗粉碎即可饲喂。对奶牛的饲喂效果最好，对肉牛因含壳多，肥育效果比玉米差，在精料中可用到 50%，饲喂效果为玉米的 85%。

2. 豆科籽实饲料

（1）营养特点 豆类籽实包括大豆、豌豆、蚕豆等。粗蛋白质含量高，占干物质的 20%～40%，为禾谷类籽实的 1～3 倍，且品质好。精氨酸、赖氨酸、蛋氨酸等必需氨基酸的含量均多于谷类籽实。脂肪含量除大豆、花生含量高外，其他均只有 2%左右，略低于谷类籽实。钙、磷含量较禾谷类籽实稍多，但钙磷比例不恰当，钙多磷少，胡萝卜素缺乏，无氮浸出物含量为 30%～50%，纤维素易消化。总营养价值与禾谷类籽实相似，可消化蛋白质较多，是牛重要的蛋白质饲料。

（2）主要的豆科籽实饲料

① 大豆。大豆蛋白质含量高，氨基酸组成良好，主要表现在植物蛋白质中最缺的限制因子之一的赖氨酸含量较高，但含硫氨基酸不足。大豆脂肪含量高，不饱和脂肪酸较多，亚油酸和亚麻酸可占 55%。因属不饱和脂肪酸，故易氧化，应注意温度、湿度等贮存条件。生大豆含有一些有害物质或抗营养成分，如胰蛋白酶抑制因子、血细胞凝集素、脲酶、致甲状腺肿物质、赖丙氨酸、植酸、抗维生素因子、大豆抗原、皂苷、雌激素、胀气因子等，影响饲料的适口性、消化性与牛的一些生理过程。但是这些有害成分中除了后 3 种较为耐热外，其他均不耐热，经湿热加工可使其丧失活性。生大豆喂牛可导致腹泻和生产性能的下降，会降低维生素 A 的利用率，造成牛乳中维生素 A 含量剧减。

② 豌豆。又叫麦豌豆、毕豆、寒豆、准豆、麦豆。豌豆可分为干豌豆、青豌豆和食荚豌豆。干豌豆籽粒粗蛋白质含量 20%～24%，介于谷实类和大豆之间；含有丰富的赖氨酸，而其他必需氨基酸含量都较低，特别是含硫氨基酸与色氨酸。能值虽比不上大豆，但也与大麦和稻谷相似。矿物质含量约 2.5%，是优质的钾、铁和磷的来源，但钙含量较低。干豌豆富含维生素 B_1、维生素 B_2 和尼克酸，胡萝卜素含量比大豆多，与玉米近似，缺乏维生素 D。豌豆中含有微量的胰蛋白酶抑制因子、外源植物凝集素、致胃肠胀气因子、单宁、皂角苷、色氨酸抑制剂等抗营养因子，不宜生喂。国外广泛地用其作为蛋白质补充料。但是目前我国豌豆的价格较贵，很少作为饲料。一般奶牛精料可用 20%以下，肉牛 12%以下。

3. 饼粕类饲料

（1）营养特点 饼粕类饲料是富含油的籽实经加工榨取植物油的加工副产品，蛋白质的含量较高（30%～45%），是蛋白质饲料的主体。适口性较好，能量也高，品质优良，是羊瘤胃中微生物蛋白质氮的前身物。羊可利用瘤胃中的微生物将饲料中的非蛋白氮合成菌体蛋白，所以在羊的一般日粮中蛋白质的需求量不大。但蛋白质饲料是羊饲料中必不可少的饲料成分之一，特别是对于羔羊生长发育期、母羊妊娠前的营养需求显得特别重要。

（2）主要饼粕类饲料

① 大豆饼粕。大豆饼粕是我国最常用的主要植物性蛋白质饲料。大豆饼粕含蛋白质较高，达 40%~45%，必需氨基酸的组成比例也比较好，尤其赖氨酸含量是饼粕类饲料中最高者，高达 2.5%~3%，蛋氨酸含量较少，仅含0.5%~0.7%。

豆类饲料中含有胰蛋白酶抑制因子，大豆饼粕生喂时适口性差，消化率低，饲后有腹泻现象，胰蛋白酶抑制因子在 110℃下加热 3 分钟即可去除。

大豆饼粕是所有饼类中最为优越的原料，且适口性好，饲喂肉牛、奶牛都具有良好的生产效果。在高产奶牛和肉牛日粮中，大豆饼粕可占精料的 20%~30%，低产奶牛的用量可低于 15%。

② 棉仁（籽）饼粕。是提取棉籽油后的副产品。棉仁饼粕的粗蛋白质含量高，可达 41% 以上，甚至可达 44%，与大豆饼粕不相上下，而棉籽饼的粗蛋白质含量只有 22%，棉仁籽饼的粗蛋白质含量为 34% 左右。棉仁饼粕的氨基酸组成特点是赖氨酸含量不足，精氨酸过高。赖氨酸含量在 1.3%~1.6%，近似于大豆饼粕的 50%；精氨酸含量高达 3.6%~3.8%，是饼粕类饲料中含精氨酸高的第二位。赖氨酸：精氨酸=100：270 以上，远远超出了 100：120 的理想值。因此，在利用棉仁饼粕配制牛的日粮时，不仅要添加赖氨酸，还要与含精氨酸低的原料相搭配，饼粕类饲料中菜籽饼粕的精氨酸含量最低，可搭配使用。此外，棉仁饼粕的蛋氨酸含量也低，约为 0.4%，仅为菜籽饼粕的 55% 左右，所以棉仁饼粕与菜籽饼粕搭配不仅可以缓冲赖氨酸与精氨酸的拮抗作用，而且还可减少 DL-蛋氨酸的添加量。

但由于棉籽饼粕中含有一种有毒物质——棉酚，对动物健康有害，虽然瘤胃微生物可以降解棉酚，使其毒性降低，但也应控制日粮中棉籽饼粕的比例，用量过大（精料中占 50% 以上时）会影响适口性，而且会使乳脂变硬而降低质量。棉籽仁饼粕属便秘性原料，应配合芝麻饼粕等软便性原料使用，一般占奶牛精料的 20%~35%。喂幼牛时，用量以占精料的 20% 以下为宜，并要配合含胡萝卜素高的优质粗饲料。肉牛以棉籽饼粕为主要蛋白质饲料时，应供给充足的优质粗饲料，再补充胡萝卜素和钙，其增重效果好，一般可占精料的 30%~40%。种公牛用量宜在 33% 以下。

作为主要的蛋白质饲料，长期用棉籽饼粕喂牛时，需对棉籽饼粕进行脱毒处理。

③菜籽饼粕。油菜为十字花科植物，籽实含粗蛋白质20%左右，榨油后籽实中油脂减少，粗蛋白质相对增加到30%以上，代谢能较低。菜籽饼中含赖氨酸1%~1.8%。蛋氨酸0.4%~0.8%，含硒量是常用植物饲料中的最高者，磷利用率较高。菜籽饼粕在瘤胃中的降解速度低于豆粕，过瘤胃蛋白质较多。

菜籽饼粕的适口性差，消化率较低，且含有芥子苷或称硫苷，各种芥子苷在不同条件下水解，会生成异硫氰酸酯，对动物有害。由于瘤胃微生物可以分解部分芥子苷，因此芥子苷对牛的毒性较弱，但饲喂量较大时，也可能会造成中毒，放在饲粮中菜籽饼粕用量不宜过多。奶牛日粮中菜籽饼粕用量在15%以下，或日喂量1~1.5千克，产奶量和乳脂率均正常，青年母牛日粮中也可少量使用菜籽饼粕，犊牛和怀孕母牛最好不喂。经去毒处理后可保证饲喂安全。

④花生仁饼粕。花生仁饼粕是一种良好的植物性蛋白质饲料，含粗蛋白质40%~49%，代谢能含量可超过大豆饼粕，是饼粕类饲料中可利用能量水平最高者，但赖氨酸和蛋氨酸含量不足，分别为1.5%~2.1%和0.4%~0.7%。花生饼适口性好，有香味，奶牛和肉牛都喜欢采食，可用于犊牛的开食料，对于奶牛也有催乳和促生产作用，但饲喂量过多可引起牛腹泻。花生饼的瘤胃降解率可达85%以上，因此不适合作为唯一的蛋白质饲料原料。

花生仁饼粕很易染上黄曲霉菌，当含水量在9%以上、温度30℃左右、相对湿度为80%时，黄曲霉即可繁殖。如果牛采食了大量有黄曲霉的花生仁饼粕，就可能会引起中毒。因此花生仁饼粕应新鲜使用，不要久贮。对于感染黄曲霉的花生仁饼粕，可以用氨处理法进行脱毒处理后使用。

⑤葵花饼粕。葵花饼粕的饲用价值，取决于脱壳程度如何。我国葵花饼粕的粗蛋白质含量较低，一般在28%~32%，可利用能量较低，赖氨酸含量不足（低于大豆饼粕、花生饼粕和棉仁饼粕），为1.1%~1.2%，蛋氨酸含量较高，为0.6%~0.7%。

脱壳的优质葵花饼粕代谢能含量较高，饲用价值与大豆饼粕相当。牛采食葵花饼粕后，瘤胃内容物的酸度下降，它通常可作为牛的优质蛋白质饲料来源，牛日粮中葵花饼粕可以用到20%以上。

⑥亚麻饼粕。亚麻又叫胡麻，在我国东北和西北栽培较多。其种子榨油的副产品亚麻籽饼或亚麻籽粕，其粗蛋白质含量为32%~36%，赖氨酸和蛋氨酸含量分别为1.1%和0.47%。因赖氨酸含量不足，所以亚麻籽饼粕应与其他含赖氨酸较高的蛋白质饲料混合饲喂。

亚麻籽饼粕有促进胃、肠蠕动和改善被毛的功能，对提高奶牛产奶量和肉牛肥育也有一定的效果，犊牛、奶牛和肉牛饲粮中均可使用，但亚麻籽饼粕中含有生氰糖苷，可引起氢氰酸中毒；另外还含有对动物有害的亚麻籽胶和维生素 B_6 抑制因子，所以，亚麻籽饼粕在日粮中的用量应控制在 10% 以下。

4. 糠麸类饲料

（1）麦麸 数量最多的是小麦麸，其营养价值因出粉率高低而变化。一般含产奶净能 6.53 兆焦/千克，肉牛综合净能 5.86 兆焦/千克；粗蛋白质 14.4%；粗纤维含量较高。质地蓬松，适口性好，具有轻泻作用。母牛产后日粮加入麸皮，可调养消化机能。大麦麸在能量、粗蛋白质和粗纤维上均优于小麦麸。

（2）米糠 为去壳稻粒制成精米时分离出的副产品。米糠的有效营养变化较大，随含壳量的增加而降低。米糠脂肪含量高，易在微生物及酶的作用下发生酸败，引起牛的腹泻。一般米糠含产奶净能 8.2 兆焦/千克，肉牛综合净能 7.22 兆焦/千克；粗蛋白质 12.1%。

（三）主要矿物质和维生素饲料的特性

1. 矿物质饲料

矿物质饲料系指为牛补充钙、磷、氯、钠等元素的一些营养素比较单一的饲料。牛需要矿物质的种类较多，但在一般饲养条件下，需要量很小。但如果缺乏或不平衡则会影响奶牛的产奶量和肉牛的正常生长肥育，甚至可导致营养代谢病以及胎儿发育不良、繁殖障碍等疾病的发生。

（1）食盐 食盐的主要成分是氯化钠。大多数植物性饲料含钾多而少钠。因此，以植物饲料为主的牛必须补充钠盐，常以食盐补给。可以满足牛对钠和氯的需要，同时可以平衡钾、钠比例，维持细胞活动的正常生理功能。在缺碘地区，可以加碘盐补给。

（2）含钙的矿物质饲料 常用的有石粉、贝壳粉等，其主要成分为碳酸钙。这类饲料来源广，价格低。石粉是最廉价的钙源，含钙 38% 左右。在牛产犊后，为了防止钙不足，也可以添加乳酸钙。

（3）含磷的矿物质饲料 单纯含磷的矿物质饲料并不多，且因其价格昂贵，一般不单独使用。这类饲料有磷酸二氢钠、磷酸氢二钠等。

（4）含钙、磷的饲料 常用的有磷酸钙、磷酸氢钙等，它们既含钙又含磷，消化利用率相对较高，且价格适中。故在牛日粮中出现钙和磷同时不足的情况下，多以这类饲料补给。

（5）微量元素矿物质饲料 通常分为常量元素和微量元素两大类。常量元素系指在动物体内的含量占体重的 0.01% 以上的元素，包括钙、磷、钠、氯、钾、镁、硫等；微量元素系指含量占动物体重 0.01% 以下的元素，包括钴、铜、碘、铁、锰、钼、硒和锌等。饲养实践中，通常常量元素可自行配制，而微量元素需要量微小，且种类较多，需要一定的比例配合以及特定机械搅拌，因而建议通过市售商品预混料的形式提供。

2. 维生素饲料

维生素饲料系指人工合成的各种维生素。作为饲料添加剂的维生素主要有：维生素 D_3、维生素 A、维生素 E、维生素 K_3、硫胺素、核黄素、吡哆醇、维生素 B_{12}、氯化胆碱、尼克酸、泛酸钙、叶酸、生物素等。维生素饲料应随用随买，随配随用，不宜与氯化胆碱以及微量元素等混合贮存，也不宜长期贮存。

（四）主要非蛋白氮饲料的特性

反刍动物可以利用非蛋白氮作为合成蛋白质的原料。一般常用的非蛋白氮饲料包括尿素、磷酸脲、双缩脲、铵盐、糊化淀粉尿素等。由于瘤胃微生物可利用氨合成蛋白。因此，饲料中可以添加一定量的非蛋白氮，但数量和使用方法需要严格控制。

目前利用最广泛的是尿素。尿素含氮 47%，是碳、氮与氢化合而成的简单非蛋白质氮化物。尿素中的氨折合成粗蛋白质含量为 288%，尿素的全部氮如果都被合成蛋白质，则 1 千克尿素相当于 7 千克豆饼的蛋白质当量。但真正能够被微生物利用的比例不超过 1/3，由于尿素有咸味和苦味，直接混入精料中喂牛，牛开始有一个不适应的过程，加之尿素在瘤胃中的分解速度快于合成速度，就会有大量尿素分解成氨进入血液，导致中毒。因此，利用尿素替代蛋白质饲料喂牛，要有一个由少到多的适应阶段，还必须是在日粮中蛋白质含量不足 10% 时方可加入，且用量不得超过日粮干物质的 1%，成年牛以每头每日不超过 200 克为限。日粮中应含有一定比例的高能量饲料，充分搅匀，以保证瘤胃内微生物的正常繁殖和发酵。

饲喂含尿素日粮时必须注意：尿素的最高添加量不能超过干物质采食量的 1%，而且必须逐步增加；尿素必须与其他精料一起混合均匀后饲喂，不得单独饲喂或溶解到水中饮用；尿素只能用于 6 月龄以上、瘤胃发育完全的牛；饲喂尿素只有在日粮瘤胃可降解蛋白质含量不足的时候才有效，不得与含脲酶高的大豆饼（粕）一起使用。

为防止尿素中毒，近年来开发出的糊化淀粉尿素、磷酸脲、双缩脲等缓释尿素产品，其使用效果优于尿素，可以根据日粮蛋白质平衡情况适量应用。另外，近年来氨化技术得到广泛普及，用 3%~5% 的氨处理秸秆，氮素的消化利用率可提高 20%，秸秆干物质的消化利用率提高 10%~17%。牛对秸秆的进食量，氨化处理后与未处理秸秆相比，可增加 10%~20%。

二、牛饲料的加工调制与贮藏

（一）牛精饲料及其加工调制

牛精饲料的生产工艺流程见图4-1。

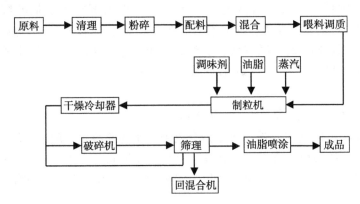

图4-1 饲料生产工艺流程

1. 清理

在饲料原料中，蛋白质饲料、矿物性饲料及微量元素和药物等添加剂的杂质清理均在原料生产中完成，液体原料常在卸料或加料的管路中设置过滤器进行清理。需要清理的主要是谷物饲料及其加工副产品等，主要清除其中的石块、泥土、麻袋片、绳头、金属等杂物。有些副料由于在加工、搬运、装载过程中可能混入杂物，必要时也需清理。清除这些杂物主要采取的措施：利用饲料原料与杂质尺寸的差异，用筛选法分离；利用导磁性的不同，用磁选法磁选；利用悬浮速度不同，用吸风除尘法除尘。有时采用单项措施，有时采用综合措施。

2. 粉碎

饲料粉碎是影响饲料质量、产量、电耗和成本的重要因素。粉碎机动力配备占总配套功率的1/3或更多。常用的粉碎方法有击碎（爪式粉碎机、锤片粉碎机）、磨碎（钢磨、石磨）、压碎、锯切碎（对辊式粉碎机、辊式碎饼机）。各种粉碎方法在实际粉碎过程中很少单独应用，往往是几种粉碎方法联合作用。粉碎过程中要控制粉碎粒度及其均匀性。

3. 配料

配料是按照饲料配方的要求，采用特定的配料装置，对多种不同品种的饲用原料进行准确称量的过程。配料工序是饲料工厂生产过程的关键性环节。配料装置的核心设备是配料秤。配料秤性能的好坏直接影响着配料质量的优劣。配料秤应具有较好的适应性，不但能适应多品种、多配比的变化，而且能够适应环境及工艺形式的不同要求，具有很高的抗干扰性能。配料装置按其工作原理可分为重量式和容积式两种，按其工作过程又可分为连续式和分批式两种。配料精度的高低直接影响到饲料产品中各组分的含量，对牛的生产影响极大。其控制要点是：选派责任心强的专职人员把关。每次配料要有记录，严格操作规程，搞好交接班；配料秤要定期校验；每次换料时，要对配料设备进行认真清洗，防止交叉污染；加强对微量添加剂、预混料尤其是药物添加剂的管理，要明确标记，单独存放。

4. 混合

混合是生产配合饲料中，将配合后的各种物料混合均匀的一道关键工序，它是确保配合饲料质量和提高饲料效果的主要环节。同时在饲料工厂中，混合机的生产效率决定工厂的规模。饲料中的各种组分混合不均匀，将显著影响肉牛生长发育，轻者降低饲养效果，重者造成死亡。

常用混合设备有卧式混合机、立式混合机和锥形混合机。为保证最佳混合效果，应选择适合的混合机，如卧式螺带混合机使用较多，生产效率较高，卸料速度快。锥形混合机虽然价格较高，但设备性能好，物料残留量少，混合均匀度较高，较适用于预混合；进料时先把配比量大的组分大部分投入机内后，再将少量或微量组分置于易分散处；定时检查混合均匀度和最佳混合时间；防止交叉污染，当更换配方时，必须对混合机彻底清洗；应尽量减少混合成品的输送距离，防止饲料分级。

5. 制粒

随着饲料工业和现代养殖业的发展，颗粒饲料所占的比重逐步提高。颗粒饲料主要是由配合粉料等经压制成颗粒状的饲料。颗粒饲料虽然要求的生产工艺条件较高，设备较昂贵，成本有所增加，但颗粒配合饲料营养全面，免于动物挑食，能掩盖不良气味，减少调味剂用量，在贮运和饲喂过程中可保持均一性，经济效益显著，故得到广泛采用和发展。颗粒形状均匀，表面光泽，硬度适宜，颗粒直径断奶犊牛为 8 毫米，超过 4 个月的肉牛为 10 毫米，颗粒长度是直径的 1.5~2.5 倍为宜；含水率9%～14%，南方在 12.5%以下，以便贮存；颗粒密度将影响压粒机的生产率、能耗、硬度等，硬颗粒密度以 1.2～1.3 克/厘米^3，强度以 0.8~1.0 千克/厘米^{2}为宜；粒化系数要求不低于97%。

6. 贮存

精饲料一般应贮存于料仓中。料仓应建在高燥、通风、排水良好的地方，具有防淋、防火、防潮、防鼠雀的条件。不同的饲料原料可袋装堆垛，垛与垛之间应留有风道以利通风。饲料也可散放于料仓中，用于散放的料仓，其墙角应为圆弧形，以便于取料，不同种类的饲料用隔墙隔开（图 4-2）。料仓应通风良好，或内设通风换气装置。以金属密封仓最好，可把氧化、鼠和雀害降到最低；防潮性好，避免大气湿度变化造成反潮；消毒、杀虫效果好。

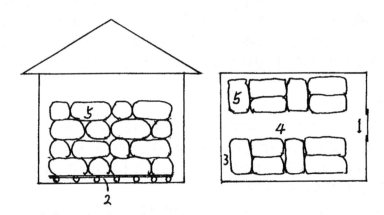

1. 密封防鼠门；2. 木制或金属制垫货架，使饲料与地面有 15~20 厘米的空隙；3. 料垛与墙间隔空隙不少于 15 厘米；4. 走道 1.2~1.5 米，便于运送饲料和质量监控；5. 袋装饲料

图 4-2　农户饲料仓储示意

贮存饲料前，先把料房打扫干净，关闭料仓所有窗户、门、风道等，用磷化氢或溴甲烷熏蒸料仓后，即可存放。

精饲料贮存期间的受损程度，由含水量、温度、湿度、微生物、虫害、鼠害等储存条件而定。

（1）含水量　不同精料原料贮存时对含水量要求不同（表 4-1），水分大会使饲料霉菌、仓虫等繁殖。常温下含水量 15% 以上时，易长霉，最适宜仓虫活动的含水量为 13.5% 以上；各种害虫，都随含水量增加而加速繁殖。

表 4-1　不同精料安全贮存的含水量

精料种类	含水量（%）	精料种类	含水量（%）
玉米	≤12.5	米糠	≤12
稻谷	≤13.5	麸皮	≤13
高粱	≤13	饼类	8~11
大麦	≤12.5		
燕麦	≤13		

（2）温度和湿度　温度和湿度两者直接影响饲料含水量多少（表 4-2），从

而影响贮存期长短。另外，温度高低还会影响霉菌生长繁殖。在适宜湿度下，温度低于10℃时，霉菌生长缓慢；高于30℃时，则将造成相当危害。不同温度和不同含水量的精料安全贮存期见表4-3。

表4-2　饲料中水分含量与相对湿度的关系

饲料种类	温度（℃）	相对湿度（%）					
		50	60	70	80	90	100
		水分含量（%）					
苜蓿粉	29	10.0	11.5	13.8	17.4		
米糠	21~27			14.0	18.0	22.7	38.0
大豆	25	8.0	9.3	11.5	14.5	18.8	
骨粉	21~27			14.1	10.8	22.7	38.0

表4-3　不同条件下精料安全贮存期　　　　　　　　　　　（天）

温度（℃）	水分含量（%）				
	14	15.5	17	18.5	20
10	256	128	64	32	16
15	128	64	32	16	8
21	64	32	16	8	4
27	32	16	8	4	2
32	16	8	4	2	1
38	8	4	2	1	0

（3）虫害和鼠害　在28~38℃时最适宜害虫生长，低于17℃时，其繁殖受到影响，因此饲料贮存前，仓库内壁、夹缝及死角应彻底清除，并在30℃左右温度下熏蒸磷化氢，使虫卵和老鼠均被毒死。

（4）霉害　霉菌生长的适宜温度为5~35℃，尤其在20~30℃时生长最旺盛。防止饲料霉变的根本办法是降低饲料含水量或隔绝氧气，必须使含水量降到13%以下，以免发霉。如米糠由于脂肪含量高达17%~18%，脂肪中的解脂酶可分解米糠中的脂肪，使其氧化酸败不能作饲料；同时，米糠结构疏松，导热不良，吸湿性强，易招致虫螨和霉菌繁殖而发热、结块甚至霉变，因此米糠只宜短期存放。存放时间较长时，可将新鲜米糠烘炒至90℃，维持15分钟，降温后存放。麸皮与米糠一样不宜长期贮存，刚出机的麸皮温度很高，一般在30℃以上，应降至室温再贮存。

（二）干草的调制

人工栽培牧草及饲料作物、野青草在适宜时期收割加工调制成干草，降低了水分含量，减少了营养物质的损失，有利于长期贮存，便于随时取用，可作为肉牛冬春季节的优质饲料。

1. 干草的收割

青饲料要适时收割，兼顾产草量和营养价值。收割时间过早，营养价值虽高，但产量会降低，而收割过晚会使营养价值降低。所以，适时收割牧草是调制优质干草的关键。一般禾本科牧草及作物，如黑麦草、苇状羊茅、大麦等，应在抽穗期至开花期收割；豆科牧草，如紫花苜蓿、三叶草、红豆草等，在开花初期到盛花期；另外收割时还要避开阴雨天气，避免晒制和雨淋使营养物质大量损失。

2. 干草的调制

适当的干燥方法，可防止青饲料过度发热和长霉，最大限度地保存干草的叶片、青绿色泽、芳香气味、营养价值以及适口性，保证干草安全贮藏。要根据本地条件采取适当的方法，生产优质的干草。

（1）平铺与小堆晒制结合　青草收割后采用薄层平铺暴晒4~5小时使草中的水分由85%左右减到约40%，细胞呼吸作用迅速停止，减少营养损失。水分从40%减到17%非常慢，为避免长久日晒或遇到雨淋造成营养损失，可堆成高1米、直径1.5米的小垛，晾晒4~5天，待水分降到15%~17%时，再堆于草棚内以大垛贮存。一般晴日上午把草割倒，就地晾晒，夜间回潮，次日上午无露水时搂成小堆，可减少丢叶损失。在南方多雨地区，可建简易干草棚，在棚内进行小堆晒制。棚顶四周可用立柱支撑，建于通风良好的地方，进行最后的阴干。

（2）压裂草茎干燥法　用牧草压扁机把牧草茎秆压裂，破坏茎的角质层膜和表皮及微管束，让它充分暴露在空气中，加快茎内的水分散失，可使茎秆的干燥速度和叶片基本一致。一般在良好的空气条件下，干燥时间可缩短1/3~1/2。此法适合于豆科牧草和杂草类干草调制。

（3）草架阴干法　在多雨地区收割苜蓿时，用地面干燥法调制不易成功，可以采用木架或铁丝架晾晒，其中干燥效果最好的是铁丝架干燥，其取材容易，能充分利用太阳热和风，在晴天经10天左右即可获得水分含量为12%~14%的优质干草。据报道，用铁丝架调制的干草，比地面自然干燥的营养物质损失减少17%，消化率提高2%。由于色绿、味香，适口性好，肉牛采食量显著提高。铁丝架的用材主要为立柱和铁丝。立柱由角钢、水泥柱或木柱制成，直径为10~20厘米，长180~200厘米。每隔2米立一根，埋深40~50厘米，成直线排列（列柱），要埋得直，埋得牢，以防倒伏。从地面算起，每隔40~45厘米拉一横线，分为三层。最下一层距地面留出 40~45 厘米的间隔，以利通风。用塑料绳将铁丝绑在立柱或横杆上，以防挂草后沉重坠落。每两根立柱加拉一条对称的跨线，以防被风刮倒。大面积牧草地可在中央立柱，小面积或细长的地可在地边立柱。立柱要牢固，铁丝要拉紧和绑紧，以防松弛和倾倒。其作法可参照图 4-3。

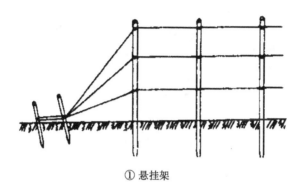

① 悬挂架

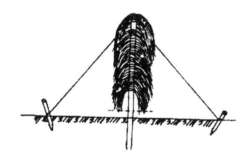

② 直接挂晒青草

③ 三角架

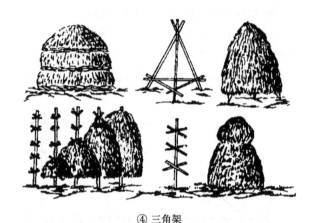

④ 三角架

图 4-3 晒制干草的草架

① 悬挂架：由角钢、水泥柱或木柱制成立柱，每隔 2 米一根，埋深、埋牢，直线排列，用铁丝固定。

② 在悬挂架上直接挂晒青草。

③ 两个立柱交叉埋置呈三角架，铁丝固定。每隔 2 米，对称埋置一个三角架。从地面算起，每隔 40~45 厘米，在三角架间拉一横线，分为数层。最下一层距地面留出 40~45 厘米的空间，以利通风。在架上直接挂晒青草。

④ 三根立柱交叉埋置呈三角架，上方用铁丝固定，下方离地面 40~45 厘米搭设三根连接固定的横杆，铁丝固定。直接挂晒青草。彻底干燥后，可用铁丝或草绳横向捆绑 1~3 圈，防止大风刮倒。

也可以埋设一根立柱，从地面算起，每隔 40~45 厘米，在立柱上交叉设置一对横杆，用铁丝固定，每层分别挂晒青草。彻底干燥后，用铁丝或草绳横向捆绑固定。

（4）人工干燥法　① 常温鼓风干燥法。收割后的牧草田间晾到含水 50% 左右时，放到设有通风道的草棚内，用鼓风机或电风扇等吹风装置，进行常温吹风干燥。先将草堆成 1.5~2 米高，经过 3~4 天干燥后，再堆高 1.5~2 米，可继续堆高，总高不超过 4.5~5 米。一般每立方米草每小时鼓入 300~350 米³ 空气。这种方法在干草收获时期，白天、早晨和晚间的相对湿度低于 75%，温度高于 15℃时可以使用。

② 高温快速干燥法。将牧草切碎，放到牧草烘干机内，通过高温空气，使牧草快速干燥。干燥时间取决于烘干机的种类、型号及工作状态，从几小时到几十分钟，甚至几秒钟，使牧草含水量从 80% 左右迅速降到 15% 以下。有的烘干机入口温度为 75~260℃，出口为 25~160℃；有的入口温度为 420~1 160℃，出

口为 60~260℃。虽然烘干机内温度很高，但牧草本身的温度很少超过 30~35℃。这种方法牧草养分损失少。

3. 干草的贮藏与包装

（1）干草的贮藏 调制好的干草如果没有垛好或含水量高，会导致干草发霉、腐烂。堆垛前要正确判断含水量。具体判断标准见表 4-4。

表 4-4 判断干草含水量的方法

干草含水量	判断方法	是否适合堆垛
15%~16%	用手搓揉草束时能沙沙响，并发出嚓嚓声，但叶量丰富低矮的牧草不能发出嚓嚓声。反复折曲草束时茎秆折断。叶子干燥卷曲，茎上表皮用指甲几乎不能剥下	适于堆垛保藏
16%~18%	搓揉草时没有干裂响声，而仅能沙沙响。折曲草束时只有部分植物折断，上部茎秆能留下折曲的痕迹，但茎秆折不断。叶子有时卷曲，上部叶子软。表皮几乎不能剥下	可以堆垛保藏
19%~20%	握紧草束时不能产生清脆声音，但粗黄的牧草有明显干裂响声。干草柔软，易捻成草辫，反复折曲而不断。在拧草辫时挤不出水来，但有潮湿感觉。禾本科草表皮剥不掉。豆科草上部茎的表皮有时能剥掉	堆垛保藏危险
23%~25%	搓揉没有沙沙的响声。折曲草束时，在折曲处有水珠出现，手插入干草里有凉的感觉	不能堆垛保藏

现场常用拧扭法和刮擦法来判断，即手持一束干草进行拧扭，如草茎轻微发脆，扭弯部位不见水分，可安全贮存；或用手指甲在草茎外刮擦，如能将其表皮剥下，表示晒制尚不充分，不能贮藏，如剥不下表皮，则表示可将干草堆垛。干草安全贮存的含水量，散放为 25%，打捆为 20%~22%，铡碎为 18%~20%，干草块为 16%~17%。含水量高不能贮存，否则会发热霉烂，造成营养损失，随时可能引起自燃，甚至发生火灾。

干草贮藏有露天堆垛、草棚堆垛和压捆等方法，贮藏时应注意以下几点。

① 防止垛顶塌陷漏雨。干草堆垛后 2~3 周内，易发生塌顶现象，要经常检查，及时修整。一般可采用草帘呈屋脊状封顶、小型圆形剁可采用尖顶封顶、麦秸泥封顶、农膜封顶和草棚等形式。

② 防止垛基受潮。要选择地势高燥的场所堆垛，垛底应尽量避免与泥土接触，要用木头、树枝、石头等垫起铺平并高出地面 40~50 厘米，垛底四周要挖排水沟。

③ 防止干草过度发酵与自燃。含水量在 17%~18% 以上时由于植物体内酶及外部微生物的活动常引起发酵，使温度上升至 40~50℃。适度发酵可使草垛坚实，产生特有的香味，但过度发酵会使干草品质下降，应将干草水分含量控制在

20%以下。发酵产热温度上升到80℃左右时接触新鲜空气即可引起自燃。此现象在贮藏30~40天时最易发生。若发现垛温达到65℃以上时，应立即采取相应措施，如拆垛、吹风降温等。

④ 减少胡萝卜素的损失。堆或垛外层的干草因受阳光的照射，胡萝卜素含量最低，中间及底层的干草，因挤压紧实，氧化作用较弱，胡萝卜素的损失较少。贮藏青干草时，应尽量压实，集中堆大垛，并加强垛顶的覆盖。

⑤ 准备消防设施，注意防火。堆垛时要根据草垛大小，将草垛间隔一定距离，防止失火后全军覆没，为防不测，提前应准备好防火设施。

（2）干草的包装　有草捆、草垛、干草块和干草颗粒4种包装形式。

① 草捆。常规为方形、长方形。目前我国的羊草多为长方形草捆，每捆约重50千克。也有圆形草捆，如在草地上大规模贮备草时多为大圆形草捆，其直径可达1.5~2米。

② 草垛。是将长草吹入拖车内并以液压机械顶紧压制而成。呈长方形，每垛重1~6吨。适于在草场上就地贮存。由于体积过大，不便运输。这种草垛受风吹日晒雨淋的面积较大，若结构不紧密，可造成雨雪渗漏。

③ 干草块。是最理想的包装形式。可实行干草饲喂自动化，减少干草养分损失，消除尘土污染，采食完全，无剩草，不浪费，有利于提高牛的进食量、增重和饲料转化效率，但成本高。

④ 干草颗粒。是将干草粉碎后压制而成。优点是体积小于其他任何一种包装形式，便于运输和贮存，可防止牛挑食和剩草，消除尘土污染。

另外，也有采用大型草捆包塑料薄膜来贮存干草的。

（三）青贮饲料的加工调制

青贮饲料是指在密闭厌氧的青贮设施（窖、壕、塔、袋等）中，利用微生物的发酵作用，长期保存青绿多汁饲料的一种简单、可靠而又经济、实用的加工调制方法。调制好的青贮饲料能有效保存原料中的蛋白质和维生素等营养成分，特别是胡萝卜素的含量，而且气味芳香酸甜，质地柔软多汁，颜色黄绿，奶牛的适口性好，消化率高。青贮饲料调制方法简单，加工、贮藏过程中不受风吹、雨淋、日晒等天气因素的影响，也不会发生自燃等自然灾害，且保存时间长，取用方便。冬春牛青绿饲料缺乏，把夏、秋多余的青绿饲料加工调制成青贮饲料长期保存起来，有利于全年青绿多汁饲料的均衡供应，提高奶牛泌乳量。

1. 青贮原理与发酵过程

（1）青贮原理　常规青贮的原理是在密闭的青贮窖内，将切碎的青饲料、青绿作物秸秆等原料进行机械压榨，附着在原料上的好气性微生物和各种酶，利用流出汁液中富含的碳水化合物作为养分进行厌氧发酵，将饲料中大量的糖转变乳酸，增加饲料酸度，当酸度达到一定程度，pH 值降到低于 4.2 时，即可杀灭或抑制霉菌、腐败菌等有害杂菌的活动，即利用有益微生物控制有害微生物，利用乳酸菌在厌氧条件下发酵，把糖转变成乳酸作为一种防腐剂，从而达到完好保存青绿饲料、供奶牛长期饲用的目的。

（2）青贮发酵过程　青贮发酵是一个复杂的微生物消长演变活动和生物化学反应过程，可分为以下 3 个阶段。

① 第一阶段。植物呼吸阶段。青贮原料在刈割、切短、压榨、萎蔫失水，待含水量至 60%～70% 后入窖、压实、封严后，进入封贮初期。此时，植物原料细胞借助汁液中的营养（主要是可溶性糖）进行有氧呼吸，消耗氧气和可溶性糖，生成二氧化碳、水，同时释放热量，一般 1～3 天。如果原料没有压实，空气残留太多，有氧呼吸过快，可溶性糖损失过多，产热过多，则会影响乳酸菌发酵，不利于青贮。

② 第二阶段。微生物作用阶段。微生物消长演变活动和生物化学反应过程基本都在此阶段完成。

刚刈割的青贮饲料原料中，带有多种细菌、霉菌等微生物，其中以腐败菌最多，但乳酸菌很少。最初的几天，好气性微生物如腐败细菌、霉菌等活动最为强烈，消耗氧气，破坏蛋白质，形成大量吲哚、少量醋酸；随着氧气的不断消耗，好气性微生物活动很快变得越来越弱直至停止，而厌气性乳酸菌迅速繁殖并产生大量乳酸，使 pH 下降，抑制或杀灭腐败细菌、酪酸菌等的活动。一般青贮在发酵 5～7 天时，微生物总数达到最高峰，且其组成以乳酸菌为主。青贮发酵完成一般需 17～21 天，这时青贮料中除含有少量乳酸菌外，尚存在少量耐酸的酵母菌和形成芽孢的细菌。

青贮发酵过程中的生物化学变化主要是青饲料中易溶性碳水化合物全部转化成乳酸、醋酸以及醇类，其中主要为乳酸。碳水化合物转化成乳酸的过程，是非氧化分解过程，不生成二氧化碳，所以能量损失很少。乳酸含量与 pH 值大小及青贮时间的长短有密切关系。

青贮料中的醋酸，是由酒精通过微生物的作用生成，其形成比乳酸早。当酸度高时，醋酸呈游离状态，酸度低时，醋酸与盐基结合成醋酸盐。在青贮温度达 30～40℃、pH 值 4.2 以上时，适于酪酸菌繁殖；低温时，不形成酪酸。

青贮料中蛋白质的变化与 pH 的高低有密切关系。当 pH 值小于 4.2 时，因植物细胞酶的作用，部分蛋白质分解成氨基酸，且较稳定，并不造成损失；当 pH 值大于 4.2 时，由于腐败菌的活动，氨基酸便进而分解成氨、硫化氢和胺类等，使蛋白质受损。

③ 第三阶段。微生物停止活动阶段。窖内各种微生物停止活动，青贮饲料

进入稳定阶段，营养物质不再损失，青贮原料可长期保存。一般情况下，糖分含量较高的原料如玉米、高粱等在青贮后 20~30 天就可以进入稳定阶段（豆科牧草需 3 个月以上），如果密封条件良好，这种稳定状态可持续数年。

2. 青贮的条件

要调制出高品质的青贮饲料，必须具备 4 个条件。

（1）厌氧环境　乳酸菌是厌气性菌，而腐败菌等有害微生物大多是好气性菌。如果青贮原料里面含有较多空气时，乳酸菌就不能很好地繁殖，而腐败菌等有害微生物会活跃起来，尽管青贮原料有充足的糖分、适宜的水分，青贮仍会变质。因此，要给乳酸菌创造有利的厌气生存环境，青贮原料装填时必须尽量压实，排出空气，顶部封严，防止透气，以促进乳酸菌快速繁殖，同时抑制好气性腐败菌的生长繁殖。

（2）一定量的可溶性糖　青贮饲料原料中应含有一定量的可溶性糖，以提供乳酸菌营养，促进乳酸菌的快速繁殖并产生大量乳酸。这样，乳酸多了，就能提高整个原料的酸度，从而抑制有害微生物的生长繁殖；反之，青贮原料中糖分含量不足，乳酸菌发酵不充分，乳酸产生的量少，厌气性的酪酸菌等有害微生物得不到应有的抑制就会活跃起来而大量增殖，青贮饲料品质下降。因此，保持青贮原料中一定量的可溶性糖分，对乳酸的快速形成直至青贮的质量有直接关系。

一般情况下，青贮原料的可溶性糖的含量一般不应低于鲜重的 1%。正常情况下，饲料作物如玉米、高粱、甘薯、栽培和野生禾本科牧草等可溶性糖的含量都会高于 1%；而豆科牧草中的苜蓿、沙打旺等，虽蛋白含量高，但可溶性糖含量较少，调制青贮料时要尽量与饲料作物搭配混贮或直接调制成半干牧草再青贮。

（3）适当的水分　当青贮原料含水量调整到 68%~75% 时，最适宜乳酸菌的生长繁殖。水分含量过高，可溶性糖和原料汁液因压紧压实导致流失，发酵后形成的乳酸浓度达不到抑制腐败菌生长繁殖的浓度，青贮料容易腐烂变质；水分含量不足，青贮原料难以压实，内部空气不能被尽可能地排出，窖内温度升高，乳酸菌不能充分繁殖，植物细胞呼吸、某些好氧微生物活动持续时间延长，容易产生霉菌而腐烂变质。因此，调制青贮饲料时，如果原料中的含水量过高，应先进行晾晒，或掺拌部分干物质；原料中的含水量过低，则应喷水或混贮含水量大的原料，以确保原料中适当的水分含量，提供乳酸菌最适宜的生长环境。

（4）适宜的温度　最理想的青贮饲料成熟温度在 25~30℃，超出此温度范围过高或过低，都会影响乳酸菌的生长繁殖，进而影响青贮饲料的质量。但在通常情况下，只要青贮原料的含水量适宜、厌气条件好，青贮窖中的温度一般都能保持在正常范围内，无须另外采取温度调控等措施。

如果青贮所需条件控制不严，则可能生产出不良的青贮，甚至全部霉变腐烂。例如，即使厌气条件已经形成，如果青贮原料中糖分不足，乳酸菌发酵不充分，乳酸产生的数量不足，厌气性的酪酸菌就可乘机兴起并可能大量增殖，转到以酪酸发酵为主的过程。此间青贮中酪酸含量最多，醋酸次之，pH 值较高，青贮质量下降。

3. 不同种类青贮饲料的调制技术

（1）青贮窖青贮饲料的调制　① 青贮窖的修建。目前常用的青贮窖有两种构造，即地下式和半地下式。

在地下水位较低、土质较好的地区可修建地下式青贮窖，而地下水位较高或土质较差的地区则宜修建半地下式青贮窖。无论是地下式还是半地下式青贮窖，其容量大小要根据饲养牛的数量、饲喂时间的长短以及青贮原料的种类、切碎程度等情况而定（不同青贮饲料单位容积重量见表4-5）。全年以喂青贮饲料为主的奶牛场，每头成年牛需窖容 13~20 米³，体格较小的奶牛以成年奶牛的 1/2 来估算青贮窖的容量，大型奶牛场至少应有 2 个以上的青贮窖。

表4-5　不同青贮饲料单位容积重量

饲料名称	单位容积重量（千克/米³）
叶菜类、紫云英	800
甘薯藤	700~750
甘薯块根、胡萝卜等	900~1 000
萝卜叶、苦荬菜	610
牧草、野青草等	600
青贮全株玉米、向日葵	500~550
青贮玉米秸	450~500

② 青贮原料的适期收割。调制优质青贮饲料首先要有优质的青贮原料。适期收割青贮原料，不但可以保证单位面积上获得营养物质含量最高、产量最大，而且能确保水分和可溶性糖含量适当，有利于乳酸发酵，易于制成优质青贮饲料。

全株玉米青贮应在乳熟后期至蜡熟前期，即干物质含量为 30%~35% 时收割最好；而半干青贮在蜡熟期收割；玉米秸青贮适宜在果穗成熟收获、玉米秸茎叶仅有下部 1~2 片叶枯黄时尽快收割；玉米成熟时可削尖青贮，但削尖时果穗上部要保留一个叶片；大部分的豆科牧草（如红三叶、箭舌豌豆、紫花苜蓿、草木樨）在现蕾后期至初花期，禾本科牧草在孕穗至抽穗早期收割。各类青贮原料的最佳收割时间见表4-6。

表4-6 各类青贮原料的最佳收割时间

青贮原料名称	最佳收割时间
鸭茅、无芒雀麦、猫尾草、苇状羊茅，禾本科作物，混合牧草	孕穗期至抽穗早期
红三叶、箭舌豌豆、紫花苜蓿、草木樨	现蕾后期至初花期
白三叶、百脉根	初花期
全株玉米	乳熟后期至蜡熟前期（半干青贮在蜡熟期）
玉米秸	抽穗后尽快收割
燕麦	抽穗初期至灌浆期
大麦、小麦	灌浆期
苏丹草	75~100厘米高时
黑麦草	70~80厘米抽穗前
高丹草	<200厘米高时
甜高粱	乳熟期
天然草地	以优势种的开花期为标准（但以针茅属植物为优势种的天然草地应在芒针形成以前）

③ 青贮原料处理。收割后的原料要随割随运输。条件允许时，使用玉米青贮收割机，随割随切随运输。

一般青贮饲料在粉碎后，如手握1分钟成团，松手即散，此时的含水量基本在68%~75%，符合青贮的含水量要求。如手握不能成团，说明含水量过低，此时可以混贮含水量较高的原料，每隔20~40厘米分层添加适量鲜糟渣类饲料，如鲜苹果渣、鲜啤酒糟、鲜淀粉渣及蔬菜加工下脚料等，也可添加水草、浮萍、水葫芦等含水量高的水生植物；还可以向青贮原料中均匀喷水，或在每吨原料使用葡萄糖1千克或尿素0.5千克，喷洒葡萄糖水或尿素水。如手握成团，松手不散且留有汁液，说明原料含水量过高，青贮前应先将原料进行晾晒，除去过多的水分后再粉碎装填；也可掺拌部分干物质，如糠麸、干草、晒干的糟渣类饲料等进行混贮。

④ 装填与压实。贮料应随时切短，长度在19~20毫米，随时装贮，边装窖、边压实。每装到30~50厘米厚时就要压实一次。

⑤ 密封。贮料装填完后，应立即严密封埋。一般应将原料装至高出窖面30厘米左右，用塑料薄膜盖严后，再用土覆盖30~50厘米，最后再盖一层遮雨布。

⑥ 管护。贮窖贮好封严后，在四周约 1 米处挖沟排水，以防雨水渗入。多雨地区，应在青贮窖上面搭棚，随时注意检查，发现窖顶有裂缝时，应及时覆土压实。

（2）袋装青贮饲料的调制 ① 备青贮袋。选用厚度在 0.08~0.12 毫米（8~12 丝）以上、宽 100 厘米的双幅袋形塑料膜，裁成长 150 厘米的段，一端用封口机封口，做成规格为长 150 厘米、宽 100 厘米圆筒形袋子，外边套上等大的纤维编织袋，以防装填青贮原料时被划破或撑破。一般每袋可装禾本科牧草青贮原料 90~95 千克，装豆科牧草 100 千克。

② 装填。将切短的青贮原料逐层装入塑料口袋里，层层用脚踩实或用手压实，但不要踩破或划破塑料口袋。装满压实后，将袋内的空气用手挤压排出袋外，用绳扎紧袋口密封。

③ 堆放。袋装青贮饲料随装袋、随踏实压紧、随密封、随运输，并码垛堆放在奶牛舍内、草棚内或单独的院子内，用砖块压实，避免直接放在阳光下，以防塑料袋老化碎裂，并注意防鼠、防冻。

（3）裹包青贮饲料的调制 用于经济价值较高的牧草如苜蓿的青贮。新鲜的牧草用牧草收割机收割并随时压制成大圆草捆，裹包机包膜，形成草捆，码垛存放，便可制成优质的青贮饲料。

（4）青贮塔青贮饲料的调制 青贮塔，即为地上的圆塔或圆筒形建筑，金属外壳，水泥预制件做衬里。可实现机械化装料与卸料，经久耐用，青贮效果好。青贮塔一般塔高 12~14 米，直径 3.5~6 米。在塔身一侧，每隔 2 米高开一个 0.6 米×0.6 米的窗口，装时关闭，取空时敞开。

（四）秸秆饲料的加工调制

农作物秸秆经过加工调制后，都可用来喂牛。常用的加工调制方法有物理加工、化学处理和生物学处理 3 种。

1. 物理加工

（1）机械加工 利用机械将粗饲料铡短、粉碎或揉搓，这是利用粗饲料最简便而又常用的方法。尤其是秸秆饲料比较粗硬，加工后便于咀嚼，减少能耗，提高采食量，并减少饲喂过程中的饲料浪费。

① 铡短。利用铡草机将粗饲料切短成 1~2 厘米，稻草较柔软，可稍长些，而玉米秸较粗硬且有结节，以 1 厘米左右为宜。玉米秸青贮时，应使用铡草机切碎，以便踩实。

② 粉碎。粗饲料粉碎可提高饲料利用率，便于与精饲料混拌。冬春季节饲喂牛的粗饲料应加以粉碎。粉碎的细度不应太细，以便反刍。粉碎机筛底孔径以 8~10 毫米为宜。

③ 揉搓。揉搓机械是近年来推出的新产品，为适应反刍家畜对粗饲料利用的特点，可将秸秆饲料揉搓成丝条状，揉碎的玉米秸可饲喂牛、羊、骆驼等反刍家畜。秸秆揉碎不仅提高了适口性，也提高了饲料利用率，是当前利用秸秆饲料比较理想的加工方法。

（2）盐化　盐化是指铡碎或粉碎的秸秆饲料，用1%的食盐水与等重量的秸秆充分搅拌后，放入容器内或在水泥地面上堆放，用塑料薄膜覆盖，放置12~24小时，使其自然软化，可明显提高适口性和采食量。

2. 化学处理

利用酸碱等化学物质对秸秆饲料进行处理，降解纤维素和木质素中部分营养物质，以提高其饲用价值。在生产中广泛应用的有碱化、氨化和酸处理。

（1）碱化　碱类物质能使饲料纤维内部的氢键结合变弱，使纤维素分子膨胀，也使细胞壁中纤维素与木质素间的联系削弱，从而溶解半纤维素，有利于反刍动物对饲料的消化，提高粗饲料的消化率。碱化处理所用原料，主要是氢氧化钠和石灰水。

① 氢氧化钠处理。将粉碎的秸秆放在盛有1.5%氢氧化钠溶液池内浸泡24小时，然后用水反复冲洗，晾干后喂反刍家畜，可提高有机物的消化率，但此法用水量大，许多有机物被冲掉，且污染环境。也可以用占秸秆重量4%~5%的氢氧化钠，配制成30%~40%的溶液，喷洒在粉碎的秸秆上，堆积数日，不经冲洗直接喂用，可提高有机物消化率12%~20%。这种方法虽有改进，但牲畜采食后粪便中含有相当数量的钠离子，对土壤和环境有一定的污染。

② 石灰水处理。生石灰加水后生成的氢氧化钙，是一种弱碱溶液，经充分熟化和沉淀后，用上层的澄清液（即石灰乳）处理秸秆。具体方法是：每100千克秸秆，需3千克生石灰，加水200~250千克，将石灰乳均匀喷洒在粉碎的秸秆上，堆放在水泥地面上，经1~2天后即可直接饲喂牲畜。这种方法成本低，方法简便，效果明显。

（2）氨化　秸秆饲料蛋白质含量低，经氨化处理后，粗蛋白质含量可大幅度地提高，纤维素含量降低10%，有机物消化率提高20%以上，是牛、羊反刍家畜良好的粗饲料。利用尿素、碳酸氢铵作氨源。靠近化工厂的地方，氨水价格便宜，也可作为氨源使用。氨化饲料制作方法简便，饲料营养价值提高显著。

① 氨化池氨化法。选择向阳、背风、地势较高、土质坚硬、地下水位低，而且便于制作、饲喂、管理的地方建氨化池。池的形状可为长方形或圆形。池的大小根据氨化秸秆的数量而定，而氨化秸秆的数量又决定于饲养家畜的种类和数量。一般每立方米池（窖）可装切碎的风干秸秆100千克左右。1头体重200千

克的牛，年需氨化秸秆 1.5~2 吨。挖好池后，用砖或石头铺底，砌垒四壁，水泥抹面。将秸秆粉碎或切成 1.5~2 厘米的小段。将秸秆重量 3%~5% 的尿素用温水配成溶液，温水多少视秸秆的含水量而定，一般秸秆的含水量为 12% 左右，而秸秆氨化时应使秸秆的含水量保持在 40% 左右，所以温水的用量一般为每 100 千克秸秆用水 30 千克左右。将配好的尿素溶液均匀地喷洒在秸秆上，边喷洒边搅拌，或者装一层秸秆均匀喷洒 1 次尿素水溶液，边装边踩实。装满池后，用塑料薄膜盖好池口，四周用土覆盖密封。

② 窖贮氨化法。选择地势较高、干燥、土质坚硬、地下水位低、距畜舍近、贮取方便、便于管理的地方挖窖，窖的大小根据贮量而定。窖可挖成地下或半地下式，土窖、水泥窖均可。但窖必须不漏气、不漏水，土窖壁一定要修整光滑，若用土窖，可用 0.08~0.2 毫米厚的农用塑料薄膜平整铺在窖底和四壁，或者在原料入窖前在底部铺一层 10~20 厘米厚的秸秆或干草，以防潮湿，窖周围紧密排放一层玉米秸，以防窖壁上的土进入饲料内。将秸秆切成 1.2~2 厘米的小段。配制尿素水溶液（方法同上）。秸秆边装窖，边喷洒尿素水溶液，喷洒尿素溶液要均匀。原料装满窖后，在原料上盖一层 5~20 厘米厚的秸秆或碎草，上面覆土 20~30 厘米并踩实。封窖时，原料要高出地面 50~60 厘米，以防雨水渗入。并经常检查，如发现裂缝要及时补好。

③ 塑料袋氨化法。塑料袋大小以方便使用为好，塑料袋一般长度为 2.5 米，宽 1.5 米，最好用双层塑料袋。把切断秸秆用配制好的尿素水溶液（方法同上）均匀喷洒，装满塑料袋后，封严袋口，放在向阳干燥处。存放期间，应经常检查，若嗅到袋口处有氨味，应重新扎紧，发现塑料袋破损，要及时用胶带封住。

（3）氨-碱复合处理　为了使秸秆饲料既能提高营养成分含量，又能提高饲料的消化率，把氨化与碱化二者的优点结合利用。即秸秆饲料氨化后再进行碱化。如稻草氨化处理的消化率仅 55%，而复合处理后则达到 71.2%。当然复合处理投入成本较高，但能够充分发挥秸秆饲料的经济效益和生产潜力。

3. 生物学处理

秸秆的生物学处理方法主要是进行秸秆微贮，是利用现代生物技术筛选培育出的微生物菌剂，经清水浸透并活化后，洒在铡短的作物秸秆上，在厌氧的条件下，经微生物生长繁殖形成具有酸香味、草食家畜喜爱的饲料。此法与碱化法、氨化法相比，具有污染少、效率高、营养全面等特点。

（1）秸秆微贮原理　微贮饲料中，由于加入了高活性的微生物菌剂，使饲料中能分解纤维素的菌数大幅度增加，发酵菌在适宜的厌氧环境下，分解大量的纤维素和木质素，并转化为糖类，糖类又经有机酸发酵转化为乳酸、醋酸和丙酸等，使 pH 值降至 4.5~5，加速了微贮秸秆饲料的生物化学作用，抑制了有害菌如丁酸菌、腐败菌的繁殖。

（2）微贮操作方法　①微贮设备。制作微贮饲料大多利用微贮窖进行。微贮窖的建造，目前一般选用土窖微贮法。此法是选择地势高，土质硬，向阳干燥，排水容易，地下水位低，离畜舍近，取用方便的地方，根据贮量挖一长方形窖，家庭养肉牛、肉羊的养殖户一般选用长 3.5 米、宽 1.2 米、高 2 米的窖为宜。

②制作过程。微贮剂菌种的活化与稀释：根据微贮原料的种类和数量，计算所需微贮剂菌种的数量。以某品牌微贮剂菌种为例，处理干秸秆如麦秸、稻草、玉米秸等 1 000 千克，或处理青秸秆 3 000 千克，需要该品牌的微贮剂菌种 15 克。将所需要的微贮剂菌种 15 克倒入 10 千克的能量饲料（如玉米面、稻谷粉、麦粉、薯干粉、高粱粉等）中，搅拌均匀，备用。具体见表 4-7。

表 4-7　微贮剂菌种的活化与稀释

秸秆种类	秸秆处理量（千克）	微贮剂菌种量（克）	能量饲料（千克）	食盐（千克）	清水（千克）	微贮料含水量（%）
稻草麦秸	1 000	125	10	9~12	1 200~1 400	60~70
黄玉米秸	1 000	125	10	6~8	1 000	60~70
青玉米秸	1 000	125	10	5	适量	60~70

在青玉米秸的微贮处理中，有条件的，可以在每吨青玉米秸中加入 5 千克的尿素，可以提高青贮饲料的蛋白含量 2.3% 以上。添加尿素的方法：微贮开始前，首先把尿素配成 25%（即 100 千克水中，加入 25 千克尿素）的溶液，存放在一定的容器中，然后在微贮时，一边粉碎玉米秸，一边用微型喷雾器将尿素液喷洒在玉米秸表面上。喷洒量是：每吨青贮玉米秸喷洒 25% 的尿素液 20 千克。一边喷洒，一边装窖，喷洒要均匀。食盐和发酵剂的添加也可以在这个过程中进行。

青玉米秸的微生物青贮中，把握好原料的含水量是发酵成败的关键，原料含水量以 60%~70% 为好，一般刚割下来的青绿玉米秸，含水量较高，要晾晒 2~5 小时后，再用于发酵处理。青玉米秸青贮，一般是为了把青玉米秸中的营养完好地保存下来，留到冬天喂牲畜使用的目的。

秸秆切短：养牛羊要切短到 2 厘米以内。这样才易于压实和提高微贮窖的利用率，同时发酵品质也更稳定，质量更好。另外，养猪用的秸秆最好在有条件时，用秸秆粉碎机进行粉碎处理，做出来的微贮饲料，不仅营养价值高，对牛羊适合性好，猪也非常爱吃，并会吃得一干二净。

入窖：微贮秸秆的含水量是否合适是决定微贮饲料好坏的重要条件之一，因此要装填时首先要检查秸秆的含水量是否合适。含水量的检查方法是：抓起秸秆样品，用双手拧扭，若无水滴，松开手后看到手上水分较明显则最为理想。在窖底和周围铺一层塑料布，而后开始铺放20~30厘米厚的短秸秆，再将配制好的菌液按表4-7的比例洒在秸秆上，用脚踏实，踩得越实越好，尤其是注意窖的边缘和四角，同时洒上秸秆量5‰的玉米粉，或大麦粉或麸皮，也可在窖外把各种原料搅拌均匀后再入窖踩实。而后再铺上20~30厘米厚的秸秆，如此重复上述的喷洒菌液、踩实、撒玉米粉等过程，反复多次后，直到高出窖顶30~40厘米为止，再封口。

分层压实的目的是排出秸秆中和空隙中的空气，给发酵造成一个厌氧的有利条件。如果窖内当天未装满，可先盖上塑料布，第二天装窖时继续装。

封窖：装完后，再充分压实，在最上面一层均匀洒上食盐粉，压实后再盖上塑料布。上面食盐的用量为每平方米加撒250克，其目的是确保微贮饲料上部不发生霉烂变质。盖上塑料布后，再在上面盖上20~30厘米厚的干秸秆，覆土15~20厘米，密封，以保证微贮窖内的厌氧环境。

管理：秸秆微贮后，窖池内的贮料会慢慢地下沉，应及时地加盖土，使之高出地面，并在距窖四周约1米之处挖好排水沟，以防雨水渗透。以后应经常检查，窖顶有裂缝时，应及时覆土压实，防止漏气漏雨。

（3）微贮饲料的品质鉴定与饲喂　①品质鉴定。当发酵完成后和饲喂前要对微贮饲料的品质进行鉴定，主要包括感官指标、质地、pH和卫生指标。

感观指标：主要包括色泽和气味。优质微贮的色泽接近微贮原料的本色，呈金黄色或黄绿色则为良好的微贮饲料；如果呈黄褐色、黑绿色或褐色则为质量较差、差或劣质品。微贮饲料具有醇香或果香味，并具有弱酸味，气味柔和，为品质优良。若酸味较强，略刺鼻、稍有酒味和香味的品质为中等。若酸味刺鼻，或带有腐臭味、发霉味，手抓后长时间仍有臭味，不易用水洗掉，为劣等，不能饲喂。

质地：品质好的微贮料在窖里压得坚实紧密，但拿到手中比较松散、柔软湿润，无黏滑感，品质低略的微贮料结块，发黏；有的虽然松散，但质地粗硬、干燥，属于品质不良的饲料。

pH值：正常的微贮料用pH试纸测试时，pH值4.2以下为上等，pH值4.3~5.5为中等，pH值5.5~6.2为下等，pH值6.3以上为劣质品。

卫生指标：应符合GB 10378和其他有关卫生标准规定。

②微贮料的饲喂。微贮饲料以饲喂草食家畜为主，可以作为牛日粮中的主要粗饲料。饲喂时可以与其他草料搭配。饲喂微贮饲料，开始时有的牛不喜食，

应有一个适应过程，可与其他饲草料混合搭配饲喂，要由少到多，循序渐进，逐渐加量，习惯后再定量饲喂，每天饲喂 15~20 千克。要保持微贮料和饲槽的清洁卫生，采食剩下的微贮料要清理干净，防止污染，否则会影响牛的食欲或导致疾病。冬季应防止微贮料冻结，已冻结的微贮饲料应溶化后再饲喂，否则会引起疝痛或使孕牛流产。微贮饲料喂奶牛最好在挤奶后饲喂，切忌在挤奶区存放微贮饲料，以免影响鲜奶质量。

第三节　牛的营养与日粮配合

一、牛的营养需要

牛的营养需要主要包括维持需要和生产需要，维持需要是维持牛体正常生命活动的需要，而生产需要主要包括生长发育、繁殖产奶和肥育增重等方面的需要。

（一）干物质进食量

干物质就是饲料中除水分以外的其他物质的总称。奶牛所需要的营养物质基本包括在干物质中，所以进食量是配合奶牛日粮的一个重要指标。他对奶牛的健康和生产至关重要。预测干物质进食量可有效地防止奶牛过食和不足，提高营养物质的利用率。如果营养摄入不足，不仅会影响奶牛的生产水平，而且会影响奶牛健康；相反，如果营养物质过多，导致过多的营养物质排放到环境中。会造成饲料浪费，提高饲养成本，影响健康，增加代谢疾病发生率。

"奶牛饲养标准"推荐产奶牛干物质需求：

适用于偏精料型日粮的参考干物质采食量（千克）$= 0.062W^{0.75}+0.04Y$

适用于偏粗料型日粮的参考干物质采食量（千克）$= 0.062W^{0.75}+0.45Y$

式中：

Y——标准乳重量，单位为千克；

W——体重，单位为千克。

4%乳脂率的标准乳（FCM）（千克）$= 0.4 \times$奶量（千克）$+15 \times$乳脂量（千克）

在我国，《奶牛营养需要和饲养标准》对不同体重生理阶段的奶牛都有明确规定。

（二）能量需要

奶牛的能量需要可分为维持、生长、妊娠和泌乳几个部分。能量不足和过剩都会对奶牛造成不良影响。如果能量供应不足，青年牛生长发育就会受阻，初情期就会延长，产奶牛如果能量供给低于产奶需要时，不仅产奶量降低，产奶牛还会消耗自身营养转化为能量，维持生命与繁殖需要，严重时会引起繁殖功能紊乱。能量过多会导致奶牛肥胖，母牛会出现性周期紊乱、难孕、难产等。还会造成脂肪在乳腺内大量沉积，妨碍乳腺组织的正常发育，影响泌乳功能而导致泌乳量减少。

（三）蛋白质需要

蛋白质是构成细胞、血液、骨骼、肌肉、激素、乳皮毛等各种器官组织的主要成分，对奶牛的生长、发育、繁殖和生产有着重要的意义。当饲料中的蛋白质供应不足时，奶牛的消化机能减退，表现生长缓慢、繁殖机能紊乱、抗病力下降、组织器官和结构功能异常，严重影响奶牛的健康和生产。

在我国《奶牛饲养标准》表中详细地列出了母牛的维持、产奶、妊娠可消化粗蛋白质和小肠可消化粗蛋白质的需要量。计算需要量只需查表格中的数据即可。

（四）粗纤维需要

饲料中的粗纤维对反刍动物的营养意义特别重要。饲料粗纤维的分析指标常用的是粗纤维（CF）、酸性洗涤纤维（ADF）和中性洗涤纤维（NDF），而表示纤维的适宜指标是中性洗涤纤维。奶牛是草食家畜，日粮中必须需要一定量的植物纤维，日粮中纤维不足或饲草过短，将导致奶牛消化不良，瘤胃酸碱度下降，易引起酸中毒、蹄叶炎、真胃变位，并可使奶牛的乳脂率下降等。如果日粮中植物粗纤维比例过多，则会降低日粮的能量浓度，减少奶牛对干物质的采食量，同样对奶牛产生不利。其主要原因是：一，粗纤维不易被消化且吸水量大，可起到填充肠胃的作用，给牛以饱腹感；二，粗纤维可刺激瘤胃壁，促进奶牛瘤胃蠕动和反刍，保持乳脂率。

奶牛日粮中要求至少含有 15%～17% 的粗纤维。一般高产奶牛日粮中要求粗纤维超过 17%，干乳期和妊娠末期牛日粮中的粗纤维为 20%～22%。用中性洗涤纤维表示，奶牛日粮中性洗涤纤维在 28%～35% 最理想。在实际生产中，奶牛日粮干物质中精料的比例不要超过 60%，这样才可提供足够数量的粗纤维。

（五）矿物质需要

根据矿物质占动物体比例的大小，可将奶牛矿物质需要分为常量元素和微量元素，动物体比例在 0.01% 以上的为常量元素，包括钙、磷、钠、氯、镁、钾、硫，低于 0.01% 的为微量元素，包括铜、铁、锌、锰、钴、碘、硒、铬等。

1. 钙和磷的需要

钙是奶牛需要量最大的矿物质元素，特别是对产奶牛。奶牛体内 98% 的钙存在于骨骼和牙齿中，其余的存在于软组织和细胞外液中。钙除了参与形成骨骼与牙齿以外，还参与肌肉的兴奋、心脏节律收缩的调节、神经兴奋的传导、血液凝固和牛奶的生产等。钙的缺乏导致奶牛产奶量下降、采食量下降，出现各种骨骼症状，如幼龄动物的佝偻病，成年动物患软骨症，奶牛患乳热症（分娩瘫痪）。

磷除了参与机体骨骼的组成外，还是体内许多生理生化反应不可缺少的物质，若磷不足，动物患佝偻病，成年动物患软骨症，生长速度和饲料利用率下降，食欲减退、异食癖、产奶量下降、乏情、发情不正常或屡配不孕等。

奶牛每天从奶中排出大量钙磷，由于日粮中钙磷不足或者钙磷利用率过低而造成奶牛缺钙磷的现象较常见。日粮的钙磷配合比例通常以（1～2）：1为宜。在我国《奶牛饲养标准》（2004）表中详细地列出了母牛的维持、产奶、妊娠的钙磷需要。即维持需要按每 100 千克体重给 6 克钙和 4.5 克磷；每千克标准乳给 4.5 克钙和 3 克磷可满足需要。生长牛维持需要按每 100 千克体重给 6 克钙和 4.5 克磷；每增重 1 千克给 20 克钙和 13 克磷可满足需要。

2. 食盐的需要

食盐主要由钠和氯组成。钠和氯主要分布于细胞外液，是维持外渗透压、酸碱平衡和代谢活动的主要离子。奶牛缺食盐会产生异食癖、食欲不振、产奶量下降等。食盐的需要量占奶牛日粮干物质进食量的 0.46% 或按配合料的 1% 计算即可。非产奶牛按日粮干物质进食量的 0.25%～0.3% 计算。奶牛维持需要的食盐量约为每 100 千克体重 3 克，每产 1 千克标准乳供给 1.2 克。

（六）维生素的需要

维生素分为脂溶性和水溶性两大类。脂溶性包括维生素 A、维生素 D、维生素 E 和维生素 K，水溶性包括 B 族维生素和维生素 C。维生素是奶牛维持正常生产性能和健康所必需的营养物质，具有参与代谢免疫和基因调控等多种生物学功能。维生素的缺乏会导致各种具体的缺乏病，严重影响奶牛的正常生产性能。一般对于牛仅补充维生素 A、维生素 D、维生素 E 即可，维生素 K 可在瘤胃合成，而水溶性维生素瘤胃微生物均能合成。研究显示，在现代奶牛生产体系中，仅依靠瘤胃合成，某些水溶性维生素可能不能够满足高产牛的需要。

1. 维生素 A

维生素 A 对奶牛非常重要，它与视觉上皮组织、繁殖、骨骼的生长发育、皮质酮的合成及脑脊髓液压都有关系。维生素 A 缺乏症表现为上皮组织角质化、食欲减退，随后而来的是多泪、角膜炎、干眼病，有时会发生永久性失明，妊娠母牛维生素 A 缺乏会发生流产、早产、胎衣不下，产出死胎、畸形胎儿或瞎眼犊牛。

奶牛所需的维生素 A，主要来源于日粮中的 β-胡萝卜素，植物性饲料中含有维生素 A 的前体物质 β-胡萝卜素，可在动物体内转化维生素 A，但一般情况下转化率很低，一般新鲜幼嫩牧草含有的 β-胡萝卜素比老的多，β-胡萝卜素在青绿牧草干燥加工和贮藏过程中易氧化破坏，效价明显降低。而且植物性饲料的维生素 A 含量受到植物种类成熟程度和贮存时间等多种因素的影响，变异幅度很大。因此，在大多数情况下，尤其是在高精料日粮、高玉米青贮日粮、低质粗日粮、饲养条件恶劣和免疫机能降低的情况下，都需要额外补充维生素 A。

实际日粮中的胡萝卜素含量变化很大，而且在实际生产中根本也不容易知道饲粮中胡萝卜素的实际含量。

特别在下列条件下应该着重考虑补充额外的维生素 A。

（1）低粗料饲粮　长期饲喂低粗料饲粮的牛只，其瘤胃对维生素 A 的破坏程度更高，胡萝卜素的摄入量更少。

（2）以大量青贮玉米和少量的牧草为主的饲粮　这种饲粮中胡萝卜素的含量很少。

（3）处于围产期的奶牛　该时期奶牛的免疫活性降低，免疫系统对维生素 A 需要量增大。

2. 维生素 D

维生素 D 是产生钙调控激素 1,25-二羟基维生素 D 的一种必需前体物，这种激素可提高小肠上皮细胞转运钙、磷的活性，并且增强甲状腺旁激素的活性，提高骨钙吸收，对于维持体内钙磷状况稳定，保持骨骼和牙齿的正常具有重要意义。1,25-二羟基维生素 D 还与维持免疫系统功能有关，通常促进体液免疫而抑制细胞免疫。维生素 D 的基本功能是促进肠道钙和磷的吸收，维持血液中钙、磷的正常浓度，促进骨骼和牙齿的钙化。维生素 D 缺乏会降低奶牛维持体内钙、磷平衡的能力，导致血浆中钙、磷浓度降低，使幼小动物出现佝偻病，成年动物出现骨软化，在幼小动物中，佝偻病导致关节肿大疼痛。成年动物中，跛足病和骨折都是维生素 D 缺乏的常见后果。

由于奶牛对维生素 D 的需要量很难界定，通常认为奶牛采食晒制干草和接受足够太阳光照射，就不需要补充维生素 D，青绿饲料、玉米青贮料和人工干草维生素 D 的含量也较丰富，但给高产牛和干奶牛补充维生素，可提高产奶量和繁殖性能。

3. 维生素 E

维生素 E 的生理功能主要是作为脂溶性细胞的抗氧化剂，保护细胞膜尤其是亚细胞膜的完整性，增强细胞和体液的免疫反应，提高抗病力和生殖功能。白肌病是典型的维生素 E 临床缺乏病，繁殖紊乱，产乳热和免疫力下降等问题也与维生素 E 存在不同程度的关系。当硒充足时，给干奶期的奶牛添加维生素 E，可降低胎衣不下、乳腺感染和乳房炎的发生率。

由于影响维生素 E 需要的因素较多，在实践生产中，可根据下列情况调整维生素 E 的添加量。

① 饲喂新鲜牧草时减少维生素 E 的添加量。当新鲜牧草占日粮干物质 50% 时，维生素的添加量，较饲喂同等数量贮存饲草的低 67%。

② 当饲喂低质饲草日粮时，维生素 E 的添加量需要提高。

③ 当日粮中硒的含量较低时，需要添加更多的维生素 E。

④ 由于初乳中 α-生育酚含量较高，故在初乳期需要提高维生素 E 的添加水平。

⑤ 免疫力抑制期（如围产前期），需要提高维生素 E 的添加水平。

⑥ 当饲料中存在较多的不饱和脂肪酸及亚硝酸盐时，需要提高维生素 E 的添加水平。

⑦ 大量补充维生素 E，有助于降低牛乳中氧化气味的发生。

4. 维生素 K

维生素 K 具有抗出血作用，正常情况下，奶牛瘤胃内微生物能合成大量的维生素 K。

5. 水溶性维生素

瘤胃微生物能合成大部分的水溶性维生素（生物素、叶酸、烟酸、泛酸、维生素 B_6、核黄素、维生素 B_1、维生素 B_{12}），而且大部分饲料中这些维生素含量都很高。犊牛哺乳期间的水溶性维生素需求可以通过牛乳满足。

（七）水的需要

水是奶牛最重要的营养素。生命的所有过程都需要水的参与，比如维持体液和正常的离子平衡，营养物质的消化吸收和代谢，粪尿和汗液的排出，体热的散发等都需要水。

奶牛需要的水来源于饮水、饲料中的水以及体内的代谢水。其中以饮水最为重要，而奶牛的饮水量受产奶量、干物质进食量、气候条件、水质等多种因素影响。

为保证奶牛的饮水量，要做到以下几点。

① 充足的饮水量，一般采取自由饮水。

② 优质的水源，饮水必须是干净，无污染的；有条件的同时要测试水的质量，盐分、可溶固形物及可溶性盐、硬度、硝酸盐、pH 值（6.5～8.5）、污染

物、细菌含量等。

③合理的饮水环境和条件，如水温，饮水器附近的地面要平坦、宽敞、舒适等。

二、牛的日粮配合技术

（一）牛日粮配合的原则

1. 营养性

饲料配合的理论基础是动物营养原理，饲养标准则概括了动物营养学的基本内容，列出了正常条件下动物对各种营养物质的需要量，为制作配合饲料提供了科学依据。

2. 安全性

制作配合饲料所用的原料，包括添加剂在内，必须安全当先。对其品质、等级等必须经过检测方能使用。发霉变质等不符合规定的原料一律不要使用。对某些含有毒有害物质的原料应经脱毒处理或限量使用。

3. 实用性

制作饲料配方，要使配合日粮组成适应牛的消化生理等特点，同时要考虑牛的采食量和适口性。保持适宜的日粮营养物质浓度，既不能使牛吃不饱，也不能使牛吃不了，否则会造成营养不良或营养过剩。

4. 经济性

制作饲料配方必须保证较高的经济效益，以获得较高的市场竞争力。为此，应因地制宜，充分开发和利用当地饲料资源，选用营养价值较高、价格较低的饲料，尽量降低饲料的成本。

（二）日粮配方设计方法

青粗饲料、青贮饲料及精料补充料是奶牛的营养来源，而青粗料、青贮饲料的供应因不同地区、不同季节和不同生产用途而异。因此，在牛的生产中，要经常根据青粗饲料、青贮饲料的供应情况进行计算，并调整精料补充料的喂量。现举例说明奶牛日粮配方设计过程。

例：体重600千克、第2胎、日产奶30千克、乳脂率3.5%。

首先从奶牛饲养标准中查出600千克体重牛的维持需要。因为牛处于第2胎，需另加维持需量的10%作为该牛进一步生长之需。然后再查得乳脂率为3.5%时，产1千克奶的养分需要量，计算出该牛的每日营养需要。列于表4-8。

表 4-8　体重 600 千克、日产奶 30 千克、乳脂率 3.5%、二胎奶牛日粮配制

体重变化：增量 10%

项目	干物质（千克）	泌乳净能（兆焦）	粗蛋白（克）	钙（克）	磷（克）
每天营养需要	20.57	135.3	3 014.9	165.6	113.7
其中：维持需要	7.52	43.1	559	36	27
10%维持	0.75	4.3	55.9	3.6	2.7
产奶需要	12.30	87.9	2 400.0	126.0	84.0
应由饲草提供	9.89	56.9	930.8	45.5	32.1
其中：青贮玉米 20 千克	5.0	24.5	300.0	22.0	13.0
黑麦草 30 千克	4.89	32.4	630.8	23.5	19.1
需由精料供应	10.68	78.4	2 084.1	120.1	81.6
其中：2.17 千克菜籽饼（机榨浸提）	2.00	16.6	790.0	15.8	20.6
0.585 千克大豆饼（机榨）	0.53	4.9	251.8	1.8	2.9
3.72 千克玉米	3.29	26.7	319.1	3.0	7.9
5.06 千克小麦麸	4.48	30.4	730.2	9.0	39.4
0.08 千克磷酸氢钙	0.08			25.0	11.3
0.18 千克石粉	0.18			67.8	
0.11 千克微量元素预混料	0.11				

　　其次，在选择饲料时，精饲料的选择余地比较大，而粗饲料和饲草往往受多种条件限制，选择余地较小，需优先考虑饲草的供应。考虑饲草供应量时，首先要考虑适当的精粗比。粗料过多，养分浓度可能达不到要求，即牛可能无法采食到足够的养分；粗料太少，会出现消化代谢的混乱。在产奶高峰期或在泌乳初期，精粗比可以为 50∶50，最高不超过 60∶40。假设该牛饲养户制作了青贮玉米饲料，并种有黑麦草，供逐天刈割应用。初步设定每天供应 20 千克青贮玉米和 30 千克黑麦草，在营养成分含量表中查得玉米青贮和黑麦草可提供的养分量。每日营养需要量减去牧草养分提供量，就是需要由精饲料来满足其需要的养分量。

　　从营养中可以看出，需由精饲料供应的养分量为 78.4 兆焦泌乳净能和 2 084.1 克粗蛋白，这些养分的干物质总量为 10.68 千克。即每千克干物质应含有泌乳净能不能少于 7.34 兆焦、蛋白质不能少于 195.1 克。假设奶牛场现有菜籽饼、大豆饼、玉米、小麦麸、磷酸氢钙、石粉等可利用饲料，于是查营养成分

表可知菜籽饼和大豆饼均能满足需要。但大豆饼太贵，因此首先选菜籽饼。由于菜籽饼含有抗营养因子，考虑到安全和适口性等，其用量应控制在占补饲混合料的20%以下，设用2.0千克（干物质计），则余下61.8兆焦泌乳净能和1 294.1克粗蛋白质需由其他精料供应。这些精料干物质总量为8.68千克。如果考虑需留3%左右作最后平衡钙、磷含量和供应微量元素混合料，则只能考虑用8.30千克干物质来完成能量和蛋白质的供应，这就意味着该混合料的能量浓度为7.45兆焦/千克和粗蛋白质为15.6%。与这一要求相比，玉米能量有余而蛋白质不足，麦麸蛋白质符合要求但能量不足。只有大豆饼能满足二者需要，但价格昂贵，应尽量少用。因此可以采用三次皮逊四角法来配合这份饲粮。

　　第一步，配合饲粮甲，使之蛋白质含量达15.6%，而能量高于7.45兆焦/千克，即选用玉米和大豆饼组合。其方法是把要配饲料的蛋白质含量写于四方形对角线中间，把玉米和大豆饼蛋白质含量分别写于四方形左边两个角上；然后沿对角线方向把两个数值相减，把差的绝对值记于右边的对角线指的两角上，这两个数值即为同水平方向饲料用量比；最后把它们换算成百分比，并计算出该混合料能量含量为8.29兆焦/千克。

大豆饼47.55%

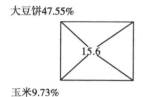

15.6

玉米9.73%

饲粮甲泌乳净能
=9.17×0.16+8.12×0.84
=8.26（兆焦/千克）

　　第二步，配合饲粮乙，使之蛋白质含量达15.6%，而能量低于7.45兆焦/千克。选用麦麸和玉米，用上述计算方法可得出玉米为10%，麦麸为90%，其能量含量为6.91兆焦/千克。

玉米9.70%

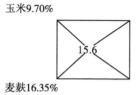

15.6

麦麸16.35%

饲粮乙泌乳净能
=8.12×0.1+6.78×0.9
=6.91（兆焦/千克）

　　第三步，由饲粮甲和乙配合含能量为7.45兆焦/千克的饲粮。方法和步骤同上，得到饲粮甲为40%，饲粮乙为60%。该饲粮能量为7.45兆焦/千克，蛋白质为15.6%。

饲粮甲8.29%

7.45

饲粮乙6.91%

第四步，由各饲粮中原料的比例换算回各原料的量，并再次核算它们提供的养分量。

大豆饼=8.3千克×0.4×0.16=0.53千克（干物质）

玉米=8.3千克×0.4×0.84+8.3×0.6×0.1=3.29千克（干物质）

麦麸=8.3千克×0.6×0.9=4.48千克（干物质）

在主要的能量和蛋白质满足后，余下的钙磷不足就很容易用磷酸氢钙和石粉平衡。认真地配合，可使饲料得到经济合理的利用。

再以体重500千克、日产奶20千克、乳脂率3.5%的成年母牛为例，其日粮配制方法如下。

根据奶牛饲养标准查出对应奶牛的维持和生产的营养需要，列于表4-9。

表4-9　体重500千克、日产奶20千克、乳脂率3.5%的奶牛营养需要

营养需要	日粮干物质（千克）	奶牛能量单位（NND）	产奶净能（兆焦）	粗蛋白质（克）	钙（克）	磷（克）
500千克体重奶牛维持需要	6.56	11.97	37.57	488	30	22
生产20千克乳脂3.5%奶的需要	9.6	18.6	58.6	1 600	84	56
合计	16.16	30.57	96.0564	2 088	114	78

青饲料以干草、甜菜、胡萝卜、豆腐渣、玉米青贮为主，用量及营养价值见表4-10。

表4-10　青、粗饲料的用量及营养价值

饲料种类	数量（千克）	日粮干物质（千克）	奶牛能量单位（NND）	产奶净能（兆焦）	粗蛋白质（克）	钙（克）	磷（克）
玉米青贮	15	3.13	5.85	18.18	139.5	15.0	7.5
青干草	5	4.61	6.80	20.90	410	21.5	10.5
甜菜丝（干）	2	1.72	4.12	12.958	145.4	13.2	1.4

（续表）

饲料种类	数量（千克）	日粮干物质（千克）	奶牛能量单位（NND）	产奶净能（兆焦）	粗蛋白质（克）	钙（克）	磷（克）
胡萝卜丝（鲜）	10	1.34	4.00	12.54	133	7.0	14
豆腐渣（湿）	5	0.51	1.55	4.807	155	2.5	1.5
合计	37	11.31	22.32	69.388	982.9	59.2	34.9
与营养需要比较		-4.85	-8.18	-26.66	-1 105.1	-54.8	-43.1

精料以玉米、豆饼、高粱、麦麸、牡蛎粉为主时用量及营养价值见表4-11。

表4-11　每千克混合精料所含的营养物质

饲料种类	混合料比例（%）	数量（千克）	日粮干物质（千克）	奶牛能量单位（NND）	产奶净能（兆焦）	粗蛋白质（克）	钙（克）	磷（克）
豆饼	20	0.2	0.18	0.57	1.797	91.72	0.38	1.98
玉米粉	30	0.3	0.26	0.84	2.633	27.24	0.24	0.93
高粱	10	0.1	0.09	0.24	0.752	8.51	0.09	0.36
麦麸	34	0.34	0.3	0.697	2.173	56.27	0.65	0.38
牡蛎粉	4	0.04					14.8	
食盐	2	0.02						
合计	100	1.0	0.83	2.35	7.356 8	183.74	16.16	7.07

全价日粮见表4-12。

表4-12　体重500千克、日产奶20千克、乳脂率3.5%的成年奶牛的全价日粮

营养配合	数量（千克）	干物质（千克）	奶牛能量单位（NND）	产奶净能（兆焦）	粗蛋白质（克）	钙（克）	磷（克）
营养需要量		16.16	30.57	96.056 4	2 088	114	78
青粗料量	37	11.81	22.32	69.388	982.9	59.2	34.9
混合料量	6	4.98	14.1	44.976 8	1 105.1	96.26	42.42
合计	43	16.29	36.42	113.528 8	2 088	156.16	77.32

三、牛的全混合日粮（TMR）

（一）全混合日粮（TMR）饲喂牛的优点

TMR 是英文 Total Mixed Rations（全混合日粮）的简称。所谓全混合日粮是一种将粗料、精料、矿物质、维生素和其他添加剂充分混合，能够提供足够的营养以满足牛需要的饲养技术。TMR 饲养技术在配套技术措施和性能优良的 TMR 机械的基础上能够保证牛每采食一口日粮都是精粗比例稳定、营养浓度一致的全价日粮。目前这种成熟的牛饲喂技术在以色列、美国、意大利、加拿大等国已经普遍使用，我国现正在逐渐推广使用。

与传统饲喂方式相比，TMR 饲喂牛具有以下优点。

1. 可提高奶牛产奶量

研究表明：饲喂 TMR 的奶牛每千克日粮干物质能多产 5%～8% 的奶；即使奶产量达到每年 9 吨，仍然能有 6.9%～10% 奶产量的增长。

2. 增加牛干物质的采食量

TMR 技术将粗饲料切短后再与精料混合，这样物料在物理空间上产生了互补作用，从而增加了牛干物质的采食量。在性能优良的 TMR 机械充分混合的情况下，完全可以排除牛对某一特殊饲料的选择性（挑食），因此有利于最大限度地利用最低成本的饲料配方。同时 TMR 是按日粮中规定的比例完全混合的，减少了偶然发生的微量元素、维生素的缺乏或中毒现象。

3. 提高牛乳质量

粗饲料、精料和其他饲料被均匀地混合后，被奶牛统一采食，减少了瘤胃 pH 波动，从而保持瘤胃 pH 稳定，为瘤胃微生物创造了一个良好的生存环境，促进微生物的生长、繁殖，提高微生物的活性和蛋白质的合成率。饲料营养的转化率（消化、吸收）提高了，奶牛采食次数增加，奶牛消化紊乱减少和乳脂含量显著增加。

4. 降低牛疾病发生率

瘤胃健康是牛健康的保证，使用 TMR 后能预防营养代谢紊乱，减少真胃移位、酮血症、产褥热、酸中毒等营养代谢病的发生。

5. 提高牛繁殖率

泌乳高峰期的奶牛采食高能量浓度的 TMR 日粮，可以在保证不降低乳脂率的情况下，维持奶牛健康体况，有利于提高奶牛受胎率及繁殖率。

6. 节省饲料成本

TMR 日粮使牛不能挑食，营养素能够被牛有效利用，与传统饲喂模式相比饲料利用率可增加 4%；TMR 日粮的充分调制还能够掩盖饲料中适口性较差但价格低廉的工业副产品或添加剂的不良影响，为此可以节约饲料成本。

7. 降低管理成本

采用 TMR 饲养管理方式后，饲养工不需要将精料、粗料和其他饲料分道发放，只要将料送到即可；采用 TMR 后管理轻松，降低管理成本。

（二）TMR 饲养技术关键点

管理技术措施是有效使用 TMR 的关键之一，良好的管理能够使牛场获得最大的经济利益。

1. 干物质采食量预测

根据有关公式计算出理论值，结合牛不同胎次、泌乳阶段、体况、乳脂和乳蛋白以及气候等推算出牛的实际采食量。

2. 牛合理分群

对于大型奶牛场，产奶牛群根据泌乳阶段分为早、中、后期牛群，干奶早期、干奶后期牛群。对处在泌乳早期的奶牛，不管产量高低，都应该以提高干物质采食量为主。对于泌乳中期的奶牛中产奶量相对较高或很瘦的奶牛应该归入早期牛。对于小型奶牛场，可以根据产奶量分为高产、低产和干奶牛群。一般泌乳早期和产量高的牛群分为高产牛群，中后期牛分为低产牛群。

3. 牛饲料配方制作

根据牧场实际情况，考虑泌乳阶段、产量、胎次、体况、饲料资源特点等因素合理制作配方。考虑各牛群的大小，每个牛群可以有各自的 TMR，或者制作基础 TMR+精料（草料）的方式满足不同牛群的需要。此外，在 TMR 饲养技术中能否对全部日粮进行彻底混合是非常关键的，因此牧场必须具备能够进行彻底混合的饲料搅拌设备。

（三）应用 TMR 日粮注意事项

1. 全混合日粮（TMR）品质

全混合日粮的质量直接取决于所使用的各饲料组分的质量。对于泌乳量超过 10 000 千克的高产牛群，应使用单独的全混合日粮系统。这样可以简化喂料操作，节省劳力投入，增加奶牛的泌乳潜力。

2. 适口性与采食量

奶牛对 TMR 的干物质采食量。刚开始投喂 TMR 时，不要过高估计奶牛的干物质采食量。过高估计采食量，会使设计的日粮中营养物质浓度低于需要值。可以通过在计算时将采食量比估计值降低 5%，并保持剩料量在 5% 左右来平衡 TMR。

3. 原材料的更换与替代

为了防止消化不适，TMR 的营养物质含量变化不应超过 15%。与泌乳中后期奶牛相比，泌乳早期奶牛使用 TMR 更容易恢复食欲，泌乳量恢复也更快。更换 TMR 泌乳后期的奶牛通常比泌乳早期的奶牛减产更多。

4. 奶牛的科学组群

一个 TMR 组内的奶牛泌乳量差别不应超过 9~11 千克（4%乳脂）。产奶潜力高的奶牛应保留在高营养的 TMR 组，而潜力低的奶牛应转移至较低营养的 TMR 组。如果根据 TMR 的变动进行重新分群，应一次移走尽可能多的奶牛。白天移群时，应适当增加当天的饲料喂量；夜间转群，应在奶牛活动最低时进行，以减轻刺激。

5. 科学评定奶牛营养需要

饲喂 TMR 还应考虑奶牛的体况得分、年龄及饲养状态。当 TMR 组超过一组时，不能只根据产奶量来分群，还应考虑奶牛的体况得分、年龄及饲养状态。高产奶牛及初产奶牛应延长使用高营养 TMR 的时间，以利于初产牛身体发育和高产牛对身体储备损失的补充。

6. 饲喂次数与剩量分析

TMR 每天饲喂 3~4 次，有利于增加奶牛干物质采食量。TMR 的适宜供给量应大于奶牛最大采食量。一般应将剩料量控制在 5%~10%，过多过少都不好。没有剩料可能意味着有些牛采食不足，过多则会造成饲料浪费。当剩料过多时，应检查饲料配合是否合理，以及奶牛采食是否正常。

第五章　奶牛的饲养管理

第一节　犊牛的饲养管理

一、初生犊牛的护理

1. 清除黏液

犊牛自母体产出后，应立即清除其口腔及鼻孔内的黏液，以免妨碍正常呼吸或者将黏液吸入气管及肺内导致疾病。首先要清除口鼻内黏液；至于躯体上的黏液，正常分娩时，母牛会立即舔舐，否则需要人工擦拭，以免犊牛受凉，尤其是在环境温度较低时，更应及时进行清理。母牛舔食犊牛身上的黏液，有助于犊牛呼吸，唾液中的溶菌酶还可预防疾病，而且黏液中的催产素可促进母牛子宫收缩，有利于排出胎衣和加强乳腺分泌活动。

若犊牛产出时将黏液吸入气管内，造成呼吸困难时，可握住犊牛的两后肢，将其提起，让犊牛头部向下，轻轻拍打犊牛胸部，迫使犊牛吐出黏液并开始自主呼吸。若一人操作有困难，可两人合作完成这个过程。也可用稻草搔挠小牛鼻孔或将冷水洒在小牛头部，以刺激其主动呼吸。

若犊牛产出时已无呼吸，但尚有心跳，说明处于"假死"状态，可在清除其口腔及鼻孔黏液后，将犊牛在地面摆成仰卧姿势，头侧转，按每6~8秒1次的节奏，按压与放松犊牛胸部，帮助进行人工呼吸，直至犊牛能自主呼吸为止。

2. 消毒脐带

在清除犊牛口腔及鼻孔黏液以后，如其脐带尚未自然扯断，应进行人工断脐。方法是挤出脐带潴留的血液，在距离犊牛腹部8~12厘米处，两手卡紧脐带，往复揉搓脐带1~2分钟，然后，在揉搓处的远端，用消毒过的剪刀剪断脐带，挤出脐带中的黏液，并将脐带的残部放入5%的碘酊中浸泡1分钟进行消毒。

犊牛脐带在生后1周左右自然干燥脱落。犊牛出生2天后，应检查脐部情况，当发现不干燥并有炎症迹象时，可用碘酊消毒，不干且肿胀者，可确定为脐炎，应及时请兽医进行治疗。发生脐炎时，小牛表现沉郁，脐带区红肿并有触痛感。脐带感染能很快发展成败血症，若治疗不及时，常引起死亡，造成不应有的损失。

3. 编号、称重、记录

脐带处理完毕，擦干犊牛身上的水分，进行称重，对犊牛进行编号，对其毛色花片、外貌特征（有条件时可对犊牛进行拍照）、出生日期、谱系等情况作详细记录。

在奶牛生产中，通常按出生年度序号进行编号，既便于识别，同时又能区分牛的年龄。

标记的方法有画花片、剪耳号、打耳标、颈环数字法、照相、冷冻烙号、剪毛及书写等数种。

称重、编号后放入犊牛岛单独饲养。

4. 早喂初乳

犊牛出生后，要尽快让犊牛吃上初乳，这是保证犊牛成活率的关键措施。

初乳是母牛产犊后5~7天内所分泌的乳汁，颜色深黄，质地黏稠，成分和7天后所产常乳差别很大，尤其第一次初乳最重要。第一次初乳所含干物质是常乳的2倍，其中，维生素A是常乳的8倍，蛋白质是常乳的3倍。初乳中含有丰富的盐类，其中镁盐比常乳高1倍，使初乳具有轻泻性，犊牛吃进充足的初乳，有利于排出胎便。初乳酸度高，进入犊牛的消化道后，能抑制肠胃有害微生物的活动。另外，初乳中含有的溶菌酶和K-抗原凝集素，也具有杀菌作用。初乳的这些特性和营养物质，是初生犊牛正常生长发育必不可少的，并且其他食物难以取代。

最为重要的是，初乳中含有大量免疫球蛋白，具有抑制和杀死多种病原微生物的功能，使犊牛获得最初的免疫力；而初生犊牛的小肠黏膜又能直接吸收这些免疫球蛋白，这种特性随着时间的推移而迅速减弱，大约在犊牛生后36小时即消失。研究证实，出生最初几个小时的犊牛，对初乳中免疫球蛋白的吸收率最高，平均达20%（范围为6%~45%），而后急速下降，生后24小时，犊牛就无法吸收完整的抗体。所以，犊牛应在出生后1小时内吃到初乳，而且越早越好，越充足越好。

出生1小时初乳的喂量应为2千克，12小时内再喂2千克，以后可随犊牛食欲的增加而逐渐提高，出生的当天（生后24小时内），饲喂3~4次初乳，一般初乳日喂量为犊牛体重的8%。从第4天开始，每天饲喂4千克，分2次饲喂。

所以，犊牛出生后，应尽量早喂初乳和多喂初乳。待前期的工作（如清除黏液、断脐、称重、编号、标记）完成后，只要能自行站立，就应引导犊牛接近母牛乳房寻食母乳。一般情况下，犊牛可以自行完成，若有困难，则需要进行人工辅助哺乳。如果母牛分娩后死亡，可以从其乳房中把初乳全部挤出，温热后（切不可超过40℃）喂给犊牛。若因母牛患病或其他原因导致初乳不能喂用时，可用同期产犊的其他母牛作保姆牛，或按每千克常乳中加入50毫克新霉素（或等效其他抑菌素）、1个鸡蛋、4毫升鱼肝油，配成人工初乳代替，并喂一次蓖麻油（100毫升）以代替初乳的轻泻作用。5天以后，只维持每千克奶加入35毫克新霉素，直至犊牛生长发育正常为止（21~30天）。人工初乳效果远不如天然初乳。

二、哺乳期的管理

常乳应采用60℃加热1小时的巴氏消毒方法进行有效消毒，以有效杀死副结核菌和其他病原微生物，并保持牛乳的营养。待牛乳温度冷却为38℃左右（温差控制在1℃内）后再饲喂，严禁用热水或冷水调节牛乳的温度。控制好犊牛出生后几周内所哺喂的牛乳温度非常重要，牛乳温度会影响食管沟的封闭状况，冷牛乳比热牛乳更容易进入瘤胃，因而饲喂冷牛乳更容易引起犊牛消化紊乱。

犊牛的哺乳期一般为50~55天，每天喂3次。生长良好的犊牛可在40天时改为日喂奶2次，50天时改为日喂奶1次。犊牛在任何时期断奶，开始几天体重都会下降，属正常现象。小牛断奶10天后应继续放在犊牛岛内饲养，直到小牛没有吃奶要求为止。

三、开食料的饲喂

采食粗糙的开食料是促使犊牛瘤胃发育的主要手段。犊牛出生后第4天即可开始训练采食开食料。为让犊牛尽快熟悉开食料，可将其混入牛乳中，诱导犊牛采食。在犊牛90日龄以前，应主要饲喂犊牛开食料；在90~120日龄，每天以3千克犊牛开食料为基础，加入0.5千克犊牛后期混合料进行换料过渡，再投给0.5千克优质苜蓿。犊牛后期混合料建议营养浓度：净能1.62兆焦/千克、粗蛋白20%、粗脂肪5.3%、钙1.6%、磷0.9%。120日龄以内的犊牛，严禁饲喂青贮类发酵饲料。120日龄以后，每天饲喂犊牛开食料1.5千克、后期混合料1千克、优质苜蓿1千克（后期混合料与苜蓿混合均匀），并补充4千克泌乳前期TMR料。

四、断奶

从犊牛36日龄开始，进一步降低牛乳的饲喂量，增加开食料饲喂量，为犊牛断奶做好准备，尽量减少应激。犊牛50日龄左右彻底断奶，但不要在极端天气或气温突然变化的情况下断奶。犊牛断奶后要保证能随时获取混合料和洁净的饮用水。

五、分群

犊牛哺乳期单栏饲喂，断奶后单独饲喂 7 天左右，凑够 8 头一起调入犊牛棚，小群混养以适应群居生活。犊牛满 4 月龄体高达到 100 厘米时调入犊牛圈，散栏饲养。5~6 月龄犊牛应根据个体大小分为两圈饲养，保证每头犊牛有 35 厘米的采食槽位。犊牛满 6 月龄、体高达到 105 厘米以上调入小育成牛圈，开始饲喂小育成牛日粮。

六、日常管理

1. 保持清洁卫生

犊牛岛每天清理，保证清洁干燥；每周用 2%二氧化氯溶液带牛消毒 2 次。犊牛转移到其他牛舍后，对犊牛岛彻底清理干净后用 2%氢氧化钠溶液消毒，并空圈 7~10 天将犊牛岛晾干。喂奶用具，每次用后都要进行清洗，再用 0.5%二氧化氯浸泡消毒。

2. 仔细观察犊牛健康状况

健康的犊牛通常处于饥饿状态，食欲缺乏是不健康的征兆。每天观察犊牛的食欲和粪便情况 3 次，一旦有疾病征兆就应测量犊牛的体温。犊牛的体温一般为 38.5~39.2℃，当体温高达 40.5℃以上时，要对犊牛进行治疗。

3. 供给充足饮用水

通常在喂初乳后 1 小时，用消过毒的水桶盛放适量的温水供犊牛饮用。在开始饮水的前几天，要控制犊牛的饮水量，待习惯后再放开任其自由饮用。一般在每年的 3—11 月供给干净、清洁的自来水；在寒冷的冬季，供给 35℃左右的温水，以免造成犊牛冷应激。

4. 适时去角

犊牛去角工作一般安排在 2 周龄前后进行。去角办法有多种，以采用电烙铁烙的办法为好。

5. 正确剪除副乳头

正常的奶牛有 4 个乳头，但有的牛有 5~6 个乳头，多余的乳头应剪除。剪除副乳头要选好时间，一般在犊牛出生时进行较适宜。首先将副乳头周围的皮肤用温水洗净，再用酒精进行消毒，然后将副乳头轻轻地向下拉，在连接乳房处用消过毒的剪刀（将剪刀放在 72%酒精溶液中浸泡 10 分钟左右）将其迅速剪下，伤口用 10%碘酒涂擦消毒。

6. 做好生产记录

在犊牛饲养过程中，要认真详细记录去角、开食料添加、断奶、注射疫苗、疾病治疗和转群等情况，便于总结饲养管理经验。

第二节 育成期奶牛的饲喂与管理

在奶牛生长发育过程中，育成奶牛处于最旺盛的阶段，此时饲养好坏对其今后的健康状况、繁殖性能和生产性能具有很大的影响。该阶段的重点是确保育成奶牛能够正常生长发育，并适时进行配种，及早用于生产。如果奶牛饲养管理较好，育成后通常能够确保发育良好，从而在今后的生产中促使遗传潜力能够充分发挥，提高产奶量。

一、日粮供给

7~12 月龄的育成奶牛处于发育速度最快的阶段，此时可每头每天供给 2~2.5 千克精饲料，10~15 千克青贮饲料，2~2.5 千克干草，注意避免过量饲喂而使其摄取过多营养，从而导致体况过肥。育成奶牛体重应该达到 400~420 千克，该阶段每头每天饲喂 3~3.5 千克精饲料，15~20 千克青贮饲料，2.5~3 千克干草。育成奶牛在 7 月龄时，随着其生长发育，瘤胃体积也逐渐增大，且许多消化日粮中含有粗纤维，也就是说摄取粗饲料中的营养逐渐变得更加重要。在 8~9 月龄，育成奶牛粗饲料的干物质中一半需要通过饲喂青干草获得，且此时使用的精饲料质量和饲喂量主要由粗饲料的质量决定。这是由于精饲料的组成和质量需要配合粗饲料中含有的营养物质，因此必须对粗饲料进行相关的分析测定，才能够保证二者配合得当。10~12 月龄之后，育成奶牛就能够饲喂优质青贮饲料，通常按每百千克体重饲喂青贮 5 千克，如果任奶牛自由采食玉米青贮，有可能导致其体况过肥。对于 12 月龄以上的育成奶牛，必须控制含有高能量青贮的饲喂量，从而防止膘情过肥，通常青贮草的饲喂量够奶牛在 10~12 小时内消化完即可。

育成奶牛要固定饲喂时间，从而促使其形成良好的条件反射，刺激消化液分泌，增强对饲料的消化和营养物质的吸收。育成奶牛每天饲喂 3 次，时间分别是早晨 5 时、中午 12 时和晚上 19 时。饲喂时每次要少喂勤添，先粗饲料后精饲料，结束采食 30 分钟后再供给饮水。

二、日常管理

(一) 分群管理

育成奶牛要根据其年龄和实际体重进行分群，从而便于工作人员进行饲喂和管理，同时要供给足够的新鲜饲料和清洁饮水。

（二）注意观察

定期观察育成奶牛的膘情，防止体况过肥，否则会影响其骨骼、乳腺、生殖器官的发育。对于超过9月龄的育成奶牛，要密切注意初次发情的情况，并对其进行详细记录。

（三）加强运动

育成奶牛坚持进行户外运动，能够确保食欲，心肺发达，体壮胸阔。如果奶牛缺乏运动，且饲喂过多精料，容易导致体况过肥，体脂较厚，体躯较短，身高矮小，早熟早衰，缩短利用年限，产奶量下降。

（四）乳房按摩

当育成奶牛到达7~18月龄，要坚持每天对乳房按摩1次，每次持续5~10分钟，这样能够促进乳腺快速发育，从而使产奶量提高。另外，对育成奶牛乳房进行按摩，还能够使其尽早适应挤奶操作，防止产犊后发生拒绝挤奶的现象。据报道，育成奶牛在6~18月龄每天按摩乳房1次，在18月龄之后每天按摩2次，且每次都配合使用浸有热水的毛巾擦洗乳房，可使其产奶量提高13.3%。

（五）刷拭和调教

育成奶牛要每天进行1~2次刷拭，每次持续5~10分钟，能够使牛体保持清洁，加速皮肤代谢，且养成温顺的性格。另外，育成奶牛要进行拴系调教和认位定槽，这样有利于成年后的管理。此外，还要注意定期对育成奶牛进行检蹄和修蹄。

（六）定期称重

育成奶牛要定期测定体尺，每月称量体重，从而能够检查并了解生长发育情况，并据此对日粮结构进行及时调整，确保体况保持良好。如果发现有异常情况，要立即查明原因，并采取相应的有效措施进行调整。

三、适时配种

育成奶牛需要根据自身的发育情况确定适宜的配种年龄。配种过早，会使其正常的生长发育受到影响，导致终生泌乳量降低，明显缩短利用年限；配种过晚，会导致饲养成本增加，同时造成利用年限缩短。育成奶牛之前通常采取在16~18月龄进行初次配种，但随着管理水平和饲养条件的不断改善，在13~14月龄体重就能够达到成年体重的70%，也就是说此时能够进行配种。配种的提前能够使奶牛的终生产奶量大幅度提高，从而使经济效益显著增加。

四、妊娠期的饲养

妊娠前期，可按照育成期进行饲养。如果放牧条件较好，可任其自由采食补充的干草就能够满足需要。如果采取舍饲，每天要饲喂 11 千克干草和 1.5 千克精料；如果饲喂青贮料，则供给 5.5 千克干草和 10 千克左右的青贮料。妊娠后期，即临产前的 2~3 个月，此时所需的营养物质明显增加，同时由于瘤胃受到子宫的压迫，导致采食减少，因此要使日粮中精料所占的比例提高。精料比例要低于体重的 1%，同时每天饲喂 8 千克青贮料，自由采食青草，饲养标准是产前 3 个月内的日增重保持低于 1 千克。另外，该阶段要对奶牛的乳房进行按摩，每天 1 次，每次持续 5 分钟左右。乳房使用温水进行清洗，从而刺激乳腺发育，有利于产奶量的提高，同时使其逐渐适应产奶后的挤奶过程。通常奶牛在妊娠 5~6 个月开始按摩乳房，持续到产前半个月停止。

第三节　泌乳奶牛的管理技术

一、奶牛泌乳生理及其影响因素

（一）奶牛乳房的构造

1. 乳房的外形

① 乳房乳区悬韧带和其他结缔组织把乳房分成 4 个独立的乳区，每个乳区有 1 个乳头。

② 乳头位于每个乳区的中央，乳头长度 6 厘米左右，直径 2 厘米左右，乳头末端形态以圆形且顶端略外突为佳。乳头开口由乳头括约肌包围，阻止牛乳的流出和异物、微生物的进入。

2. 乳房内部组织

① 乳腺组织，乳腺泡是乳腺的最小单位，在挤奶时，由于催产素的作用，包围在乳腺泡外的乳泡纤维收缩，使乳腺泡中生成的牛乳通过乳细、小、大导管排入乳池，最后通过乳头口被挤（吸）出。

② 乳腺在出生前已形成，但直到初情期才开始发育，青年母牛怀孕的最后 3 个月是乳腺生长发育最快的阶段。青年母牛的健康与营养状况直接影响乳腺的发育。

（二）奶牛的泌乳生理

1. 泌乳的发动与维持

乳的分泌是一种复杂的乳腺活动过程，这一分泌过程受内分泌和神经系统的调节。

母牛分娩之前，脑垂体前叶的生乳素含量急剧增加，这对产犊后初乳的分泌是必要的。奶牛分娩时，胎儿通过产道，刺激子宫颈，通过中枢神经引起垂体前叶大量地释放促乳素，当血液中促乳素达到一定浓度时，母牛开始大量泌乳。

2. 乳的合成

乳腺泡上皮细胞是制造乳汁的部位，它们从周围的毛细管血液中取得各种营养原料。当血液流经乳腺组织时，一部分通过选择性的吸收直接成为乳的成分，如水分、乳白蛋白、乳球蛋白、激素、无机盐及维生素等；另一部分吸收后被重新合成新物质组成乳的成分，如乳糖、乳脂肪、酪蛋白等。

乳房中血液的流量，根据试验，每产1升奶需387～500升血液流入乳房。因此，外形上乳静脉的鲜明、粗细和弯曲的多少常作为鉴别奶牛生产力高低的依据之一。

3. 排乳

当按摩、挤奶或犊牛吸吮时，乳头和乳房皮肤上的神经受到刺激，传到脑垂体后叶，垂体后叶即分泌催产素，经血液输送到乳腺，使腺泡和腺小管的肌上皮细胞收缩，增加乳腺内压，迫使乳汁由腺泡腔、腺小管流入导管系统，并进入乳池，然后乳头括约肌松弛，乳汁排出。

因此，良好的条件刺激，如固定挤奶员，熟练的挤奶技术，安静的环境，固定的挤奶程序以及饲养工作日程的相对稳定等，都能使奶牛正常泌乳，提高产乳量，反之，会影响泌乳，降低产乳量。

（三）影响奶牛泌乳性能的因素

1. 遗传因素

（1）品种间差异　奶牛品种不同，在产奶量和乳脂率方面存在很大不同，与地方奶牛品种相比，通过高度培育的品种产奶量明显升高。另外，产奶量和乳脂率之间呈反比例的关系，即奶牛的产奶量较高，其具有相对较低的乳脂率，但是通过有计划地进行选育，也能够使乳脂率有所提高。现在，世界上5个主要奶牛品种中，产奶量最高的是黑白花奶牛。

（2）个体间差异　在同一品种内，对于不同的奶牛个体，尽管所处的生理阶段相同，加之饲养管理条件也相同，但在产奶量和乳脂率方面依旧存在差异。例如，黑白花奶牛的产奶量可在3 000～12 000千克范围内变化，乳脂率可在2.6%～6%范围内变化。

（3）体格和体重差异　对于体格大小和体重高低不同的奶牛来说，其产奶量有所不同。正常情况下，奶牛体格越大，则其体躯容量越大，消化道容量也越大，就需要更多的采食，加之其泌乳器官较大，导致其产奶量相对比体格小的奶牛要多。在一定范围内，奶牛每100千克体重能够泌乳1 000千克；但是当超出一定范围时，尽管奶牛体重在不断增加，其产奶量却不会随之明显增加，因此奶牛的体重选择在550~650千克范围内比较适宜。

2. 饲养管理水平

奶牛的产奶性能在很大程度上与饲养管理水平相关。奶牛在饲养管理条件良好时，不仅能够使其产奶量明显提高，还能够通过加速生长发育而使其头产月龄提前，同时使繁殖性能明显提高，确保母牛持续健康发展，从而使整个牛场的群体生产水平明显提高；反之，如果饲养管理条件较差，容易导致奶牛繁殖性降低能，产奶量降低，头产月龄延后，最终造成其生产水平明显下降。因此，必须使奶牛的饲养管理条件优良。

奶牛生长发育以及生产所需要的能量、蛋白质、矿物质和维生素只能够从饲料中摄取，因此要根据其所处的不同饲养阶段饲喂相应的饲料，从而确保其产奶量增加，同时促进生长发育。奶牛的饲料要采取多样化搭配，以优质干草为基础，以青绿饲料为主，营养不足的部分通过添加精料和适量添加剂进行补充。以干物质计算，奶牛日粮中粗饲料、青绿饲料和精饲料的比例控制在3∶5∶2为宜。尤其在奶牛泌乳期更要多样化搭配饲料，确保青绿多汁饲料和粗饲料都有两种以上，如青干草、稻草或玉米皮等，精饲料有4种以上原料组成，如由玉米、大麦、饼粕、麸皮等组成。如果条件允许，奶牛还可饲喂一些啤酒糟、豆腐渣、果皮等副料。

在管理方面，奶牛在舍饲期间每天保持适量的运动，既能够锻炼身体、促进健康、加强体质，还能够使泌乳性能提高。奶牛饮水条件良好，能够使其保持高产，且体质健康。在牛舍内最好安装自动饮水器，运动场安装水槽，使其随时随地都能够饮用到清洁新鲜的水。奶牛饮水温度通常控制在10~15℃，尤其是冬季更要注意给其饮用温水，从而使其产奶量保持相对稳定和提高，并有利于保持体温，促使食欲增加，增强血液循环。如果奶牛在冬季饮用冷水，导致体内大量的热能被消耗用于增加体温，从而使其产奶量明显降低。

3. 环境温度

通常来说，奶牛具有怕热不怕冷的特点，适宜的温度范围是0~20℃，10~16℃是最适宜温度。据报道，当环境温度降低到-13℃左右或者升到25℃左右时，奶牛的产奶量会开始明显下降。这是由于温度过低，机体增加散热量，导致能量损失增大，使其很难维持正常的生理机能，从而造成产奶量减少；温度过高，导致奶牛采食量降低，从而引起产奶量降低。因此，在奶牛日常管理工作中，必须在冬季加强防寒保暖，夏季加强防暑降温，从而避免其出现季节性产奶的现象。冬季为防寒保暖，在入冬前必须堵塞漏洞、修补门窗，使牛舍保温良好；牛床禁止用水冲洗，确保其保持干燥；喂温料，饮温水，并及时清粪，同时喂料量可适当增加等。

4. 疾病和应激因素

奶牛产奶量还会受到某些疾病的影响，主要是乳房炎、代谢病、肢蹄病、产科病、消耗性疾病、消化系统疾病和能够导致体温升高的其他传染病和普通病。其中奶牛常见的多发病是乳房炎，且对其生产具有较大危害。据报道，奶牛临床型乳房炎发病率在 3%~5%，占其总发病率的 20%~25%；隐性乳房炎的发病率在 38%~62%。奶牛因患有乳房炎而被淘汰的数量是成年母牛淘汰数量的 10%~15%，因此必须加强奶牛疾病防治，将疾病影响奶牛健康和产奶量的程度降到最低。应激因素，如天气剧烈变化、长途运输、突然更换饲料、经受类似鞭炮声、电锯声的剧烈噪声刺激等都可能导致奶牛产奶量降低。

二、泌乳奶牛的一般管理技术

（一）饲喂技术

饲喂奶牛要定时定量，以使牛的消化液分泌形成规律，增强食欲和消化能力。每日饲喂次数与挤奶次数相同，一般为 3 次。每次饲喂要少喂勤添，由少到多。饲料类型的变换要逐渐进行。饲喂顺序，一般是先粗后精，先干后湿，先喂后饮，以刺激牛胃肠活动，保持旺盛食欲。

（二）饮水

水是牛体不可缺少的营养物质，对产乳母牛特别重要。日产 50 千克的奶牛每天需要饮水 50~75 千克。因此，必须保证奶牛每天有足够的饮水，同时要注意饮水卫生。冬季水温不宜太低，夏季炎热应增加饮水次数。

（三）运动、刷拭

运动有助于消化，增强体质，促进泌乳。运动不足，牛易肥胖，会降低泌乳性能和繁殖力，易发生肢蹄病，故应保证适当的运动。奶牛每天应保持 2~3 小时的户外运动、晒太阳和呼吸新鲜空气。

刷拭可保持牛体清洁卫生，增强皮肤新陈代谢，改善血液循环。刷拭方法：饲养员左手持铁梳，右手拿软毛刷，由颈部开始，从前向后，从上向下，依次刷拭。中后躯刷完后再刷头部，最后刷四肢和尾部。刷拭时用软刷先逆毛刷 1 次，后顺毛用铁梳刮掉污垢，每刷 2~3 次后随即敲落铁梳上积留的污垢。刷拭宜在挤奶前 30 分钟进行，以免尘土、牛毛等污物落到饲料和牛奶中。

（四）肢蹄护理

奶牛肢蹄患病，会降低生产性能，减少利用年限。因此应经常保持牛蹄壁及蹄叉清洁，清除附着的污物。为防止蹄壁破裂，可经常涂凡士林等。踢尖过长要及时修整，修蹄一般在每年春秋定期进行。为保持牛蹄清洁，奶牛活动的场所应保持清洁干燥，不要让牛站在泥水中。

1. 修蹄

首先，应对蹄仔细观察。削蹄前，要观察蹄形存在的问题，因此要观察牛站立、走动的情况，从牛前后、侧面查看延长突出部、角度，对左右蹄、内外蹄进行对比，判断其蹄形、肢势、趾轴是否一致等。根据这些就可开始修蹄。修蹄的最终目的，一是要使蹄的负面平整，二是要加大负面纵径，以便能均匀地负担体重和安全行走。

（1）正常蹄的切削法 长时间未修但蹄形无异常变化的，可按正常切削法处理。先切削蹄底部，由蹄踵到蹄底，再到蹄尖。削到蹄底与地面平行为止。削时注意用手指按蹄底要有硬度，特别注意蹄底一旦出现粉红色，就应停止。

（2）幼牛蹄修剪法 幼牛蹄长得慢，无需大修，可用蹄剪一点一点剪齐，或叫牛站木板上用錾子凿齐。注意一点一点削，以免削过头。最后用锉子磨齐。如有必要再削蹄底面。

（3）副蹄的切削法 副蹄长了最易创伤母牛的乳头、乳房，尤其在分娩前后母牛起卧频繁，泌乳盛期乳房膨大时，更易伤着乳房。副蹄长了也不美观，所以必须及时修剪。可用蹄钳、蹄剪切短，最后用锉或砂轮磨圆。

（4）对"X"肢势、刀状肢势的矫正 后肢"X"肢势，可多削点外蹄使左右肢的关节离开一些。镰刀后腿往往与长蹄有关，这时可按长蹄切削。如果是"O"状后肢则宜多削两后蹄的内蹄。

（5）对长蹄、刀蹄、长嘴蹄、猪蹄、拖鞋蹄的修法 由于牛体重长期落在蹄踵上，蹄子延长，蹄底满而阔，蹄尖上翻，蹄角度低，在不伤害蹄的情况下，可多削蹄尖及蹄侧，但要削两三次，隔1周修1次。如果削后蹄负面、蹄面仍与地面不平有缝隙，就要对蹄踵适当削切，增加负面纵径，使蹄完全接触地面。

（6）对上翻、内卷、凹弯蹄的修法 由于蹄踵负重过大会使蹄尖上翻，又由于长期饲养在牛舍中，起立时采取广踏，造成内侧蹄壁卷曲。因而修蹄时一定要内外蹄削匀，使内外蹄能平均负担体重。

修蹄应注意，善用保定架，也可用手举蹄但时间长了太费力，削蹄的效果就差。用保定架拴牛要注意牛的安全，不要伤着脊椎骨、角、鼻中膈、四肢。牛胆小，操作不可粗暴，可让它吃点草，或搔痒，使其安静。切削蹄尖时，蹄底及蹄负面容易削过头。蹄尖特别弯曲，不要一次削好，这样容易削过头。蹄底一般都薄，决不可削过。蹄缘上要除去枯角，负面不可突出。要特别注意削变形蹄、长蹄，修蹄可分两三次进行。削蹄结束时，应将蹄外缘锉圆，免得伤到乳房、乳头。

2. 蹄浴

蹄浴常用的药物是硫酸铜溶液。具体方法是在清除牛蹄表面和蹄叉内的杂质后，用10%硫酸铜溶液喷洒蹄面和蹄叉，可视环境情况不定期进行。每月可用20%硫酸铜溶液浸泡牛蹄1次。

3. 肢蹄日常护理要点

正确使用垫草和垫料，保持牛床和地面干燥，经常清除蹄叉中夹带的牛粪，避免长途赶牛行路，防止物理伤害。地面必须无异物，也不可有尖锐的棱角，如粪尿沟等，冬季也不许有结冰的泥块。

（五）防暑防寒

荷斯坦牛最适宜的外界环境温度为12~15℃。夏季要特别注意搞好防暑工作，有条件的可在牛舍内安装电风扇。牛舍周围及运动场上，应植树遮阴。适当喂给青绿多汁饲料，增加饮水，消灭蚊蝇。冬季牛舍注意防风，保持干燥。不给牛饮用冰碴水，水温最好保持在12℃以上。

（六）挤奶技术

挤奶是发挥母牛泌乳潜力的重要环节之一。挤奶技术的熟练和正确与否直接影响产奶量。奶牛一般每天挤奶3次，产奶10~15千克以下的奶牛每天可以挤2次。每次挤奶间隔时间，每天挤奶3次的以白天间隔7小时、夜间间隔10小时为宜，每天挤奶2次的以早晚各挤奶一次为好。

1. 手工挤奶

（1）挤奶前的准备　清除牛体沾的粪、草，清除牛床粪便。准备好擦洗乳房的温水。备齐挤奶用具（挤奶桶、过滤用纱布、洗乳房水桶、盛乳罐、毛巾、小凳、秤、记录本等）。挤奶员剪短指甲，穿好工作服，洗净双手。

擦洗乳房。用40~45℃温水将毛巾浸湿擦洗乳房，通过温热刺激乳腺神经兴奋，加快乳汁的合成与分泌，提高产奶量，保证乳房和牛乳的卫生。擦洗时由乳头至乳房底部，自下而上擦净整个乳房。乳房显著膨胀时即可开始挤奶。

按摩乳房。挤奶前应进行乳房按摩，通过机械刺激加快泌乳反射的形成，加速乳汁的分泌与排出，一般在挤奶前和挤奶过程中各按摩1次。有时为了挤净乳房内的奶，在挤奶结束前还可再按摩一次，每次1~2分钟。

第一次采取分侧按摩，挤奶员坐在牛的右侧，先用两手抱住乳房的右侧两乳区，自上而下，由旁向内反复按摩数次；然后两手再移至左侧两乳区同法按摩；最后两手托住整个乳房向上轻推数次，当乳房膨胀且富有弹性时，说明乳房内压已足，便可开始挤奶。

第二次采取分区按摩，按照右前、右后、左前、左后四个乳区依次进行。按摩右前乳区时用两手抱住该部，两拇指放在右外侧，其余各指分别放在相邻乳区之间，重点地自上而下按摩数次。此时两拇指需用力压迫其内部，以迫使乳汁向乳池流注。其他乳区也按同样方法按摩。

高产奶牛可作第三次按摩，采取分区按摩，对余奶较多的牛也可采用"撞击"的方法。若乳池中的乳汁已经挤净，可托住乳房底部，向上模仿犊牛吃乳时顶乳房的动作，"撞击"数次，再用一手掐住乳区的乳池部，另一手挤奶，分别将各乳区剩余的奶挤出，力争挤净最后一滴，有利于提高乳脂率。

（2）挤奶方法 手工挤奶时，挤奶员坐在矮凳上于牛右侧后1/3处，与牛体纵轴呈50°~60°的夹角。奶桶夹于两大腿间，左膝在牛右侧飞节前附近，两脚尖朝内，脚跟向侧方张开，以便夹住奶桶。通常采用压榨法，其手法是用拇指和食指扣成环状紧握乳头基部，切断乳汁向乳池回流的去路，然后再用其余各指依次挤压乳头，使乳汁由乳头孔流出，然后先松开拇指和食指，再依次舒展其余各指，通过左右手有节奏地挤压与松弛交替进行，即一紧一松连续进行，直至把奶挤净。要求用力均匀、动作熟练。注意掌握速度，一般要求每分钟挤奶60~80次。在排乳的短暂时刻，要加快速度，在开始挤奶和临结束前，速度可稍缓慢，但要连续挤完。顺序为一般先挤后面的乳头，而后再挤前面的乳头。注意严格按顺序进行，使其养成良好条件反射。牦牛及少数初产母牛，因乳头太小，不便于用压榨法挤奶，可采用滑下法。其挤奶方法是，用拇指和食指夹紧乳头基部，然后向下滑动，左右手反复交替进行。此法容易使乳头变形或损伤乳头管黏膜，也不卫生，故一般不宜采用。

挤奶时挤奶员坐姿要端正，对牛亲和，不可粗暴，注意安全；挤奶要定人、定时、定次数、定顺序进行；开始挤出的几滴奶，因细菌含量较高应弃掉；患乳房炎等病的牛放在最后挤，对性格暴躁、不老实的牛，先保定两后腿再进行挤奶。

2. 机器挤奶

机器挤奶与手工挤奶不同的是，它利用真空造成乳头外部压力低于乳头内部压力的环境，使乳头内部的乳汁向低压方向排出。机器挤奶速度快，劳动强度较轻，节省劳力，牛奶不易被污染。但是必须遵守操作规程，经常检查挤奶设备的运转情况，如真空和节拍等是否正常，否则会引起奶牛乳房炎，产奶量下降。

第四节 产奶牛各阶段的饲喂与管理

一、产奶牛各阶段的饲养

按照奶牛泌乳情况，通常将奶牛泌乳期分为围产期、泌乳盛期、泌乳中期、泌乳后期和干奶期 5 个阶段。

（一）围产期

围产期是指母牛分娩前后 15 天的时间。此时母牛生殖器官最易染病，饲养管理以加强母牛和犊牛的保健为中心，防止疾病发生。

1. 围产前期

母牛产前 7~14 天，用 2%~3% 来苏水洗刷后躯和外阴，用毛巾擦干后转入清洁、事先用 2% 火碱喷洒消毒过的产房。临产前饲养应以优质青干草为主，根据母牛体况适当添加精料，但最高添加量不超过母牛体重的 1%。临产前 2~3 天，饲喂低钙日粮，适当增加麸皮喂量，以防母牛便秘；日粮精粗比例控制在 39：61 为好；产前乳房严重水肿的母牛，尽量少喂精料。

2. 分娩期

母牛分娩时保持产房安静，取左侧躺卧位，减轻瘤胃压迫，促进胎儿快速娩出。分娩后尽早驱使母牛站立起来，加快子宫复位，促进恶露排出，防止子宫外翻。产后 2 小时，按摩乳房并开始挤奶，尽快让犊牛吃上初乳。

（1）饮喂麸皮盐钙水　麸皮 1~2 千克，食盐 100~150 克，碳酸钙 50~100 克，加温水 15~20 千克，分次饮喂。可促进分娩母牛体质快速康复。

（2）饮喂益母草红糖水　益母草 250 克，水 5 000 毫升，煎至 3 000 毫升，加红糖 1 千克，一次饮服。每天 1 次，连服 3 剂。可促进恶露排出，加快子宫康复。

3. 围产后期

母牛分娩后体质较弱，对疾病抵抗力差，消化机能减退，产道也尚在复原中，容易导致体内养分供应不足，引发疾病。

（1）饮喂管理　产后 2~3 天，以优质青干草和少量麸皮为主；产后 3~5 天，可逐渐增加精料和青贮饲料喂量，每天精料喂量不要超过体重的 1.5%。饮用温水，可把麸皮加进饮水中喂用，1 周后过渡到饮用常水。尽量少喂青贮饲料、青绿多汁饲料、糟渣类饲料和块根块茎类饲料。

（2）观察进食情况　喂精料后，要观察当天的进食情况。若料槽内没有精料剩余，且还能吃大量青干草，母牛精神、排粪、反刍等均正常，泌乳量也在增加，则每天可加喂 0.5~1 千克精料；如母牛采食精料量少，料槽内有剩余的精料，食欲不振，则不能再加精饲料。

（3）注意防病　勤按摩乳房，或用热毛巾擦洗、按摩、热敷，注意防控产后瘫痪、酮病、真胃变位、自体酸中毒等代谢性疾病。

（二）泌乳盛期

泌乳盛期是指母牛分娩后第 16~100 天。这一时期面临的主要任务是：泌乳高峰与采食量高峰的不同步，必然导致日粮供给的养分不能满足母牛的营养需要，引起能量的负平衡。如果饲养不当，产奶量达不到高峰，即使是高产维持高峰时间也很短。

① 精粗饲料比例为 65∶35 的持续时间不得超过 30 天。

② 混合料中的玉米等谷实类饲料，不易粉碎太细，颗粒要大小均匀，尽量减少粉末。

③ 母牛需要大量粗蛋白质，饲喂过瘤胃蛋白质含量高的饲料特别有效。酒糟等饲料中含过瘤胃蛋白较多，可适量加入混合精料。

④ 使母牛吃到足够的饲料，应延长采食时间，增加饲喂次数。但应注意，谷物饲料的最高喂量不应超过 15 千克。

（三）泌乳中期

泌乳中期是指母牛分娩后第 101~210 天。这一阶段母牛能够获得足够而平衡的营养，子宫恢复正常，卵巢机能活跃，可以顺利发情、排卵和受孕。

① 调整精料喂量，以免采食过多而造成饲料浪费。

② 粗料喂量。青贮、青饲料 15~20 千克，糟渣料 10~12 千克，块根多汁类饲料 5 千克，青干草 4 千克。

（四）泌乳后期

泌乳后期一般指分娩后第 211 天到停奶。这一阶段营养需要包括维持、泌乳修补、胎儿生长和妊娠沉积养分等，养分的总需要量在增加。一般牛日增重可达 500~700 克。这一时期奶量明显下降，可视食欲、体膘调整日粮需要，精粗比 40∶60，在干奶前 1 个月，应将泌乳前期损失的体膘恢复到 7.5 成。

① 日粮除应按产奶量给予营养外，还要考虑母牛的实际膘情，控制精料和玉米青贮的给量，防止母牛过肥；对低产牛不需喂高营养水平的日粮，否则造成浪费。

② 在预计停奶以前必须进行一次直肠检查，最后确定是否妊娠，以便及时停奶。有时个别牛可能怀双胎，则应按双胎确定该牛干奶期的饲养方案，需合理地提高饲养水平，增加 3~5 千克产奶量的饲料。

③ 要禁止喂冰冻或发霉变质的饲料，防止意外流产。

（五）干奶期

干奶期指母牛产前 60 天。

1. 逐渐停奶法

通过改变饲料，限制饮水，减少挤奶次数（先由日挤奶 2~3 次改为日挤奶 1 次，然后隔 2 日挤奶 1 次）来抑制乳腺分泌活动，在 1~2 周泌乳活动停止。最后一次挤奶时须请兽医检查，停奶后用药封闭乳头。

2. 快速停奶法

达到停奶之日即认真按摩乳房，将奶挤净，擦干乳房、乳头，即停止挤奶。该法对有乳房炎病史或正患乳房炎的奶牛不宜采用。

3. 乳房监测

停奶后 10~15 天以内，要注意观察乳房，如果除了红肿之外，还伴有热痛或硬块出现时，应及时请兽医治疗。同时应继续挤奶，待炎症消失后重新停奶。

4. 日粮组成

青贮料 10~15 千克，干草 3 千克，青绿饲料 5 千克，糟渣料不超过 5 千克，精料以 3~4 千克为宜。

二、产奶牛的管理

（一）加强产后母牛的监护

① 母牛产后 20~30 分钟，饮喂 1% 麸皮食盐水。

② 对产后努责强烈的母牛要及时诊治。

③ 胎衣在产后 10~12 小时仍未脱落者应及时处理。

④ 产后 30~35 天进行直肠检查判断子宫恢复和卵巢变化情况。

⑤ 产后 50~60 天尚未发情表现的牛可用药物诱导发情。

（二）注意饲喂方式

每天 3 次饲喂 3 次挤奶，挤奶间隔为 8 小时，饲喂顺序先粗后精，先喂后饮。变更饲料或引进新饲料要逐渐更换，不可突然打乱采食习惯。饲槽内放置含有矿物元素的盐砖，让牛自由采食。

（三）搞好牛体、牛床和挤奶卫生

每天刷拭牛体一次，以促进新陈代谢，有利于健康和生产性能的提高。刷拭牛体不要在喂料和挤奶时进行，以免尘土、牛毛等污物落到饲料和牛奶中。及时清洗牛床，保持牛舍通风，空气新鲜，干燥清洁。

（四）饮水

对产奶母牛必须供给充足清洁的饮水。

（五）运动

只在饲喂和泌乳母牛挤奶时留在舍内，其余时间可让它到运动场上自由活动。

（六）修蹄

蹄的好坏与牛的经济价值有很大的关系。每年修蹄 1~3 次，保证蹄的健康。

第五节　高产奶牛的饲喂与管理

高产奶牛是指一个泌乳期305天产乳（不足305天者，以实际天数统计）6 000千克以上，含乳脂率3%~4%的牛群和个体奶牛。

一、高产奶牛的饲养

（一）日粮结构与精粗比例

国内饲养的高产奶牛由于优质干草数量少，仅有中等质量的羊草和一般玉米带穗青贮，故泌乳量在35~45千克/天的高产奶牛，其典型日粮是精料：粗料：糟粕类（啤酒渣、豆腐渣、饴糖糟等）必须保持在60：30：10，粗纤维为14%~15%，才能保证营养水平，维持瘤胃正常发酵、蠕动、嗳气和反刍等机能。

对于日产奶量高于35千克的高产奶牛，一般条件下必需喂给高能量饲料。多加精料，极易出现精料与粗料的不平衡现象。当精料比例高于70%、产奶净能高于7.78兆焦/千克干物质时，奶牛会发生消化机能障碍、瘤胃角化不全、瘤胃酸中毒和乳脂率、产奶量下降等问题。而当奶牛日粮精料比例保持在40%~60%时，或产奶净能为5.77~7.20兆焦/千克干物质时，则可保证母牛瘤胃正常发酵、蠕动，有足够强度的反刍，且可在能量和蛋白质等养分上提供其产奶需要，发挥正常的泌乳遗传潜力和泌乳机能，保持母牛的产奶性能，进而提高产奶的饲料转化效率。在精料给量占日粮干物质量60%~70%的情况下，为了保持牛的正常消化机能，防止前胃弛缓，保持乳脂率不下降，则要添加缓冲剂。

（二）能量和蛋白质饲料的组成

能量饲料主要是玉米、小麦与麸皮；蛋白质饲料是豆饼（粕）、花生饼、棉籽饼（粕）、葵籽饼、菜籽饼（粕）、胡麻饼（粕）、啤酒糟、饴糖糟、豆腐渣等。一般奶牛场大多是以豆饼（粕）为主，兼有一部分其他饼（粕）类，而高产奶牛除蛋白质精饲料以外，还要有约占干物质总量10%的鲜糟粕类蛋白质饲料才可满足需要，其中特别是过瘤胃蛋白质的需要。

（三）无机盐的应用

奶牛精料中，一般为食盐1%、磷酸氢钙0.6%~1.4%、石粉1.5%~2%。近几年来，有的场另加0.25%~0.5%的碳酸氢钠，但多用于夏季或高产奶牛精料中。有些场还加氧化镁，用量为精料的0.2%，用来防止高产奶牛缺镁，并可作为瘤胃缓冲剂。

（四）添加剂的应用

1. 微量元素

运输、预防注射、消毒、高温或低温、产犊、泌乳等因素对牛的刺激，使其处于应激状态。奶牛日粮中应适当提高锰、铁、铜、锌、碘、钴的含量，约比正常水平增加1倍，可提高抗应激能力。夏季高产奶牛日粮中精料高于日粮干物质的60%时，则缺乏钾，如添加钾会提高产奶量。

2. 缓冲剂

奶牛日粮中添加适量的缓冲剂，可改善高产奶牛的进食量、产奶量、奶成分，有利于牛的健康，还可防止瘤胃酸中毒，调节和改善瘤胃微生物的发酵效果。

（1）应用条件　在下列条件下需应用缓冲剂：① 泌乳初期的高产奶牛；② 日粮中有60%以上的精料；③ 粗料几乎全是青贮饲料时；④ 泌乳初期，其日粮又为高精料、高糟渣类饲料，且粗料的质量又很差时；⑤ 当产奶牛群中所产常乳的乳脂率明显下降时；⑥ 夏季产奶牛食欲下降，进食干物质明显减少时；⑦ 当产奶牛日粮从粗料型转换到精料型时（其精粗比为60∶40以上）；⑧ 当精料和粗料分别单独饲喂时。

（2）缓冲剂的种类和用量　一般以碳酸氢钠为主，碳酸钠（食用碱）亦可，但对日产奶量高于30千克的高产奶牛还要另加氧化镁或膨润土等。碳酸氢钠的用量，按日粮干物质进食量计算为0.7%~1.5%、按精料计算为1.4%~3%。氧化镁的用量为日粮干物质量的0.2%~0.4%，或为精料用量的0.6%~0.8%，或用2~3份碳酸氢钠与1份氧化镁混合，其用量为日粮总干物质的0.8%~1.2%，或混合精料的1.6%~2.2%。膨润土的用量为日粮总干物质的0.6%~0.8%，或精料量的1.2%~1.6%。碳酸钠的用量与碳酸氢钠完全一样。

（3）缓冲剂的作用机理和功能　缓冲剂的主要作用是改善牛的饲料进食量，提高或稳定产奶量，保持乳脂率不下降，甚至可提高乳脂率0.4~0.5个百分点。缓冲剂的功能是使瘤胃、肠道内容物和体液的氢离子浓度保持正常，缓冲瘤胃内挥发性脂肪酸对氢离子浓度的影响，防止瘤胃酸度上升，增加乙酸的浓度，提高乙酸、丙酸的比例，进而提高乳脂率。缓冲剂还可有效防止牛发生瘤胃酸中毒，在喂高精料时均可应用。

3. 烟酸

泌乳初期瘤胃微生物合成烟酸的数量不足，高产奶牛可能产生酮症。患酮症的母牛每天投给12克烟酸，连喂数天，当5~9天时血酮和牛乳中酮体下降，产奶量增加。一般在泌乳初期或产前每日每头牛喂6克烟酸，可防止母牛发生酮症，产奶量可明显提高。夏季对高产奶牛每日每头增加 6 克烟酸也可增加产奶量。

4. 其他添加剂

（1）沸石 奶牛精料中添加 4%～5% 沸石，产奶量提高 1.44～1.46 千克/（天·头）。

（2）稀土 奶牛饲料中添加稀土 40～45 毫克/千克，产奶量提高 21.52%，同时乳脂率由 3.81% 提高到 4.2%。

（3）保护性氨基酸 日产奶量 30 千克的高产奶牛，添加保护性赖氨酸 7 克、保护性蛋氨酸 5 克，奶牛标准乳产量提高 9.1%。

（4）保护性脂肪 在奶牛日粮中添加日粮总干物质 3% 的脂肪酸钙盐，使日粮脂肪水平达到 5%～6% 时，其利用率最佳，产奶量增加 2.4 千克/（天·头），乳脂率提高 0.05%，但其日粮中钙应为 0.9%～1%，镁应为 0.3% 时才行。喂给方式也可用全大豆、全棉籽或全油菜籽直接混合于精料中，用来提高日粮脂肪水平。

二、高产奶牛的管理

① 更换褥草，坚持刷拭，清洗乳房和牛体上的粪便污垢。夏季每周进行 1 次水浴或淋浴，并应采取通风和防暑降温措施。冬季注意防寒保温。

② 每天应在气温适宜的时候进行一定时间的缓慢运动，对乳房容积大、行动不便的高产奶牛可做牵引运动。

③ 高产奶牛每胎必须有 60～70 天的干奶期，可以采取逐渐停乳法或快速停乳法。干奶后应加强乳房检查和护理。

④ 奶牛分娩后 1～1.5 小时进行第一次挤奶不要挤净。要注意观察母牛食欲、粪便及胎衣排出情况，如发现异常，应及时诊治。分娩 2 周后，应做酮血症检查，如无疾病，食欲正常，可转大群管理。

⑤ 高产奶牛的挤奶次数应根据各泌乳阶段、产奶水平而定。每天挤奶 3 次，也可根据产奶量高低酌情增减。

第六节 生鲜牛乳的质量管理

一、牛乳的理化特性

（一）牛乳的物理特性

牛乳的物理特性主要包括色泽、滋味和气味、酸度、冰点等，这些物理特性是鉴定牛乳品质的重要指标。

1. 色泽

新鲜正常的牛乳呈不透明的白色并稍显淡黄色，这是乳的基本色调。乳的色泽是由于乳中酪蛋白胶粒及脂肪球对光的不规则反射造成的。乳中含有的脂溶性胡萝卜素和叶黄素使乳略带淡黄色，水溶性的核黄素使乳清呈荧光性黄绿色。

2. 滋味与气味

乳中含有挥发性脂肪酸及其他挥发性物质，这些物质是牛乳滋味、气味的主要构成成分。牛乳的香味随温度升高而加强，冷却后减弱。乳中所含的羰基化合物，如乙醛、丙酮、甲醛等均与牛乳风味有关。牛乳很易吸收外界的各种气味，因此，挤出的牛乳如在牛舍中放置时间太久，会带有牛粪味或饲料味，与鱼虾放在一起会有鱼虾味，贮存器具不良时会产生金属味，消毒温度过高会产生焦糖味。纯净的新鲜乳滋味稍甜，由于乳中含有乳糖。

异常乳中如乳房炎乳中氯离子含量较高，故有较浓的咸味，乳中的苦味来自镁离子、钙离子，而酸味是由柠檬酸及磷酸产生（不包括酸败牛乳）。

3. 冰点

又称凝固点。牛乳的冰点为$-0.565 \sim -0.525℃$，平均为$-0.545℃$。乳中乳糖与盐类是冰点下降的主要因素，由于它们的含量较稳定，所以正常新鲜牛乳的冰点是其物理性质中较稳定的一个指标。乳中乳糖与盐类含量认为改变越高，冰点越低；相反，如果在乳中掺水，可导致冰点回升。牛乳经$70℃$以上消毒，其中一部分可溶性盐类将变成不溶性盐类，从而使牛乳冰点增高。

4. 酸度

乳的酸度是由于乳蛋白分子中含有较多的酸性氨基酸和自由的羧基，而且受磷酸盐等酸性物质的影响而偏酸性。新鲜乳的酸度称为固有酸度或自然酸度，这种酸度主要由乳中的蛋白质、柠檬酸盐、磷酸盐及二氧化碳等酸性物质构成。

牛乳酸度常用吉尔涅尔度（也称 T 度，用°T）表示。如新鲜乳的自然酸度$16 \sim 18°T$，其中来源于蛋白质的为$3 \sim 4°T$，来源于二氧化碳的为$2°T$，来源于柠檬酸盐、磷酸盐的为$10 \sim 12°T$。

这种酸度与贮存过程中因微生物繁殖所产生的酸无关。乳挤出后在微生物的作用下产生的乳酸发酵，导致乳的酸度逐渐升高，这部分酸度称为发酵酸度。自然酸度和发酵酸度之和称为总酸度。一般条件下，乳品生产中所测定的酸度就是总酸度。我国《乳和乳制品酸度的测定》（GB 5413.34—2010）中规定酸度检验以滴定酸度为标准。

（二）牛乳的化学成分

牛乳是一种具有胶体特性的液体，由多种化学成分组成。经分析证实，主要由水、蛋白质、脂肪、乳糖和矿物质以及微量的维生素、酶、色素、白细胞等所组成。除去水分和气体后，称干物质或总固形物。除脂肪以外的固形物称非脂固形物（SNF），常用 SNF 作为衡量牛乳质量的指标。

牛乳中各主要成分的含量因奶牛品种、个体、泌乳期、疾病、饲料、饲养以及挤奶环境等因素的不同，差别很大。

1. 乳脂肪

乳脂肪是牛乳中的最主要成分之一，含热量高，是维生素 A、维生素 D、维生素 E、维生素 K 的携带者和传递者，它含有相当数量的必需脂肪酸。牛乳中含低级（14 个碳以下的）挥发性脂肪酸可达 14% 左右，水溶性脂肪酸达 8% 左右。这就决定乳的香味和柔润性，不同于其他动物植物脂肪。乳脂肪与乳制品的组织结构、状态和风味有密切关系，许多乳制品的柔润滑腻而细致的组织状态是不能为其他脂肪所替代的。此外，乳脂肪比其他动物脂肪易于消化。

2. 蛋白质

牛乳中大约含 0.5% 的含氮物，其中 95% 为乳蛋白质，5% 为非蛋白质含氮物。牛乳蛋白质中存在有 25 种不同的氨基酸。乳蛋白质主要分以下 4 类：酪蛋白、白蛋白、球蛋白和脂肪膜蛋白。除此而外，还含有少量酶类。

（1）酪蛋白　仅存在于牛乳中，约占牛乳总蛋白质的 78%、全脂乳的 2.6%。酪蛋白具有酸凝固特性。在牛乳中加酸或使产酸菌在牛乳中生长，牛乳 pH 值则下降。酪蛋白的等电点 pH 值为 4.6，当 pH 值下降到这一点时，酪蛋白将聚合成凝块而沉淀。例如酸奶制品的制作就是在牛乳中加乳酸菌使乳糖发酵成乳酸，pH 值下降，酪蛋白沉淀。

（2）白蛋白　也称乳清蛋白，牛乳中 10%~15% 的蛋白质由白蛋白组成。白蛋白如同酪蛋白以胶体状态存在，但颗粒较小。在制作干酪时，残余的白蛋白溶解于乳清中，所以白蛋白也称乳清蛋白。牛乳加热到 70℃ 时，白蛋白开始沉淀，到 80℃ 时，全部沉淀。

（3）球蛋白　在牛乳中含量很少，而且加热到 65℃，球蛋白开始变性；70℃ 时则全部凝固。

（4）脂肪膜蛋白　是包围在脂肪球表面的一层蛋白质，与水结合紧密。在强酸强碱作用下，脂肪膜蛋白即被破坏。

（5）酶　是由有机体产生的具有生物活性的蛋白质。牛乳中的酶来源于母牛的乳腺或者由微生物代谢产生。前者是牛乳中固有的正常成分，称为原生酶，后者为细菌酶。牛乳中最重要的酶有过氧化物酶、过氧化氢酶、磷酸酶和解脂酶。这几种酶通常用来控制和检验牛乳质量。

3. 乳糖

仅存在于哺乳动物的乳中。乳糖在牛乳中几乎全部呈溶液状态，蒸发乳清可获得浓缩乳糖。乳糖是双糖，水解时生成 1 分子葡萄糖和 1 分子半乳糖。乳糖不如其他糖类甜，其甜度仅为蔗糖的 1/6。

当牛乳冷却温度不够或保管不善时，即引起牛乳酸败，这是其中乳酸细菌使乳糖发酵，产酸的结果。如将牛乳高温加热持续一段时间，牛乳变成棕褐色并产生一种焦糖味。这种作用称为焦糖作用，这是乳糖和蛋白质之间化学反应的结果。

4. 维生素

牛乳中含有多种维生素。如维生素 A、维生素 B_1、维生素 B_2、维生素 C 和维生素 D 等。

5. 无机盐类

牛乳中无机盐含量甚微，一般不超过 1%。

6. 其他成分

牛乳中常含有白细胞，健康牛乳中含量极少，如患有乳房疾病，白细胞含量将大大增加。因此，白细胞数含量的多少是衡量乳房健康状况及牛乳卫生质量的标志之一。

牛乳中还溶解有气体，占体积的 5%~9%。如二氧化碳、氮气、氧气等。此外，由于临床用药或饲养管理不当，牛乳中可能还会含有抗生素、杀虫剂、杀菌剂等药物的残留以及洗涤剂等成分。

二、生鲜牛乳的质量控制

(一) 生鲜牛乳的质量标准

牛乳是指在正常饲养或放牧且无污染的环境下，健康母牛生产的天然乳汁，不得有任何添加和提取。其安全要求生产生鲜牛乳的牛都没有感染人畜共患病，开始挤出的前三把乳汁、产犊前 15 天的胎乳、产犊后 7 天的初乳（除作特定产品外）、应用抗生素期间和停药后经 TTC 检测不合格的乳汁、乳房炎及变质乳等均不得供食用。原料乳的质量标准按《生鲜牛乳收购管理规范》（DB13T 1365—2011）执行。

(二) 生鲜牛乳的质量控制措施

1. 严格的卫生制度

（1）挤奶员健康　挤奶员必须身体健康，凡患有传染病、化脓性疾病以及下痢等疾病者都不得参加挤奶。此外，还需注意挤奶员的头发、衣服、手指等的清洁。

（2）奶牛健康　奶牛的健康直接影响原料乳的品质。例如，结核杆菌、布鲁氏菌、炭疽杆菌、乳房炎链球菌、口蹄疫病毒等都可由病牛直接传入乳中。此类乳均不得混入加工生产用的原料乳中。

（3）牛体清洁　奶牛的腹部很容易被土壤、牛粪、垫草等所污染，通常存在于每克土壤或牛粪中的细菌数为100万~1 000万个，甚至高达10亿个菌落。牛乳被这些物质污染后，细菌数迅速增加。据研究，牛乳中大肠杆菌的来源以牛体为最多。因此，必须在挤奶前1小时进行刷拭清理，保证牛体的清洁。挤奶时，应先将牛尾以专用的尾夹固定在牛的右后腿上，然后用45~55℃的温水仔细洗去乳房与腹部的粪屑，然后用清洁的毛巾擦干。机械挤奶时，也应擦净乳头及周围的脏物。

（4）乳房卫生　即使是在理想的卫生条件下获得的乳汁，也不可能是无菌状态。细菌在个别的乳腺腔和贮乳池以及乳头导管中较多。微生物在导管黏液里形成细菌集落，在挤奶时随着乳汁一起被挤出，尤其在第一把乳汁中的微生物数量最多，故应把最初几把乳挤入专用的容器中（带有面网的杯子），而不应与大量的乳混合，以降低乳中细菌数，并检查牛奶中是否有凝块、絮线状或水样奶，及时发现临床乳房炎，防止乳腺炎奶混入正常奶中。对于正在使用抗生素治疗的病牛，其乳应与正常乳分开，不得混合。

（5）减少牛舍内的尘埃和驱除蚊蝇　挤奶时喂粗饲料，可使牛舍内空气的细菌数增加170%~300%。如喂带有芳香气味的粗饲料，牛乳中就可能带有饲料味。为了防止牛乳中尘埃及细菌数的增加，必须防止牛舍中灰土及尘埃的飞扬。此外，驱除苍蝇及昆虫无论在挤奶卫生或者增进奶牛的健康都很重要，但是要注意勿使药品的气味进入乳中。

2. 推广规范的机械挤奶操作

机械挤奶是先进的奶牛生产工艺，提高劳动效率的同时，还可以提高牛奶的卫生质量。随着现代畜牧业的不断发展，手工挤奶已逐步被机械挤奶所替代。

（1）机械挤奶注意事项　① 选择合适的牛。奶牛乳头大小、形状对挤奶器的适应性是一个关键因素，一般前后乳区产奶比例是4∶6，乳头太大、太小、太粗、太细都不适宜机器挤奶。② 选择合适的挤奶器。根据牛场的规模和饲养形式，选择挤奶设备。桶式挤奶机、管道式挤奶机、轨道式挤奶台、转换式挤奶台是针对挤奶设备的形式。厂家、品牌、知名度、信誉及售后服务的好坏也很重要。③ 严格遵守挤奶器的操作规程。机器挤奶是奶牛现代化生产的标志之一，经过多年研究和不断的改进，其挤奶功能日臻完善，只要正确使用挤奶器，就基本不存在问题、风险。

（2）机器挤奶操作规范　① 挤奶前的准备工作。挤奶器开动后，首先查看真空泵是否稳定工作在正常气压上，如有问题，查明原因，进行维修。② 清洗乳房。正式上机前，要认真做好乳房清洗工作，再用一次性纸巾擦干乳头，开始上机。③ 废弃第一、二把奶。机器挤奶前，必须用手工将4个乳区的第一、二把奶挤在固定的容器中，并观察是否正常，有乳房炎的奶牛不能上机挤奶。④ 上套乳杯组。用靠近牛头的手，固定挤奶器，用另外一只手接通真空杯，把第一个乳杯套在最远的乳头上，由远至近逐一进行，动作要快，减少空气进入。⑤ 检查乳杯组。上机后，用最短的时间进行观察，不能让乳杯向乳房的根部爬升。⑥ 挤奶进行中。挤奶进行中不要按摩乳房，这样会干扰奶牛的正常条件反射，工作人员不要大声喧哗，不要有其他的大声响动。⑦ 闲乳杯用乳堵。三个乳头或两个乳头的牛挤奶时，用乳堵堵住闲置的乳杯。用拆的方法，一是堵不严，二是影响软管的寿命。⑧ 取下乳杯。观察乳汁排尽后，用手将机组轻轻地向前下方拉动，有助于排净残余的奶量。挤完奶后切断真空，让空气进入乳头和乳杯内套之间，这样会使乳杯组脱落。⑨ 手工辅助挤奶不可取。不提倡机器挤完奶后再用手工辅助挤奶。用手工辅助挤奶会影响机器挤奶的效率，若养成习惯会使机器挤奶的残余量越来越多。⑩ 挤奶后乳头蘸药。挤完奶马上用消毒液浸泡乳头，预防感染。因为挤完奶后，大约15分钟的时间，乳头管才能完全封闭好，因此，在刚挤完奶的一段时间，不要让牛卧地，这样可减少感染机会。⑪ 清洗挤奶设备。每次挤完奶后，应立即清洗挤奶设备，先用温水清洗4~5分钟，排出管内残余的牛奶，然后用特制的洗涤剂清洗，温度为60~80℃，时间10~15分钟，组后用清水冲洗4~5分钟，酸性洗涤剂和碱性洗涤剂可交替使用，以碱性洗涤剂为主。

3. 彻底地清洗和消毒

凡与牛乳接触的一切容器、管道和滤布等，如挤奶机、乳桶、乳槽、冷却器，在每次使用后都必须进行彻底的清洗和消毒，并在第二次使用前进行一次冲洗。清洗和消毒是两个不同环节，不可将这两个环节合并进行，否则达不到消毒杀菌的效果。

第六章 肉牛的饲养管理技术

第一节 肉牛产肉性能及评定

一、影响肉牛产肉性能的因素

影响牛产肉性能的因素很多，主要包括品种、性别和去势、年龄、肥育度、饲养管理、杂交等。

（一）品种

不同品种的牛，其产肉性能有很大的差别。肉用品种或肉乳兼用品种产肉性能明显高于乳用或役用品种。夏洛来、利木赞、西门塔尔等著名品种，1.5岁体重就可达400~500千克，而不少地方黄牛3~4岁才长到350千克左右。

（二）性别和去势

阉牛易肥育，肉质变细嫩，肌肉间夹有脂肪，肉色淡。平原地区品种一般早去势，最后体重和日增重比晚去势者高。一般幼年公牛生长速度快于小母牛，也大于阉牛。到成年后，公牛的体重显著大于母牛。据试验，公牛平均日增重比阉牛高15%，屠体的可食部分比阉牛高34%，故一些国家主张公牛不去势，于12~15月龄屠宰，可降低饲养成本，又不会影响牛肉的风味。

（三）年龄

最好的牛肉是肥育过15月龄的小牛肉。幼牛肉肌纤维细，颜色较淡，肉质好，但水分多，脂肪少，香味不浓厚；成年牛牛肉在肠系膜、网膜和肾脏附近可见到大量的脂肪，肉质好，味香，屠宰率也高；老龄牛肉体脂肪为黄白色，结缔组织多，肌纤维粗硬，肉质最差。

我国地方品种牛成熟较晚，一般1.5~2岁增重较快，故在2岁左右屠宰为宜。

（四）肥育度

牛肉的产量和肉的品质受肥育度影响很大。肥牛产肉多，产脂肪也多，因此屠宰率也高。现在市场对胴体脂肪含量要求很严，超过一定量就不受欢迎。例如市场对胴体脂肪要求为15%，早熟品种在高水平饲养下很容易在较轻体重和幼小年龄时达到这一要求，如果在低水平饲养条件下就可增加一定体重而不影响其脂肪要求。

晚熟品种在高水平饲养下增重大，也可以达到其脂肪要求，但不会超过太多；如改为低水平饲养，虽然仍在增重，但不易达到这个要求。

（五）饲养管理

除品种因素外，饲养管理是影响牛肉用性能的最重要因素。好的品种或个体，只有在良好的饲养管理条件下，才能具有最优的生产性能。

反之，如果饲养管理不当，不仅体重下降，发育受阻，体型外貌也发生很大变化，肌肉、脂肪等可食部分比例大大降低。有试验表明，在不同饲养水平下，18月龄阉牛活重相差190千克，其屠宰率、净肉率也大。由于肌肉中脂肪含量不同，瘦牛所产的肉热量低，肉质也差。

（六）杂交

开展肉牛品种间的经济杂交，可充分利用杂种优势，提高肉牛生产能力。国外优良肉牛品种对当地品种的改良杂交，可提高我国肉牛良种化水平，亦可大幅度提高肉牛生产能力。

用良种肉牛精液和部分中低产乳用母牛繁殖乳肉牛，一是可以增加中低产乳用母牛的经济效益，二是有效解决肉用繁育母牛饲养成本高的问题，三是可以改善肉质。

引进优良兼用品种（如西门塔尔牛等），改良当地生产性能低下的品种，提高肉牛生产能力；开展肉用繁育母牛挤奶工作，降低犊牛培育成本。

二、肉牛膘情评定

目测和触摸是评定肉牛肥育度的主要方法。目测主要观察牛体大小、体躯宽窄和深浅度、腹部状态、肋骨长度和弯曲程度以及垂肉、肩、背、腰角等部位的肥满程度。触摸是以手触测各主要部位的肉层厚薄和脂肪蓄积程度。通过肥育度评定，结合体重估测，可初步估计肉牛的产肉量。

肉牛肥育度评定可分5个等级，其标准见表6-1。

表6-1 肉牛宰前肥育度评定标准

等级	评定标准
特等	肋骨、脊骨和腰椎横突都不明显，腰角与臀端呈圆形，全身肌肉发达，肋骨丰满，腿肉充实，并向外突出、向下延伸

（续表）

等级	评定标准
一等	肋骨、腰椎横突不显现，但腰角与臀端未圆，全身肌肉较发达，肋骨丰满，腿肉充实，但不向外突出
二等	肋骨不甚明显，尻部肌肉较多，腰椎横突不甚明显
三等	肋骨、脊骨明显可见，尻部如屋脊状，但不塌陷
四等	各部关节完全暴露，尻部塌陷

三、活重估测

活重估测的理论依据是体重和体积的关系。因为不同品种、年龄、性别和膘情的牛体型结构差异较大，所以很难用一个统一的公式来准确估测，一般估测体重要求与实际体重相差不过5%。如相差超过5%则估测公式就不能用。

肉牛或肉乳兼用型牛的体重估测公式：

$$体重（千克）＝胸围^2（米）×体直长（米）×100$$

黄牛估测体重的公式：

$$体重＝胸围^2（米）×体斜长（米）×估测系数$$

公式中估测系数：6月龄犊牛为80，18月龄牛为83。

第二节　肉牛的饲养管理

一、肉牛的增重规律与补偿生长

（一）体重的一般增长

牛的初生重大小与遗传基础有直接关系。在正常的饲养管理条件下，初生重大的犊牛生长速度快、断奶重也大。一般肉牛在8月龄内生长速度最快，以后逐渐减慢；到了成年阶段（一般3~4岁）生长基本停止。据研究，牛的最大日增重是在250~400千克活重期间达到的。但因日粮中的能量水平而异。

1. 饲养水平的影响

饲养水平下降，牛的日增重也随之下降，同时也降低了肌肉、骨骼和脂肪的生长。特别在肥育后期，随着饲养水平的降低，脂肪的沉积数量大为减少。

2. 性别的影响

当牛进入性成熟（8~10月龄）以后，阉割可以使生长速度下降。有资料介绍，在牛体重90~550千克，阉割以后减少了胴体中瘦肉和骨骼的生长速度，但却增加了脂肪在体内的沉积速度。尤其在较低的饲养水平下，脂肪组织的沉积程度阉牛远远高于公牛。

饲养水平和性别影响肉牛增重的情况见表6-2。

表6-2　饲养水平和性别对公阉牛增重的影响

性别	公牛			阉牛		
饲养水平	100	85	70	100	85	70
日增重（克）	1 183	1063	857	973	875	755
瘦肉增重（克/天）	433	408	349	317	303	268
脂肪增重（克/天）	154	101	61	163	125	93
骨骼增长（克/天）	102	96	82	81	79	68

注：饲养水平是指达到营养标准的百分数。

3. 品种和类型的影响

不同品种和类型的牛体重增长的规律也不一样。详细情况见表6-3。

表6-3　不同品种肉牛体重增长情况比较

品种	头数	7月龄活重（千克）	13月龄活重（千克）	日增重（千克）	眼肌面积（厘米²）
西门塔尔	33	353	655	1 659	82.8
安格斯	11	266	551	1 562	74.1
海福特	11	319	602	1 555	71.4
短角牛	1	255	511	1 407	67.7
夏洛来	31	334	626	1 605	85.1
利木赞	31	289	555	1 466	86.2

（二）体组织的生长规律

体重及肉的质量与体组织的生长关系极大。牛幼龄阶段，四肢骨骼生长较快，以后则体轴骨的生长强度增大。随着年龄的增长，肌肉的生长速度由快到慢，脂肪则由慢到快，而骨骼的生长速度一直保持平稳。

幼牛肌肉组织的生长主要集中于8月龄以前。脂肪比例在2岁以后逐渐增加，而骨骼的比例则随年龄增长而逐渐减少。早熟品种牛的肌肉和脂肪的生长速度较晚熟品种快，肉质的大理石状纹出现早，可以早期肥育出栏；而晚熟品种的牛只有在骨骼和肌肉生长完成后，脂肪才开始沉积。

肌肉在胴体中的比例先是增加而后下降，脂肪的百分率则持续增加，年龄越大则脂肪的百分率越高。肉中的脂肪含量过多或不足，都会明显地影响到肉品的品质。最好胴体上覆盖较薄一层脂肪，同时肌肉和肌肉层之间均匀地分布着肌间脂肪。

肉用牛在肥育初期首先是增加网油和板油，其次是皮下脂肪，最后脂肪进入肌肉纤维间，使肌肉呈大理石状纹。一般皮下脂肪厚度表示肥度。不同性别的牛体组织生长强度不同。公牛的肌肉生长速度最快，而脂肪生长速度最慢；脂肪的沉积以阉牛最快，母牛次之。

近年来，国外肉牛生产中对双肌愈来愈关注。所谓双肌是对肉牛臀部肌肉发育良好的形象称呼。双肌牛由于后躯肌肉特别发达，因此能看出肌肉之间有明显的凹陷沟痕，行走时肌肉移动明显且后腿向前、向两外侧，尾根附着向前。

双肌牛沿脊柱两侧和背腰的肌肉很发达，形成"复腰"，腹部上收，体躯较长。双肌牛在短角牛、海福特、夏洛来、皮埃蒙特、比利时蓝牛等品种中均有出现，公牛较母牛明显。

双肌牛生长快，胴体脂肪少而肌肉较多。双肌牛胴体的脂肪比正常牛少3%~6%，肌肉多8%~11.8%，骨少2.3%~5%，个别双肌牛肉比正常牛多达20%。双肌牛的主要缺点是繁殖力较差、难产率较高、不易饲养管理，因此，只适于建立专门用的双肌牛繁殖群，选育出适于经济杂交用的双肌公牛。

（三）补偿生长

在肥育牛的生长发育过程中（怀孕期和出生后），常常由于饲料供应的数量或质量不足、饮水量不充分、疾病（体内外寄生虫、消化系统病等）、气候异常、生活环境的突然变化等因素而导致生长发育受阻，增重缓慢，甚至停止增重。一旦肥育牛生长发育受阻的因素被克服，则肥育牛会在短期内快速增重，增重量往往超过正常，把受阻期损失的体重弥补回来，有时还能超出正常的增重量，这种现象（或称特性）称为补偿生长。

对1岁以后的生长牛来说，利用补偿生长可节省冬季昂贵的饲料，到第二年春、夏吃到丰富的青草，这种限量饲养的阶段叫吊架子阶段。牛在补偿生长期间增重快、饲料转化率也高，但由于饲养期延长，达到正常体重时总饲料转化率则低于正常生长的牛。青年架子牛快速肥育实质上就是利用牛的补偿生长这一特性来进行的。

二、哺乳期犊牛的饲养管理

（一）哺乳期犊牛的饲养

1. 饲喂初乳

初乳是指母牛在产犊后第一次挤出的牛奶，此后7天所产的奶为过渡期牛奶，以后的则为常乳。初乳对犊牛的意义重大，初乳中含有丰富的营养物质，尤其是免疫球蛋白，可使犊牛获得被动免疫，增加抵抗力。初乳的饲喂量要根据犊牛的初生重来确定，要尽早地让初生犊牛吃上初乳，一般以犊牛在出生后 1 小时内饲喂 2.25~2.5 千克的初乳，在出生后 6~8 小时再喂 2.25~2.5 千克的初乳。饲喂方法是使用插有胃导管的奶瓶进行强制饲喂，这种饲喂方法可保证犊牛摄入充足的初乳，对健康有益。对于泌乳性能好的母牛，初乳吃不完时可将其挤出进行冷冻保存，在其他母牛无奶的情况下给其产下的犊牛食用。

2. 饲喂常乳

犊牛在刚出生后肠胃结构和功能的发育还不完全，唯一具有消化功能的胃是皱胃，此时消化系统的功能与单胃动物相似，因此在出生后 4 周左右的时间以吃母乳为主。常乳的饲喂方法主要有随母哺乳、人工哺乳。随母哺乳是指犊牛在出生后与母牛在一起一直到断奶。目前规模化肉牛养殖场多使用人工哺乳的方法，这样可控制犊牛的采食量，便于管理。犊牛在饲喂完初乳后即可进入吃常乳的阶段，一般在 30~40 日龄以内都以吃常乳为主，饲喂量占体重的 8%~20%，每天的饲喂次数为 3 次，饲喂时要注意避免饲喂过量，否则会导致多余的牛奶返流到不具备消化功能的瘤胃而引起消化系统紊乱，引起腹泻或者其他方面的健康问题。饲喂常乳的方法可以使用带有奶嘴的奶瓶，或者直接使用奶桶。要注意喂奶时要严格地消毒。饲喂时还要注意控制好牛奶的温度，犊牛在出生后的前几周对牛奶温度的要求较高，如果犊牛饮用冷牛奶易引发腹泻，所以在犊牛出生后的第一周，饲喂牛奶的温度最好与体温相近，对于日龄稍大的犊牛饲喂的温度则可以低于体温。

3. 及时补饲，开食料的饲喂

尽早让犊牛采食饲料，及时的初饲可以使犊牛的肠胃功能得到锻炼，促进肠胃结构和功能的发育，并且随着犊牛日龄的增加，母乳的营养已无法完全满足犊牛的营养需求，此时需要从饲料中获取营养。此外，及时地补饲还有利于早期断奶。因此可从犊牛 7~10 日龄即可开始训练其采食干草，将干草置于草架上，让犊牛自由采食。从犊牛 7 日龄时开始训练其采食精料，可在犊牛即将饮完的奶桶内加入开食料，或者在喂完奶后将精料涂抹在犊牛的口鼻处诱其舔食，待犊牛适应饲料后，可逐渐地增加喂料量。注意补饲饲料的质量，不可以饲喂犊牛过多的青贮料，也不宜饲喂粗纤维含量较高的秸秆类粗饲料，否则易导致犊牛消化不良。

在犊牛初饲的过程中要提供充足的饮水。以确保犊牛正常的新陈代谢。最初，要给犊牛提供温水，一般 10 日龄内犊牛的饮水温度为 36~37℃温开水，在 10 日龄以后则可以饮用常温水，但是水温不可低于 15℃。要注意饮用水的清洁卫生，不可让犊牛饮用冰水以及受到污染的水。

（二）哺乳期犊牛的管理

1. 去角

犊牛去角的好处，一是便于统一管理，二是防止成年后相互攻击造成损伤。去角的适宜时间是生后 7~10 天，此时，牛角生长不完善，容易去除。牛犊具有一定的抵抗能力，去角一般不会产生疾病。

常用的去角方法有电烙法和固体苛性钠法 2 种。

（1）电烙法 需要使用 200~300 瓦的电烙器。将电烙器的烙头砸扁，使其宽度刚好与牛角生长点相称，加热到一定温度，牢牢地压在牛角基部，直到其下部组织烧灼成白色为止。烧烙时间不宜太长，以防烧伤下层组织。烙完后，涂以青霉素软膏或硼酸粉。随母哺乳的犊牛，最好采用电烙法去角。

（2）苛性钠法 在牛角刚鼓出但未硬时进行操作，并且需要在晴天且哺乳后进行。具体方法是：先剪去牛角基部的被毛，再用凡士林涂一圈，防止苛性钠药液（氢氧化钠溶液，下同）流出伤及头部和眼部，然后用棒状苛性钠蘸水涂擦牛角基部，直到表皮有微量血渗出为止。

用苛性钠处理完后，要将犊牛单独拴系，以免其他犊牛舔食伤处腐蚀口舌造成伤害；也能避免犊牛感觉不舒服磨擦伤处，那样会增加渗出液、延缓痊愈期。同时，还要防止犊牛淋雨，以免雨水将苛性钠冲入犊牛眼中。苛性钠去角后，伤口一般需要 1~3 天才能变干，在伤口未变干前，不宜让犊牛吃奶，以免腐蚀母牛乳房皮肤。

夏季蚊蝇多，犊牛去角后，要经常进行检查，若发现去角处化脓，初期可用双氧水冲洗，再涂以碘酊；若已出现由耳根到面部肿胀的症状，须进一步采取消炎措施。

2. 编号

给肉牛编号便于管理。将编号记录于档案之中，以利于育种工作的进行。

养牛数量较少时，可以给每头牛命名，从牛毛色和外形的差异上，可以把牛清楚地区分开来。但养牛数量多时，想清楚地把牛区分开，可能就比较困难了。所以，将编号可靠地显示在牛的身上（也称为打号），就是一个简便易行且十分有效的区分办法。给肉牛编号，最常用的方法是按肉牛的出生年份、牛场代号和该牛出生的顺序号等进行编号。习惯上，将头两个号码确定为出生年，第 3 位号码代表分场号，以后为顺序号，例如 981103，表示 98 年出生、1 分场、第 103 号牛。有些编号方法，是在数码之前还列字母代号，表示性别、品种等。各养牛场可根据本场实际，确定适合本场的编号规则。

生产上常用的打号方法有剪耳法、金属耳标法、塑料耳标法、热烙打号法、冷冻打号法等多种。

（1）剪耳法　用剪号钳在牛的耳朵不同部位剪上豁口，以表示牛的编号。小型牛场可采用此法。剪耳法宜在犊牛断奶之前进行。剪口要避开大血管，以减少流血。剪后用5%碘酒处理伤口。剪耳编号的原则是：左大右小，下1上3，公单母双。剪耳编号标识比较容易，缺点是容纳数码位数少，远处难看清，外观上也不美观。

（2）金属耳标法　通常用合金铝冲压成阴阳两片耳标，用数字钢錾在阴阳两片外侧面分别打上牛的编号，然后把阴片中心管穿过牛耳朵下半部毛发较稀、无大血管之处，阳片在耳朵另一侧，把中心管插入对侧穿过来的阴片中心管中，再用专用耳号钳端凸起夹住两侧耳标中心孔用力挤压，使阴阳两片中心管口撑大变形加以固定。手术处需要用5%的碘酒消毒。此法美观、经济，但金属耳标面积小，如果不抓住牛仔细辨认，就很难看清编号。

（3）塑料耳标法　用耐老化、耐有机溶剂的塑料，制成软的耳标，用塑料染色笔把牛的编号写到耳标正面，然后，把耳标拴在牛耳下侧血管稀少处，穿透牛耳穿过耳标孔，把耳标卡住。此法由于塑料可制成不同色彩，使其标志更加鲜明，并可利用不同颜色代表一定内容。由于耳标面积较大，所以数码字也较大，标识比较清晰，即使距离2米也能看清，故此法使用较广，但缺点是放牧时易丢失，所以要及时检查，一旦发现丢失应及时补挂。

（4）热烙打号法　在犊牛阶段（近6月龄时），将犊牛绑定牢靠，把烧热的号码铁按在犊牛尻部，烫焦皮肤，痊愈后，烫焦处会留下不长毛的号码。使用这种方法，热烙打号时肉牛很痛苦，会极力挣扎，从而影响操作，常会将皮肤烫成一片焦灼而不显字迹；同时，若烫后感染发炎，也会使字迹模糊不好辨认。但此法也有优点，那就是编号能终身存在于肉牛体表，字体随肉牛生长而变大，几米以外均可看清，并且成本低，所以，生产上使用较多。

（5）冷冻打号法　冷冻打号法是以液态氮将铜制号码降温到-197℃，让犊牛侧卧，把计划打号处（通常在体侧或臀部平坦处）尽量用刷子清理干净，用酒精湿润后，把已降温的字码按压在该处。冷冻打号时，肉牛不感到痛苦，容易获得清晰的字迹。缺点是操作烦琐，成本较高。

3. 分栏分群

肉用犊牛大都随母哺乳，一般不需要分群管理。少数来源于奶牛场淘汰的公犊，在采用人工哺乳方法时，应按年龄分群分栏饲养，以便喂奶与补饲管理。

4. 防暑防寒

冬季天气严寒、风大，特别是在我国北方地区，恶劣的气候条件对肉牛影响很大，要注意人工饲喂犊牛舍的保暖，防止穿堂风。若是水泥或砖石地面，应多铺垫麦秸、锯末等较为松软的垫料，舍温不可低于0℃（没有穿堂风，可不低于-5℃），防止冻伤。夏季炎热季节，运动场内应有凉棚等防暑设置，让肉牛乘凉休息，防止发生中暑。

5. 刷拭

犊牛基本上在舍内饲养，其皮肤易被粪便及尘土所黏附，形成脏污不堪的皮垢，这样不仅降低皮毛的保温与散热能力，也会使皮肤血液循环受阻，容易患病。所以，刷拭牛体很有必要。每日应至少刷拭1次牛体，保持犊牛身体干净清洁。

6. 运动

运动对促进犊牛的采食量和健康发育都很重要。随母哺乳的犊牛，3周龄后，可安排跟随母牛放牧。人工哺乳的犊牛，应安排适当的运动场。犊牛从生后8~10日龄起，即可开始在犊牛舍外的运动场做短时间的自由运动，以后逐渐延长运动时间。如果犊牛出生在温暖的季节，开始运动日龄还可早些。活动时间的长短，应根据气候及犊牛日龄来掌握，冬天气温低的地方及雨天，不要使1月龄以下的幼犊到室外活动，防止受寒后应激发生疾病。

7. 消毒防疫

要及时打扫牛舍，保持舍内清洁卫生。犊牛舍或犊牛栏要定期进行消毒，可用2%氢氧化钠溶液进行喷洒，同时用高锰酸钾液冲洗饲槽、水槽及饲喂工具。对于犊牛，还应根据当地疫病特点，及时进行防疫注射，防止发生传染性疾病。

8. 建立档案

后备母犊应建立档案，记录其系谱、生长发育情况（体尺、体重）、防疫及疫病治疗情况等。

三、繁殖母牛的饲养管理

肉用繁殖母牛也叫肉用基础母牛，主要包括我国地方品种的母牛、与国外优良品种父本杂交所得的肉用杂交母牛。对于规模化肉牛养殖场来说，规范的肉牛饲养管理对于提高肉牛养殖的经济效益有着重要的作用。肉用基础母牛的地位非常重要，对肉用基础母牛进行标准化饲养的目的是提高母牛的繁殖性能，从而保证犊牛的成活率，提高哺乳母牛的泌乳性能，使犊牛能够吃到充足的乳汁，对于提高犊牛的体质以及抵抗力十分重要。

（一）育成期母牛的饲养管理

育成期母牛是指刚断奶至配种前的母牛，这一时期的母牛在不同年龄阶段的生长特点不同，对营养的需求也不同。对于刚断奶的母牛来说，瘤胃的发育还不够健全，因此粗饲料的品种非常重要，主要以饲喂掺入优质青干草的青饲料为主。一般犊牛在 6 月龄时断奶,从 6~12 月龄为了满足营养的需求,不但要给予母牛优质的粗饲料,还要适当地补喂一些混合精料,以促进性成熟的发育,尤其是在冬春牧草缺乏的季节,营养不能满足的情况下,更要补喂精料,避免由于营养不良而导致性成熟推迟现象的发生。在育成牛生长到 13~18 月龄时,日粮的组成要以粗饲料为主,同时配合饲喂多汁饲料,比例约为日粮的 75%,另外 25% 为混合饲料,作用是补充能量和蛋白质不足。母牛在达到 19~24 月龄时已基本进行配种受胎的工作,此时的生长速度开始减慢,主要以饲喂优质粗饲料为主,精料可以选择不喂或者少量饲喂。

育成期母牛的饲养方式要因地制宜,可以选择放牧、舍饲或拴养,无论何种方式都要保证母牛在育成期有充足的运动量和光照时间,这对于提高母牛的体质和繁殖力很有帮助。在管理上应将育成牛与其他母牛分开饲养,每天都要对牛体进行刷拭 1~2 次,同时还要加强运动,以促进发育。育成期的母牛还处于生长发育的阶段,为了促进乳腺的发育,可以在早晚对乳房进行按摩,按摩时用热毛巾进行热敷。在育成后期要控制好母牛的体况,避免体况过肥,否则易导致母牛不孕。

(二) 妊娠期母牛的饲养管理

母牛在妊娠前期因胚胎的生长发育较为缓慢,对营养的需求量较少,所以此阶段不应给母牛提供过多的营养,保持妊娠母牛中等膘情即可。如果此时饲喂过量,易导致妊娠母牛体况过肥,不利于胎儿的发育,还易导致难产的发生。在妊娠后期,是胎儿生长发育的快速时期,此阶段应加强营养,为胎儿的生长发育提供营养,同时也为母牛产后泌乳贮备能量,因此要增加精料的饲喂量,并做好补饲的工作。在冬春季节如果母牛长期吃不到青草,会导致缺乏维生素 A,对胎儿的生长发育不利,此时要注意在日粮中添加营养性饲料添加剂,以补充营养的缺失。

妊娠母牛管理的目的是做好保胎工作,在饲喂时要禁止给妊娠母牛饲喂霉变的饲料,还要严禁饲喂酒糟等饲料,在冬季不可以给怀孕母牛饲喂冰冻饲料,饮用水的水温不能低于 10℃。母牛在妊娠期也要加强运动,充足的运动不但可以增加母牛的体质,还可促进胎儿的发育,防止难产,但是要注意在妊娠后期防止母牛运动过量,在运动时也要注意避免发生相互挤撞、猛跑现象,工作人员对待妊娠母牛不可粗暴。在分娩前要注意观察母牛的动态,准确掌握母牛分娩前的症状,做好接产的准备,以保证母牛能够安全生产。

(三) 哺乳期母牛的饲养管理

母牛在分娩后即进入哺乳期,母牛分娩后的护理工作非常重要,对母牛的繁殖性能影响很大,所以要做好接产工作以及产后的护理工作。在产前的半个月就要将母牛转入产房，让其提前适应环境，在分娩时要尽量让母牛自行生产，不可盲目助产，但是对于初产母牛以及产程较长、出现难产时则要及时地进行助产，以保证胎儿存活。母牛在生产后体力消耗较大，体液的损失也较大，此时要及时给母牛饮用麸皮食盐汤，以维持体内酸碱平衡，增加腹压，恢复体力。在母牛分娩后要注意观察母牛的状态，观察胎衣是否完全排出，对于没有完全排出的母牛要及时处理，如果24小时后胎衣还不排出则为胎衣不下，要对症进行治疗。产后还要观察母牛恶露的排出情况。

母牛在分娩后的最初几天消化机能还未恢复，所以要提供易于消化的日粮，粗饲料主要以优质干草为主，粗料的饲喂量要少，以后可以每天逐渐增加，3~4天后可转为饲喂正常日粮。注意母牛在恶露未排净前不可以饲喂过量的精料，否则会影响生殖器官的恢复以及产后发情。母牛在分娩后的2周内体质较弱，不可过度劳累，2周后随着泌乳量的增加，饲喂量要充足，并且粗饲料的种类要多样化，以保证营养充足、全面。母牛分娩的3个月后，泌乳量会下降，同时要减少混合精料的饲喂量。

四、肥育牛的饲养管理

（一）肥育方式

1. 肥育的概念

所谓肥育，就是使日粮中的营养成分高于肉牛本身维持和正常生长发育所需，让多余的营养以脂肪的形式沉积于肉牛体内，获得高于正常生长发育的日增重，缩短出栏年龄，达到肥育的目的。对于幼牛，其日粮营养应高于维持营养需要（体重不增不减、不妊娠、不产奶，维持牛体基本生命活动所必需的营养需要）和正常生长发育所需营养；对于成年牛，只要大于维持营养需要即可。

2. 肥育的核心

提高日增重是肉牛肥育的核心问题。日增重会受到不同生产类型、不同品种、不同年龄、不同营养水平、不同饲养管理方式的直接影响。同时，确定日增重的大小，也必须考虑经济效益、肉牛的健康状况等因素。过高的日增重，有时也不太经济。在我国现有生产条件下，最后3个月肥育的日增重，以1~1.5千克最为经济划算。

3. 肥育的方式

肉牛肥育方式的划分方法很多。按肉牛的年龄，可分为犊牛肥育、幼牛肥育和成年牛肥育；按肉牛的性别，可分为公牛肥育、母牛肥育和阉牛肥育；按肉牛肥育所采用的饲料种类，可分为干草肥育、秸秆肥育和糟渣肥育等；按肉牛的饲养方式，可分为放牧肥育、半舍半牧肥育和舍饲肥育；按肉牛肥育的时间，可分为持续肥育和吊架子肥育（后期集中肥育）；按营养水平，可分为一般肥育和强度肥育。生产上常用的划分方法主要还是以持续肥育和后期集中肥育为主。

（1）持续肥育　持续肥育是指在犊牛断奶后，立即转入肥育阶段，给以高水平营养进行肥育，一直到出栏体重时出栏（12~18 月龄，体重 400~500 千克）。使用这种方法，日粮中的精料可占总营养物质的 50% 以上，既可采用放牧加补饲的肥育方式，也可采用舍饲拴系肥育方式。持续肥育较好地利用了牛生长发育快的幼牛阶段，日增重和饲料利用率高，生产的牛肉鲜嫩，品质仅次于小白牛肉，而成本较犊牛肥育低，是一种很有推广价值的肥育方法。

（2）后期集中肥育　后期集中肥育是在犊牛断奶后，按一般饲养条件进行饲养，达到一定年龄和体况后，充分利用肉牛的补偿生长能力，利用高能量日粮，在屠宰前集中 3~4 个月的时间进行强度肥育。这种方法适用于 2 岁左右未经肥育或不够屠宰体况的肉牛，对改良牛肉品质、提高肥育牛经济效益有较明显的作用。但若吊架子阶段较长，肌肉生长发育过度受阻，即使给予充分饲养，最后的体重也很难与合理饲养的肉牛相比，而且胴体中骨骼、内脏比例大，脂肪含量高，瘦肉比例较小，肉质欠佳，所以，这种方法有时也很不合算。

虽然肉牛的肥育方式较多，划分方法各异，但在实际生产中，往往是各种肥育类型相互交叠应用。这里按肉牛年龄阶段不同，讲述肉牛的具体肥育技术体系。

（二）犊牛肥育

将犊牛进行肥育，是指用较多数量的奶饲喂犊牛，并将哺乳期延长到 4~7 月龄，断奶后即可屠宰。肥育的犊牛肉，粗蛋白比一般牛肉高 63%，脂肪低 95%，犊牛肉富含人体所必需的各种氨基酸和维生素。因犊牛年幼，其肉质细嫩，肉色全白或稍带浅粉色，味道鲜美，带有乳香气味，故有"小白牛肉"之称，其价格高出一般牛肉 8~10 倍。

小牛肉的生产，在荷兰较早，发展很快，其他如欧共体、德国、美国、加拿大、澳大利亚、日本等也都在生产，现已成为大宾馆、饭店、餐厅的抢手货，成为一些国家出口创汇和缓解牛奶生产过剩、有效利用小公牛的新途径。在我国，进行小白牛肉生产，可满足星级宾馆、高档饭店对高档牛肉的需要，是一项具有广阔发展前景的产业。

1. 犊牛在肥育期的营养需要

犊牛肥育时，由于其前胃正在发育过程中，消化粗饲料的能力十分有限，因此，对营养物质的要求比较严格。初生时所需蛋白质全为真蛋白质，肥育后期真蛋白质仍应占粗蛋白质的 90% 以上，消化率应达 87% 以上。

2. 犊牛肥育方法

肥育犊牛品种，应选择夏洛来、西门塔尔、利木赞或黑白花等优良公牛与本地母牛杂交改良所生的杂种犊牛。优良肉用品种、肉乳兼用和乳肉兼用品种犊牛，均可采用这种肥育方法生产优质牛肉。但由于代谢类型和习性不同，乳用品种犊牛在肥育期较肉用品种犊牛的营养需要高约10%，才能取得相同的增重；而选作肥育用的奶牛公犊，要求初生重大于40千克，还必须健康无病、头方嘴大、前管围粗壮、蹄大坚实。

（1）优等白肉生产　初生犊牛，采用随母哺乳或人工哺乳方法饲养，保证及早和充分吃到初乳；3天后，完全人工哺乳；4周前，每天按体重的10%～12%喂奶；5～10周龄时，喂奶量为体重的11%；10周龄后，喂奶量为体重的8%～9%。

优等白肉生产，单纯以奶作为日粮，适合犊牛的消化生理特点。在幼龄期，只要注意温度和消毒，特别是喂奶速度要合适，一般不会出现消化不良等问题。但在15周龄后，由于瘤胃发育、食管沟闭合不如幼龄牛，更须注意喂奶速度要慢一些。从开始人工喂奶到肉牛出栏，喂奶的容器外形与颜色必须一致，以强化食管沟的闭合反射。发现粪便异常时，可减少喂奶量，掌握好喂奶速度。恢复正常时，逐渐恢复喂奶量。为抑制和治疗痢疾，可在奶中加入适量抗生素，但在出栏前5天，必须停止使用，防止牛肉中有抗生素残留。5周龄以后采取拴系饲养。一般饲养120天，体重达到150千克即可出栏。肥育方案见表6-4。

表6-4　利用荷斯坦公犊全乳生产白肉方案

周龄	体重（千克）	日增重（千克）	日喂奶量（千克）	日喂次数
0～4	40～59	0.6～0.8	5～7	3～4
5～7	60～79	0.9～1.0	7～8	3
8～10	80～100	0.9～1.1	10	3
11～13	101～132	1.0～1.2	12	3
14～16	133～157	1.1～1.3	14	3

（2）一般白肉生产　单纯用牛奶生产"白肉"成本太高，为节省成本，可用代乳料饲喂2月龄以上的肥犊。但用代乳料会使肌肉颜色变深，所以，代乳料的组成，必须选用含铁低的原料，并注意粉碎的细度。犊牛消化道中缺乏蔗糖酶，淀粉酶量少且活性低，故应减少谷实用量，所用谷实最好经膨化处理，以提高消化率、减少拉稀等消化不良现象发生。选用经乳化的油脂，以乳化肉牛脂肪（经135℃以上灭菌）效果最好。代乳料最好煮成粥状（含水80%～85%），待温

度达到40℃时饲喂。若出现腹泻或消化不良，可加喂多酶、淀粉酶等进行治疗，同时适当减少喂料量。用代乳料增重效果不如全乳。饲养方案见表6-5，代乳料配方见表6-6。

表6-5 用全乳和代乳料生产白肉的饲养方案

周龄	体重（千克）	日增重（千克）	日喂奶量（千克）	日代乳料（千克）	日喂次数
0~4	40~59	0.6~0.8	5~7	—	3~4
5~7	60~77	0.8~0.9	6	0.4（配方1）	3
8~10	77~96	0.9~1.0	4	1.1（配方1）	3
11~13	97~120	1.0~1.1	0	2.0（配方2）	3
14~17	121~150	1.0~1.1	0	2.5（配方2）	3

表6-6 生产白肉的代乳料配方 （%）

配方号	熟豆粕	熟玉米	乳清粉	糖蜜	酵母蛋白粉	乳化脂肪	食盐	磷酸氢钙	赖氨酸	蛋氨酸	多维	微量元素	鲜奶香精或香兰素
1	35	12.2	10	10	10	20	0.5	2	0.2	0.1	适量	适量	0.01~0.02
2	37	17.5	15	8	10	10	0.5	2	0	0			

说明：两配方的微量元素不含铁。

肥育期间，日喂3次，自由饮水，夏季饮凉水，冬春季饮温水（20℃左右），要严格控制喂奶速度、奶的卫生与温度，防止发生消化不良。若出现消化不良，可酌情减少喂料量，适当进行药物治疗。应让犊牛充分晒太阳和运动，若无条件进行日光浴和运动，则每天需补充维生素D 500~1 000单位。饲养至5周龄后，应拴系饲养，尽量减少犊牛运动。根据季节特点，做好防暑保温。经180~200天的肥育，体重达到250千克时，即可出栏。因出栏体重小，提供净肉少，所以，"白肉"投入成本高，市场价格昂贵。

处于强烈生长发育阶段的育成牛，肥育增重快、肥育周期短、饲料报酬高，经过直线强度肥育后，牛肉鲜嫩多汁、脂肪少、适口性好，同样也是高档产品。只要对育成牛进行合理的饲养管理，就可以生产大量仅次于"小白牛肉"、品质优良、成本较低的"小牛肉"。所以，生产上更多的是利用育成牛进行肥育。

（三）育成牛肥育

1. 育成牛肥育期营养需要

育成牛体内沉积蛋白质和脂肪能力很强，充分满足其营养需要，可以获得较大的日增重。肉牛育成牛的营养需要见表6-7。

表6-7　肉牛去势育成牛肥育期每日营养需要

体重（千克）	日增重（千克）	干物质（千克）	粗蛋白（克）	钙（克）	磷（克）	综合净能（兆焦）	胡萝卜素（毫克）
150	0.9	4.5	540	29.5	13.0	21.1	25
	1.2	4.9	645	37.5	15.5	26.3	27
200	0.9	5.3	600	30.5	14.5	25.9	29.5
	1.2	6.0	700	38.5	17.0	32.3	33
250	0.9	6.1	650	31.5	16.0	31.4	33.5
	1.2	6.9	755	39.5	18.5	39.1	37.5
300	0.9	6.9	700	32.5	17.5	37.0	37.5
	1.2	7.8	805	40.0	20.0	46.0	43
350	0.9	7.6	750	33.5	19.0	42.1	41.5
	1.2	8.7	855	41.0	21.5	52.3	48.0
400	0.8	8.0	765	32.0	19.5	44.3	44.0
	1.0	8.6	830	37.0	21.0	58.7	47.0
450	0.7	8.3	775	31.0	20.5	45.9	45.5
	0.9	8.9	845	35.5	22.0	51.9	49.2

2. 育成牛肥育方法

（1）幼龄强度肥育周岁出栏模式　犊牛断奶后立即肥育，在肥育期给予高营养，使日增重保持在1.2千克以上，周岁体重达400千克以上，结束肥育。

肥育时，采用舍饲拴系饲养，不可放牧，原因是放牧行走消耗营养多，日增重难以超过1千克。肥育牛定量喂给精料和主要辅助饲料，粗饲料不限量，自由饮水，尽量减少运动、保持环境安静。肥育期间，每月称重，根据体重变化，适当调整日粮。气温低于0℃和高于25℃时，气温每升高或降低5℃，应加喂10%的精料。公牛不必去势直接肥育，可利用公牛增重快、省饲料的特点，获得更好的经济效益，但应远离母牛，以免被异性干扰，降低肥育效果。若用育成母牛肥育，日粮需要量较公牛多20%左右，可获得相同日增重。

对乳用品种育成公牛作强度肥育时，可以得到更大的日增重和出栏重。但乳用品种牛的代谢类型不同于肉用品种牛，每千克增重所需精料量较肉用品种牛高10%以上，并且必须在高日增重下，牛的膘情才能改善（即日增重应在1.2千克以上）。

用强度肥育法生产的牛肉，肉质鲜嫩，投入成本较犊牛肥育法较低，每头牛提供的牛肉比肥育犊牛增加40%~60%，因此，强度肥育育成牛，是经济效益最大、采用最为广泛的肥育方法。但此法消耗精料较多，适宜在饲料资源丰富的地方应用。

（2）一岁半出栏或两岁半出栏模式　将犊牛自然哺乳至断奶，然后充分利用青草及农副产品，饲喂到 14~20 月龄，体重达到 250 千克以上，进入肥育期。经 4~6 个月肥育，体重达 500~600 千克时出栏。肥育前，利用廉价饲草，使牛的骨架和消化器官得到较充分发育；进入肥育期后，对饲料品质的要求较低，从而使肥育费用减少，而每头牛提供的肉量却较多。此法粮食用量少、经济效益好、适应范围广，是一种普遍采用的肥育方法。

我国大部分地区越冬饲草比较缺乏，而大部分牛都在春季产犊，一岁半出栏与两岁半出栏相比较，由于前者少养一个冬季，能减少越冬饲草的消耗量，并且生产的牛肉质量较好，效益也较好，所以前者更受欢迎。但在饲料质量不佳、数量不足的地区，犊牛的生长发育受饲料限制，所以，这些地区只能采用两岁半出栏的肥育方法。

在华北山区，一岁半出栏比两岁半出栏体重虽低 60 千克，多消耗精料 160千克，但却少消耗 880 千克干草和 1 100 千克青草，且能节省一年的人工和各种设施消耗，在相同条件下，一岁半出栏的生产周转效率高于两岁半出栏 60% 以上，因此，一岁半出栏的总体效益会更好一些。

育成牛可采用舍饲与放牧两种肥育方法。放牧时，利用小围栏全天放牧，就地饮水和补料，这样能避免放牧行走消耗营养而使日增重降低。放牧回圈后，不要立即补料，待数小时后再补，以免减少采食量。气温高于 30℃ 时可早晚和夜间放牧。舍饲肥育以日喂 3 次效果较好。

第三节　肉牛的放牧肥育

放牧肥育是指从犊牛到出栏牛，完全采用草地放牧而不补充任何饲料的肥育方式，也称草地畜牧业。这种肥育方式适于人口较少、土地充足、草地广阔、降雨量充沛、牧草丰盛的牧区和部分半农半牧区。例如新西兰肉牛肥育以这种方式为主，一般自出生到饲养至 18 个月龄，体重达 400 千克便可出栏。

一、品种和选择

地区不同，适合放牧的肉牛品种选择不同；品种选择不同，带来的效益不同。可以放牧的肉牛品种很多，主要根据地区来决定。

南方地区可以放牧的肉牛品种：西门塔尔牛杂交一代、西门塔尔牛杂交二代、利木赞牛、改良黄牛、杂交黄牛，以上品种都可以作为放牧饲养的肉牛品种。

北方地区可以放牧的肉牛品种主要有：利木赞牛、改良黄牛、西门塔尔牛杂交一代、西门塔尔牛杂交二代。北方地区放牧条件有限，天气冷，可利用食物少，杂交黄牛生长缓慢，在北方地区，体重较小的肉牛出售时候也比较困难，销售价格也上不去，所以不建议选择杂交黄牛。

二、放牧前的准备工作

1. 牛群准备

整群，按年龄、性别和生理状况的相近性进行组群，防止大欺小、强欺弱的现象发生。修蹄，去角，驱除体内、外寄生虫。对年龄超过 12 月龄的公牛去势，检查体膘和进行称重。

2. 放牧设施的准备

在放牧季节到来之前，要检修营房、棚圈及篱笆，确定和修整水源、饮水设施和临时休息点，修整放牧道路。

3. 从舍饲到放牧的过渡

牛从冬春舍饲到放牧管理要逐步进行，一般要有 7~8 天的过渡期。即当牛被赶到草场放牧以前，要用秸秆、干草、青贮或黄贮预饲。日粮要含有 17% 以上的纤维素饲料。如果冬季日粮中多汁饲料很少，要适当延长过渡期至 10~14 天。第一天放牧 2~3 小时，到过渡期末增加到 12 小时/天。在过渡期，为了预防青草抽搐症，除了注意一般的营养水平外，还要注意镁的供应。放牧前的 15~20 天以及放牧后的 30~90 天，要在混合饲料中添加醋酸（盐），每头 500 毫升（克）。由于牧草中钾多钠少，要保证食盐供应，使钠钾比维持在 0.4~0.5。供食盐的办法，除配合在精料中外，还需在牛站立和饮水的地方，设置盐槽，供牛舔食。

三、放牧方法和组织

固定放牧，春季将牛群赶进牧场，直到秋季归牧，一直固定在一个草场。这是一种粗放的管理方法，不利于牧草生长，容易产生过牧，加上牛群践踏，植被很难恢复，本方法适用于载畜量小的草场。划区轮牧，一般和围栏相配合，即用电网、刺篱、铁丝、木条等将草场分为若干个小区，按照 21~28 天的间隔周期进行轮牧。对不轮牧的小区进行割草或调制干草（供冬天用），此法草地可以得到休息、减少践踏，增加牧草恢复生长的机会，提高了草场的利用率。采用划区轮牧，一般草场每季可轮牧 4~6 次，差的可轮牧 2 次。为了加速牧草萌生，每亩（667 米²）地需施氮 25 千克，磷 7 千克。条牧，是在固定围栏中，用移动式电围栏隔成一个长条状的小区，每天移动电围栏一次，更换下一个小区。条牧比一般轮牧能更加提高草场利用率，适合于较好的草地。

根据各地气候和植物生长条件，可以将草场划分为三季牧场和四季牧场。春季牧场（2—4月份），此时气候变化大，有些地方仍是天寒地冻、草木不生。应尽量管理草场、增施化肥、引水灌溉，以期牧草萌芽和生长。要在靠近农场（村庄）的山谷坡地、丘陵和避风向阳、牧草萌生较早地段进行短期放牧，但大部分时间应对牛进行舍饲。夏季牧场（5—7月份），气候由冷变暖，后期炎热。牧草萌发、生长、枯萎、结实，是放牧的黄金时期。应选择地势高、通风、凉爽、蚊蝇较少，并有充足水源的地区。可以充分利用此期的优势，进行全天放牧。秋季牧场（8—10月份），划分条件一般和春季牧场相同。牛群从高山或边远的春季牧场归来，很自然是以山腰为牧场。对于牛群抓秋膘和安全过冬等极为重要。因此，牧草要丰茂、饮水方便，并设补饲槽。冬季牧场（11月份至翌年元月份），此时天寒草枯，牧草质劣、量少，一般应增加10%~25%面积作为后备牧场。应选择距居民点和牛群棚圈较近、避风、向阳的低洼地，牧草生长好的山谷、丘陵山坡或平坦地段，即小气候好、干燥而不易积雪。在牧草不均匀或质量差的草地上放牧，还可留一些高草或灌木区，以备大雪时其他牧草封盖时急用。

冷季放牧要特别注意棚圈建设。棚圈要向阳、保暖、小气候环境好。牛只进棚圈前，要进行清扫、消毒，搞好防疫卫生。要种植供冷季补饲的草料，及早进行补饲。补饲原则是膘差的牛多补，冷天多补，暴风雪天全日补饲。暖季应给牛补饲食盐、钾盐和镁盐。可在棚圈、牧地设盐槽，供牛舔食。

四、异地肥育

为了提高牛肉的产量和质量，可以在精料供应方便的地方建设肉牛肥育场。将达到一定体重的放牧牛集中进行2~3个月的短期肥育。肥育前要按体重大小组群、驱虫、去势和去角。并按体重大小、日增重多少选择和配合日粮。每天饲喂2~3次，并采用先粗后精的饲喂顺序和少喂勤添的方法以提高牛的采食量以及对饲料营养物质的消化利用率，实现预期的增重指标。

第四节　肉牛肥育

一、架子牛肥育

（一）架子牛的选择

1. 美国架子牛的分级

为了准确地判断架子牛的特性，USDA修订了架子牛等级标准，新的等级评定标准的目的是能够较准确地判断架子牛的特性，对肉牛业提供如下好处：作为买卖双方市场议价的基础；便于架子牛的分群；便于架子牛市场的统计，新的标准把架子牛大小和肌肉厚度作为评定等级的两个决定因素。

架子牛共分为3种架子10个等级，即大架子1级、大架子2级、大架子3级；中架子1级、中架子2级、中架子3级；小架子1级、小架子2级、小架子3级和等外。具体要求如下。

大架子：要求有稍大的架子，体高且长，健壮。

中架子：要求有稍大的架子，体较高且稍长，健壮。

小架子：骨架较小，健壮。

1级：要求全身的肉厚，脊、背、腰、大腿和前腿厚且丰满。四肢位置端正，蹄方正，腿间宽，优质肉部位的比例高。

2级：整个身体较窄，胸、背、脊、腰、前后腿较窄，四肢靠近。

3级：全身及各部位厚度均比2级要差。

等外：因饲养管理较差或发生疾病造成不健壮牛只属此类。

2. 架子牛选择的原则

在我国的肉牛业生产中，架子牛通常是指未经肥育或不够屠宰体况的牛，这些牛常需从农场或农户选购至肥育场进行肥育。

选择架子牛时要注意选择健壮、早熟、早肥、不挑食、饲料报酬高的牛。具体操作时要考虑品种、年龄、体重、性别和体质外貌等，同时要进行价格核算。

（1）品种、年龄 在我国最好选择夏洛来牛、利木赞牛、皮埃蒙特牛、西门塔尔牛等肉用或肉乳兼用公牛与本地黄牛母牛杂交的后代，也可利用我国地方黄牛良种，如晋南黄牛、秦川牛、南阳黄牛和鲁西黄牛等。年龄最好选择1.5~2岁或15~21月龄。

（2）性别 如果选择已去势的架子牛，则早去势为好，3~6月龄去势的牛可以减少应激，加速头、颈及四肢骨骼的雌化，提高出肉率和肉的品质，但公牛的生长速度和饲料转化率优于阉牛，且胴体瘦肉多，脂肪少。

（3）体质外貌 在选择架子牛时，首先应看体重，一般情况下1.5~2岁或15~21月龄的牛，体重应在300千克以上，体高和胸围最好大于其所处月龄发育的平均值。另有一些性状不能用尺度衡量，但也很重要，如毛色、角的状态、蹄、背和腰的强弱、肋骨开张程度、肩胛等。一般的架子牛有如下规律：四肢与躯体较长的架子牛有生长发育潜力，若幼牛体型已趋匀称，则将来发育不一定好；十字部略高于体高，后肢飞节高的牛发育能力强；皮肤松弛柔软、被毛柔软密致的牛肉质良好；发育虽好，但性情暴躁，神经质的牛不能认为是健康牛，这样的牛难于管理。

（4）价格核算 牛的成本，除去牛的本身价格，还应包括各种税收、交易手续费、出境费用、运输费用、运输损失等。收购前，要逐项了解和估算，测算肥育过程中费用、屠宰后费用及出售产品后的收入，确定收购牛的最低价格。

3. 架子牛运输注意事项

（1）疫病流行和计划免疫调查 从外地购牛时，首先要了解产地有无疫情，并作检疫。重点调查牛口蹄疫、黏膜病毒病、结核病、布氏杆菌病、焦虫病等流行情况，计划免疫情况，确认无疫情时方可购买。

（2）养殖环境调查 了解牛只原产地的气温、饲草料品种、饲料质量、气候等环境因素，做好与养殖地情况对比。一般宜从气温较高或过低、饲草料条件较差的产地调入，可以使牛只较快适应环境。

（3）科学选择调运季节和气候 环境变化、气候差异，常使牛的应激反应增强。长途运输引种时，宜选择春秋2季、风和日丽天气进行。冬夏2季运输牛群时，要做好防寒保暖和降暑工作。从北方向南方运牛应在秋冬2季进行，从南方向北方运牛应在春夏2季进行。密切注意天气预报，根据合适的气候情况决定运输时间。

（4）运输工具 为安全运输工作，运输肉牛的汽车高度不要低于140厘米，装车不要太拥挤，肉牛少时，可用木杆等拦紧，减少开车和刹车时肉牛站不稳引发事故。一般大牛在前排，小牛在后排，若为铁板车厢时，应铺垫锯末、碎草等防滑物质。装车前不饲喂饼类、豆科草等易发酵饲料，少喂精料，肉牛半饱，饮水适当。车速合理、匀速。转弯和停车均要先减速。运输中检查，1次/小时，将躺下的牛赶起，防止被踩。肉牛运动超过10小时路途时，应中间休息1次，给牛饮水。夏季白天运牛要搭凉棚，冬天运牛要有挡风。

（二）架子牛肥育技术

架子牛宜采用后期集中肥育法。后期集中肥育有放牧加补饲法，秸秆加精料类型的舍饲肥育、青贮料日粮类型舍饲肥育及酒糟日粮类型舍饲肥育方法。

1. 放牧加补饲肥育

此方法简单易行，以充分利用当地资源为主，投入少，效益高。我国牧区、山区可采用此法。对6月龄未断奶的犊牛，7～12月龄半放牧半舍饲，每天补饲玉米0.5千克、生长素20克、人工盐25克、尿素20克，补饲时间在20点以后。13～15月龄放牧，16～18月龄经驱虫后进行强度肥育，整天放牧，每天补饲混合精料1.5千克、尿素40克、生长素40克、人工盐25克，另外适当补饲青草或青干草。

一般青草期肥育牛日粮，按干物质计算，料草比为1∶（3.5～4），饲料总量为体重的2.5%，青饲料种类应在2种以上，混合精料应含有能量、蛋白质饲料和钙、磷、食盐等。每千克混合精料的养分含量为：干物质 894 克，增重净能 1 089 兆焦、粗蛋白质 164 克、钙 12 克、磷 9 克。强度肥育前期，每头牛每天喂混合精料 2 千克，后期喂 3 千克，精料日喂 2 次，粗料补饲 3 次，可自由进食。我国北方省份 11 月份以后，进入枯草季节，继续放牧达不到肥育的目的，应转入舍内进行全舍饲肥育。

2. 处理后的秸秆+精料

农区有大量作物秸秆，是廉价的饲料资源。秸秆经过化学、生物处理后提高其营养价值，改善适口性及消化率。秸秆氨化技术在我国农区推广范围最大，效果较好。经氨化处理后的秸秆粗蛋白可提高 1~2 倍，有机物质消化率可提高 20%~30%，采食量可提高 15%~20%。以氨化秸秆为主加适量的精料进行肉牛肥育，各地都进行了大量研究和推广。

氨化麦秸加少量精料即能获得较好的肥育效果。且随精料量的增加，氨化麦秸的采食量逐渐下降，日增重逐渐增加。精料可使用玉米 60%，棉籽饼 37%，石粉 1.5% 和食盐 1.5%。

3. 青贮饲料+精料

在广大农区，可作青贮用的原料易得。有资料显示，我国有可供青贮用的农作物副产品 10 亿吨以上，用于青贮的只有很少部分。若能提高到 20%，则每年可节省饲料粮 3 000 万吨。青贮玉米是肥育肉牛的优质饲料。试验证实，完熟后的玉米秸，在尚未成枯秸之前青贮保存，仍为饲喂肉牛的优质粗料，加饲一定量精料进行肉牛肥育仍能获得较好的增重效果。

方案 1：以青贮玉米秸秆为主要粗饲料进行肉牛后期集中肥育。其日粮组成：青贮玉米秸秆 55.56%、酒糟 10.66%、混合精料 33.78%。

方案 2：在以青贮玉米秸秆为主要粗饲料进行架子牛肥育，自由采食青贮玉米秸秆，每天每头喂占体重 1.6% 的精料。精料组成：玉米 43.9%、棉籽饼 25.7%、麸皮 29.2%、石粉 1.2%、另加食盐。

方案 3：使用青贮玉米秸秆自由采食，每天每头架子牛喂精料 5 千克。精料组成：玉米 53.03%，棉籽饼 16.1%，麸皮 28.41%，石粉 1.51%，食盐 0.95%。

4. 糟渣类饲料+精料

糟渣类饲料包括酿酒、制粉、制糖的副产品，其大多是提取了原料中的碳水化合物后剩下的多水分的残渣物质。这些糟渣类下脚料，除了水分含量较高（70%~90%）之外，粗纤维、粗蛋白、粗脂肪等的含量都较高，而无氮浸出物含量低，其粗蛋白质占干物质的 20%~40%。属于蛋白质饲料范畴，虽然粗纤维含量较高（多在 10%~20%），但其各种物质的消化率与原料相似，故按干物质计算，其能量价值与糠麸类相似。

啤酒糟肥育架子牛配方见表6-8、表6-9。

表6-8 啤酒糟肥育架子牛配方（一）

饲料种类	前期	中期	后期
玉米	13	30	47
大麦	10	10	15
麸皮	10	10	5
棉籽饼	10	8	6
啤酒糟	25	20	10
粗料	30	20	15
食盐	0.5	0.5	0.5
矿物质添加剂	1.5	1.5	1.5

表6-9 啤酒糟肥育架子牛配方（二）

饲料种类	前期	中期	后期
玉米	25	44	59.5
麸皮	4.5	8.5	7
棉籽饼	10	9	3.5
石粉	0.5	0.5	—
白酒糟	49	28	21
玉米秸粉	11	10	9

肥育牛精饲料的给量为每天每头架子牛1.5千克/100千克体重。此外，在肉牛饲料中添加0.5%碳酸氢钠，每天每头喂2万单位维生素A、50克食盐。饲喂酒糟时保证优质新鲜。如在肥育过程中出现湿疹、膝部球关节红肿与腹部膨胀等症状，应暂停喂酒糟，适当调整饲料，以调整其消化机能。

二、老龄牛肥育

老龄牛肥育通常是指役用牛、奶牛和肉牛群中淘汰牛的肥育。此类牛一般年龄较大，体况不佳，不经肥育直接屠宰时产肉率低，肉质差，效益低。经短期集中肥育，不仅可提高屠宰率、产肉量及经济效益，而且可以改善肉的品质和风味。

老龄牛由于早已停止生长发育，所以在肥育过程中，主要是增加脂肪，故营养供应以能量为主，蛋白质含量不宜过高。饲料组成以碳水化合物含量高的原料为主，用当地价格低廉的粗饲料及糟粕类饲料，适当搭配精料，以达到沉积脂肪、提高增重和屠宰率的目的。

肥育前要进行全面检查，将患消化道疾病、传染病及过老、无齿、采食困难的牛只剔除，这类牛达不到肥育效果。公牛应在肥育前 20 天去势，母牛可配种使其怀孕，避免发情影响增重。

对于膘情很差的牛，可先复壮，如每日喂米汤 0.5~1 千克，连喂 15 天左右；或用中药黄精 60 克、薏米 60 克、沙参 50 克，共研末，掺入饲料中喂服，每日 1 剂，连服 1 周。同时让其逐渐适应肥育日粮，避免发生消化道疾病。有放牧条件可先放牧，利用青草使牛复膘，然后再用肥育日粮肥育。

肥育期一般为 90 天左右，也可分 3 个阶段，第一阶段 20 天左右，要驱虫健胃，并适应肥育用日粮和环境条件；第二阶段 40~50 天，牛食欲好，增重快，要增加饲喂次数，尽量设法提高采食量；第三阶段 20~30 天，牛食欲可能有所下降，要少给勤添，提高日粮营养浓度。可参考使用下列成年肥育牛以玉米青贮为主的日粮配方（表6-10）。其中玉米青贮必须铡短，节结压碎。混合精料配方可参考：玉米 72%、棉饼 15%、麸皮 10%、尿素 1%、添加剂 2%。

表6-10　以玉米青贮为主的日粮配方（千克）

饲料	第一阶段	第二阶段	第三阶段
玉米青贮	40	45	40
干草	4	4	4
麦秸	4	4	4
混合精料	—	1.5	2
食盐	0.04	0.04	0.04
微量元素	0.05	0.05	0.05

另外，酒糟、甜菜渣等均是成年牛肥育的好饲料，适当搭配精料，补喂食盐，日增重均可达 1 千克以上。

三、乳用品种小公牛肥育

（一）哺乳期的饲养管理

为了降低生产成本，采用低奶量短期哺乳法。公犊的哺乳期为 3 周，1~3 日龄每天喂初乳 5~6 千克，以后改为常乳。4~7 日龄喂 4~5 千克，8~14 日龄喂 3~4 千克，15~21 日龄喂 2~3 千克。从 5 日龄开始训练犊牛吃料（代乳料），由熟到生，逐渐增多。并从 10 日龄起训练采食植物性饲料，由嫩草、青草过渡到优质干草、青贮饲料。代乳料可以自配，配方可参考：玉米 40%、小麦 20%、豆饼 20%、麸皮 18%、碳酸氢钙 1%、食盐 1%，另外添加适量维生素和微量元素。

（二）断奶后的饲养管理

60 日龄将粥状熟代乳料混成粥状生代乳料。90 日龄改粥状代乳料为精料拌草。粗饲料包括青干草、青贮饲料和鲜草等，自由采食。管理上加强犊牛运动，接受阳光照射，定期消毒栏舍，供给充足饮水。

（三）强度肥育

对乳用品种青年公牛作强度肥育时，可得到更大的日增重和出栏重。但乳用品种牛的代谢类型不同于肉用品种，每千克增重所需精料较肉用品种高 10% 以上，并且必须在日增重高于 1.2 千克以上，牛的膘情才能改善。参考肥育方案见表 6-11。

表 6-11　乳用青年公牛强度肥育日粮方案

月龄	体重（千克）	日增重（千克）	不同粗饲料的配合精料量（千克）		
			青草和作物青刈	干草、谷草、玉米秸、氨化秸秆	麦秸、稻草、豆秸
7	180~216	1.2	3	3.3	3.9
8	216~252	1.2	3.2	3.6	4.2
9	252~288	1.2	3.4	3.9	4.6
10	288~324	1.2	3.6	4.2	5
11	324~360	1.2	3.7	4.4	5.3
12	360~400	1.2	3.9	4.6	5.7

四、小白牛肉与小牛肉生产

肉用公犊和淘汰母犊是生产小白牛肉和小牛肉的最好选材，但近年来，一些乳业发达的国家开始重视用乳用公犊生产小白牛肉和小牛肉，为乳用公犊的有效利用开辟了新途径。在我国目前的条件下，还没有专门化肉用品种，所以选择荷斯坦牛公犊，利用其前期生长速度快、肥育成本较低的优势生产小白牛肉，满足星级宾馆饭店对高档牛肉的需求，是一项具有广阔发展前景的产业。

（一）小白牛肉生产

所谓小白牛肉，是指犊牛生后 90~100 天、体重达到 100 千克左右、完全由乳或代用乳培育所产的牛肉。因饲料含铁量极少，故其肉为白色，肉质细嫩，味道为乳香味,十分鲜美。由于生产白牛肉不喂其他任何饲料,甚至连垫草也不让采食,因此饲喂成本高,但售价也高,其价格是一般牛肉价格的 8~10 倍。

1. 犊牛选择

选择初生重 40 千克以上,健康无病,表现头大嘴大,管围粗,身腰长,后躯方,无任何生理缺陷。

2. 肥育技术

出生后喂足初乳,实行人工哺乳,每日哺喂 3 次。喂完初乳后喂全乳或代乳粉,喂量随日龄增长而逐渐增加。平均日增重 0.8~1 千克,每增重 1 千克耗全乳 10~11 千克,成本很高。所以近年来用与全乳营养相当的代乳粉饲喂,每千克增重需 1.3~1.5 千克。严格限制代乳粉中的含铁量,强迫犊牛在缺铁条件下生长,这是小白牛肉生产的关键技术。

管理上采用圈养或犊牛栏饲养,每圈 10 头,每头占地 2.5~3 米²。犊牛栏全用木制,长 140 厘米,高 180 厘米,宽 45 厘米,底板离地高 50 厘米。舍内要求光照充足,通风良好,温度 15~20℃,干燥。小白牛肉生产方案见表 6-12。

表 6-12 小白牛肉生产方案 (千克)

日龄	期末增重	日喂乳量	日增重	需乳总量
1~30	40	6.4	0.8	192
31~45	56.1	8.3	1.07	133
46~100	103	9.5	0.84	513

(二) 小牛肉生产

犊牛出生后饲养至 7~8 月龄或 12 月龄以前,以乳为主,辅以少量精料培育,体重达到 300~350 千克所产的肉,称为"小牛肉"。小牛肉富含水分,鲜嫩多汁,含蛋白质多而脂肪少,肉质呈淡粉红色,胴体表面均匀覆盖一层白色脂肪,风味独特,营养丰富,人体所需的氨基酸和维生素齐全。

小牛肉生产时,喂 5~7 天初乳后喂常乳,1 月龄内可按体重的 8%~9%饲喂,7~10 天开始喂混合饲料,逐渐增加至 0.5~0.6 千克,粗饲料(青干草或青草)自由采食。1 月龄后日喂奶量基本保持不变,喂料量要逐渐增加,粗饲料仍自由采食,自由饮水,直到 6 月龄为止。可以在此阶段出售,也可以继续肥育至 7~8 月龄或 1 周岁出栏。下列小牛肉生产方案(表 6-13)可供借鉴。

表 6-13　小牛肉生产方案 　　　　　　　　　　　（千克）

周龄	始重	日增重	日喂乳量	配合饲料喂量	青干草
0~4	50	0.95	8.5	自由采食	自由采食
5~7	76	1.2	10.5	自由采食	自由采食
8~10	102	1.3	13	自由采食	自由采食
11~13	129	1.3	14	自由采食	自由采食
14~16	156	1.3	10	1.5	自由采食
17~21	183	1.35	8	2	自由采食
22~27	232	1.35	6	2.5	自由采食
合计			1 088	300	300

为节省用奶量，提高增重效果并减少疾病的发生，所用的肥育精饲料应具有热能高、易消化的特点，并可加入少量的抑菌制剂。可以采用下述饲料配方：玉米 60%、豆饼 15%、大麦 13%、油脂 10%、磷酸氢钙 1.5%、食盐 0.5%，冬、春季节每千克饲料中加入维生素 A 1 万~2 万单位。

5 月龄后拴系饲养，减少运动，但每天应晒太阳 3~4 小时。舍内温度保持在 18~20℃，相对湿度 80%以下。

第五节　高档牛肉生产技术

高档牛肉是指按照特定的饲养程序，在规定的时间完成肥育，并经过严格屠宰程序分割到特定部位的牛肉。我国的牛肉在嫩度上一直无法与猪、禽肉相比，这是因为我国没有专门化肉牛品种及真正的肉牛肉，牛肉普遍较老，不容易煮烂。随着我国引进世界上专门化的肉牛良种和肉牛培育技术，对地方品种黄牛进行杂交改良，对架子牛进行集中肥育饲养，肥育后送屠宰场屠宰，并按规定的程序进行分割、加工、处理。其中几个指定部位的肉块经过专门设计的工艺处理，这样生产的牛肉，不仅色泽、新鲜度上达到优质肉产品的标准，而且具有和优质猪肉相近的嫩度，受到涉外与星级宾馆餐厅的欢迎，被冠以"高档牛肉"的美称，以示与一般牛肉的区别。因此，高档牛肉就是牛肉中特别优质的、脂肪含量较高和嫩度好的牛肉，是具有较高的附加值、可以获得高额利润的产品。

一、肥育牛的条件

（一）品种

高档牛肉生产的关键之一是品种的选择。首先，要重视我国良种黄牛的培育，这是进行杂交改良、培育优质肉牛的基础。其次，要充分利用引进的良种，用来改良地方黄牛品种，生产杂种后代。

我国良种黄牛数量大、分布广，对各地气候环境条件有很好的适应性，各地养殖农户熟悉当地牛的饲养管理和习性。经过肥育的牛，多数肉质细嫩，肉味鲜美，皮肤柔韧，适于加工制革。主要缺点在于体型结构上仍然保持役用牛体型，公牛前躯发达，后躯较窄，斜尻，腿长，生长速度较慢，与当前肉用牛生产的要求不适应，需要引进国外肉牛良种进行杂交，改良体型，提高产肉性能，同时保持肉质细嫩的特点。

我国产肉性能较好的黄牛品种有蒙古牛、秦川牛、南阳牛、鲁西牛、晋南牛、武陵牛（长江以南的品种总称）。从国外引进的肉用牛与兼用牛有安格斯牛、海福特牛、夏洛来牛、利木赞牛、西门塔尔牛、短角牛及意大利的皮尔蒙特牛。

（二）年龄与性别

生产高档牛肉最佳的开始肥育年龄为 12~16 月龄，30 月龄以上不宜肥育生产高档牛肉。性别以阉牛最好，阉牛虽然不如公牛生长快，但其脂肪含量高，胴体等级高于公牛，而又比母牛生长快。

其他方面的要求以达到一般肥育肉牛的最高标准即可。

二、肥育期和出栏体重

生产高档牛肉的牛，肥育期不能过短，一般为 12 月龄牛 8~9 个月，18 月龄牛 6~8 个月，24 月龄牛 5~6 个月。出栏体重应达到 500~600 千克，否则胴体质量就达不到应有的级别，牛肉达不到优等或精选等级，故既要求适当的月龄，又要求一定的出栏体重，二者缺一不可。

三、饲养管理

（一）不同牛种对饲养管理的要求不同

地方良种黄牛如秦川牛、南阳牛、鲁西牛等，因为晚熟，生长速度较慢，但适应性强，可采取较粗放的饲养，1 岁左右的小架子牛可用围栏散养，日粮中多用青干草、青贮和切碎的秸秆。当体重长到 300 千克以上、体躯结构均匀时，逐渐增大混合精饲料的比重。

夏洛来、利木赞等品种牛与黄牛杂交的后代，生长发育较快，要求有质量较好的青、粗饲料。饲喂低质饲料往往严重影响牛的发育，降低后期肥育的效果。

（二）饲料

优质肉牛要求的饲料质地优良，各种精饲料原料如玉米、高粱、大麦、饼粕类、糠麸类须经仔细检查，不能潮湿、发霉，也不允许长虫或鼠咬，否则将影响牛的采食量和健康，精料加工不宜过细，呈碎片状有利于牛的消化吸收。

优质青、粗饲料包括正确调制的玉米秸青贮，晒制的青干草，新鲜的糟渣等。作物秸秆中豆秸、花生秧、干玉米秸等营养价值较高，而麦秸、稻草要求经过氨化处理或机械打碎，否则利用率很低，影响牛的采食量。若牧草丰茂的草地，小架子牛可以放牧饲养。

下列典型的日粮配方可供参考。

配方 1 （适用于体重 300 千克）：精料 4~5 千克/（天·头）（玉米 50.8%、麸皮 24.7%、棉粕 22%、磷酸氢钙 0.3%、石粉 0.2%、食盐 1.5%、小苏打 0.5%，预混料适量）；谷草或玉米秸 3~4 千克/（天·头）。

配方 2 （适用于体重 400 千克）：精料 5~7 千克/（天·头）（玉米 51.3%、大麦 21.3%、麸皮 14.7%、棉粕 10.3%、磷酸氢钙 0.14%、石粉 0.26%、食盐 1.5%、小苏打 0.5%，预混料适量）；谷草或玉米秸 5~6 千克/（天·头）。

配方 3 （适用于体重 450 千克）：精料 6~8 千克/（天·头）（玉米 56.5%、大麦 20.7%、麸皮 14.2%、棉粕 6.3%、石粉 0.2%、食盐 1.5%、小苏打 0.5%，预混料适量）；谷草或玉米秸 5~6 千克/（天·头）。

（三）管理

1. 保健与卫生

坚持防疫注射，新购入或从放牧转入舍饲肥育的架子牛，都要先进入专用观察圈驱除体内外寄生虫。根据需要对小公牛进行去势、去角、修蹄。经过检查，认为健康无病的年再进行编号、称重、登记入册，按体重大小和牛种分群，然后进入正式肥育的牛舍。

2. 圈舍清洁

影响圈舍清洁的主要因素是牛的排泄物，1 头体重 300~400 千克的牛每日排出粪尿 20~25 千克，粪尿发酵产生氨气，氨浓度过大会影响牛的采食量以及健康。此外，圈舍内每日尚有剩余的饲料残渣，必须坚持每日清扫。要保持圈舍干燥卫生，防止牛滑倒以及蚊蝇滋生和体内外寄生虫的繁殖传染。经常刷拭牛体，可促进血液循环，加速换毛过程，有利于提高日增重。

3. 饲料保存

为了保证饲料质量，保管是重要环节。精料仓库应做好防潮、防虫、防鼠、防鸟的工作，无论虫或鼠以及鸟粪的污染，都可能引入致病菌或病毒。一经发现，必须立刻采取清除、销毁或消毒等措施。青贮窖内防止长霉或发酵变质，干草及秸秆草堆则要做好通风、防雨雪的工作，避免干草受潮变质，更要注意防火。干草堆被雨雪淋湿后，可能发酵升温引起自燃。此外夏日暴晒，若通风不良，也可能自燃。

四、屠宰产品

（一）屠宰产品的构成

肉牛屠宰后产品的构成，见表6-14。

表6-14　肉牛屠宰后的产品构成　　　　　　　　　　　　　（%）

名称	百分比	名称	百分比
商品肉	45.4	可食部分	26.7
优质肉块	17.8	其中：血	3.2
一般肉块	27.6	骨	8.6
可利用部分	17.2	头、蹄	5.4
分割碎肉	5.3	皮	9.5
腹内脂肪	4.0	胃肠内容废弃物	10.7
内脏	7.9		

以上为肉牛屠宰后实测的结果。提高经济效益的潜力在于提高商品肉的产量，尤其是价值较高的优质切块部分。仔细分割切块，减少碎肉带来的损耗，开发内脏可食部分的产品（如牛百叶加工，牛肝、牛尾等的精制，碎肉与脂肪搅碎加工成半成品等）。此外，在规模扩大后建立血、骨、皮的初级加工厂或与专业的血粉厂、骨粉厂、皮革厂联合经营，将给肉牛生产带来更高的经济效益。

（二）胴体的构成

优质肉牛的屠宰率都较高，通常黄牛与引进肉牛种的杂种牛肥育后屠宰率约60%，可以得到较好的胴体。胴体分割肉产量中高档肉与优质切块肉的比重不仅是肥育效果好坏的标志，也是经济效益高低的决定因素。通常肉牛胴体构成比例见表6-15。

表6-15　肉牛胴体构成比例　　　　　　　　　　　　　（%）

名称	比例
高档肉	6~7
优质切块	24~25
一般肉	41~46
分割的碎块	9~10
骨	15~16

（三）胴体嫩化

牛经屠宰后，除去皮、头、蹄和内脏剩下的部分叫胴体。胴体肌肉在一定温度下产生一系列变化，使肉质变得柔软、多汁，并产生特殊的肉香，这一过程称为肉的"排酸"嫩化，也叫肉的成熟。

牛肉嫩度是高档与优质牛肉的重要质量指标。排酸嫩化是提高牛肉嫩度的重要措施，其方法是在专用嫩化间，温度 0~4℃，相对湿度 80%~85% 条件下吊挂 7~9 天（称吊挂排酸）。嫩化后的胴体表面形成一层"干燥膜"，羊皮纸样感觉，pH 值为 5.4~5.8，肉的横断面有汁流，切面湿润，有特殊香味，剪切值（专用嫩度计测定）可达到平均 3.62 千克以下。也可采用电刺激嫩化或酶处理嫩化。

（四）胴体分割包装

严格按照操作规程和程序，将胴体按不同档次和部位进行切块分割，精细修整。高档部位肉有牛柳、西冷和眼肉三块，均采用快速真空包装，每箱重量 15 千克，然后入库速冻，也可在 0~4℃ 冷藏柜中保存销售。

第七章　牛常见病防治技术

第一节　牛常见传染病的防治

一、结核病

牛结核病是由结核分枝杆菌引起的一种严重威胁人类健康和畜牧业健康发展的人畜共患慢性传染病，以组织器官的结核结节性肉芽肿和干酪样、钙化的坏死病灶为特征，奶牛最易感，水牛、黄牛、牦牛、鹿等多种动物也易感。我国将其列为二类动物疫病，世界动物卫生组织（OIE）将其列为必须报告的动物疫病。近年来，由于饲养量不断增长、异地调运频繁，牛结核病的防控形势不容乐观。为有效控制和净化牛结核病，切实保障畜牧业生产安全、动物产品质量安全和公共卫生安全，必须坚持预防为主、因地制宜、分类指导、逐步净化的防控方针和防治策略，把养殖场（户）作为防治本病的主体，不断完善养殖场生物安全体系，严格落实监测净化、检疫监管、无害化处理、应急处置等综合防治措施，积极开展场群和区域净化工作，有效清除病原，降低发病率，压缩流行范围，逐步实现防治工作总体达标。

（一）诊断要点

1. 病原特点

本病的病原是结核分枝杆菌。对人、畜有致病力的结核分枝杆菌主要有牛型、人型和禽型3个类型，引起牛结核病的病原主要是牛型结核分枝杆菌，人型、禽型也可引起本病。结核分枝杆菌菌体长1.5~5微米、宽0.2~0.5微米，不同类型的结核分枝杆菌形态略有差异，人型结核分枝杆菌较直或微弯、细长、棍棒状，多呈单独或平行相聚排列，间有分枝状排列；牛型结核分枝杆菌比人型稍短粗，着色不均匀；禽型结核分枝杆菌短而小，呈多形性。

结核分枝杆菌无芽孢、鞭毛和荚膜，也没有运动性；为严格的需氧菌，革兰氏染色阳性，但不易着色；生长最适pH值为：牛型结核菌5.9~6.9、人型结核菌 7.4~8、禽型结核菌 7.2；最适生长温度 37~38℃。

结核分枝杆菌的细胞壁中含有丰富的蜡质类，对外界有很强的抵抗力，自然环境中生存能力较强、耐干燥、耐湿冷，在干燥的痰中能存活 10 个月，在土壤、粪便中可存活 5~7 个月，在常水中可存活 5 个月，在奶中可存活 90 天。但对直射阳光和湿热的抵抗力较差，直射阳光下数小时死亡，60℃ 30 分钟、70℃ 10~15 分钟、100℃ 水中立即死亡。常规消毒药如 5% 来苏尔、3%~5% 福尔马林、70% 酒精、10% 漂白粉溶液等均有可靠的消杀作用。常规抗菌药物中，链霉素、异烟肼、对氨基水杨酸、环丝氨酸等敏感，但对青霉素、磺胺类药物及其他广谱抗生素不敏感。

2. 流行病学

结核分枝杆菌可感染人及多种家畜、家禽，家畜中以牛，尤其是奶牛最易感，水牛易感性也很高，黄牛和牦牛次之。患病动物，尤其是开放性结核病动物，结核杆菌广泛存在于机体各个器官的病灶内，是主要的传染源。牛结核可通过消化道、呼吸道，由粪便、乳汁、尿、痰等，将病菌扩散，污染周围环境和水源、流入土地，通过呼吸、吮乳等途径被人和动物吸入而感染。农村散养牛以散发为主，规模化养牛以区域性发病多见。

本病一年四季均可发生。一般说来，舍饲的牛因通风差，牛之间可相互接触，因而更容易发病，且传播速度更快。牛舍过度拥挤、阴暗潮湿、污秽不洁，役牛过度使役、奶牛过度挤奶，饲料营养缺乏维生素和矿物质、饲养条件不良等，可促进本病的发生和传播。

3. 临床症状

本病的潜伏期一般为 20~45 天，有的可长达数月甚至数年。临床呈慢性经过，病程长，症状多不明显，主要表现为体表淋巴结尤其是头部和胸部淋巴结肿大、营养不良、渐进性消瘦等，奶牛泌乳能力降低。因发病部位不同，临床上有多种类型，分别表现发病器官受损的相应临床症状。奶牛感染结核病后主要表现肺结核、乳腺结核、淋巴结核、肠结核，偶尔出现生殖器结核、脑结核、全身结核。其中，肺结核最常见。

(1) 肺结核 是牛结核病最常见的临床类型。发病初期病牛易疲劳，出现短促的干咳，以后逐渐加重并变成湿咳；清晨、饮水后咳嗽加重，呼吸增数，鼻孔流出淡黄色黏液或脓性鼻液；肺区听诊为啰音，胸膜结核时有摩擦音，叩诊为浊音；进行性（病情仍在继续发展）病例中，肩前淋巴结、颌下淋巴结、咽部及颈部淋巴结等处淋巴结肿大，可导致空气流通受阻，食道或血管堵塞，有时，头、颈部淋巴结肿大后可出现破溃和淋巴液外渗；病牛食欲减退、渐进性消瘦、贫血，哺乳期母牛、奶牛产奶量下降。病牛在感染后期，极度消瘦、急性呼吸窘迫。

（2）乳腺结核 牛的乳腺结核常发生在后方乳腺区。发病初期，乳腺肿大，之后在后方乳腺区出现许多小结节，触摸无热无痛，有硬块；产奶量减少，严重者停止泌乳；乳汁稀薄如水，常混有浑浊的凝乳块和絮状物。

（3）肠结核 多见于犊牛，食欲不振，消化不良，便秘、腹泻交替发作，之后发展为顽固性下痢，便中带血或混有脓汁，腥臭，快速脱水、消瘦。

4. 细菌学诊断

（1）涂片染色镜检法 采集病牛的病灶（如肿胀的淋巴结）、排泄物（如尿、粪）及分泌物（如痰、乳），直接涂片或集菌处理后涂片，荧光抗酸染色法染色后镜检。如发现有被染成红色的结核分枝杆菌（非结核分枝杆菌抗酸染色呈蓝色），即可确诊为阳性。这种检查结核分枝杆菌的方法敏感性较差，而且也很难将结核分枝杆菌同其他非典型结核分枝杆菌区别开来。现代临床诊断中较少应用。

（2）细菌分离培养法 应用 Lowenstesin-Jensen 培养基，或直接接种到琼脂培养基上。牛结核分枝杆菌一般在培养 3~6 周后出现生长物。根据其特征性的生长菌落和形态，可作出初步诊断，用 PCR 和分子分型技术可进行确诊。因结核分枝杆菌生长慢，耗费时间长，加上各种条件限制，检出率也较低，有 20% 左右的阳性病例检测失败，已很难满足现代临床诊断的需要，应用较少。

5. 结核菌素试验

提纯结核菌素皮内变态反应试验（结核菌素试验）是检测牛结核病的标准方法，也是 OIE 推荐的国际贸易中指定的试验方法。

可疑病牛颈中部剪毛，卡尺测量皮肤厚度，消毒，皮内接种牛结核菌素纯化蛋白衍生物（PPD），72 小时后测量注射部位的肿胀（迟发性过敏）程度。接种时，可单独使用牛结核菌素，也可使用牛型结核菌素或禽型结核菌素进行比较试验，以提示被检疑似病牛是牛结核病还是非特异的迟发性超敏反应。具体方法如下。

疑似病牛保定好以后，在左侧颈中部上 1/3 处（3 月龄内犊牛在肩胛部）剪毛，直径 10 厘米左右；用游标卡尺连续测量术部皮褶厚度 3 次，取平均值；术部碘酊消毒，75% 酒精脱碘；用注射用水（或生理盐水）将提纯牛型结核菌素稀释成每毫升含 10 万单位，不论牛只大小，皮内注射 0.1 毫升。注射后 72 小时，观察局部有无热痛肿胀等炎性反应，并再次测量术部皮褶厚度平均值，计算皮厚差。

如局部有明显的炎性反应，皮厚差等于或大于 4 毫米，则为阳性反应；如局部炎性反应较轻，皮厚差在 2.1~3.9 毫米，则为疑似反应；如局部无炎性反应，皮厚差在 2 毫米以下，则为阴性反应。只要有一定炎性肿胀，即使皮厚差在 2 毫米以下者，仍应判为疑似病例。

凡被判为疑似反应的牛，应立刻在颈部另一侧以同一批、同一剂量的提纯牛型结核菌素进行重复注射，再经 72 小时观察反应，如仍为疑似，则按阳性牛处置。

这种方法虽然操作过程简单，但敏感性较差，常出现假阳性和假阴性反应，因此在进行流行病学调查时不推荐使用此法。

（二）疫情处置

1. 疫情报告

任何单位和个人发现疑似病牛，应当及时向当地动物卫生监督机构报告。动物卫生监督机构在接到疫情报告并经确认后，按《动物疫情报告管理办法》及有关规定及时上报。

2. 疫情处置

（1）疑似疫情的处置　当发现疑似疫情时，畜主应立即对疑似病牛进行隔离饲养，并限制其移动。当地动物卫生监督机构在接到疫情报告后，应及时安排专人抵达现场进行流行病学调查和相应临床症状检查，同时采集病料样品送实验室检查诊断，根据诊断结果采取相应措施。

（2）确诊疫情的处置　① 划定疫点、疫区和受威胁区。把病牛所在的栋舍、户或其他有关屠宰场（点）、经营单位划定为疫点；把病牛所在的饲养场、自然村范围区域划定为疫区；与疫区相毗邻的饲养场、自然村的范围区域则要划定为受威胁区。

② 隔离、封锁。零星散发时，可采用圈养和固定草场放牧方式，对病牛的同群牛实施隔离。隔离所用的草场，要远离交通要道、居民点或人畜密集的地区，场地周围最好有自然屏障或人工栅栏。

当一个自然村、饲养场结核病阳性率在 3% 以上或病牛 10 头以上时，应对疫区实施封锁，禁止病牛和疑似病牛、易感动物及其产品调出；对易感动物实行圈养或指定地点隔离饲养。

③ 扑杀及无害化处理。对患病牛全部进行扑杀。对病死和扑杀的病牛，按照《病害动物和病害动物产品生物安全处理规程（GB 16548—2016）》进行无害化处理。

（3）紧急监测　疫区和受威胁区内的所有牛，要进行紧急监测，紧急接种 PPD 进行皮内变态反应试验。

（4）消毒　使用 5%～10% 热碱水、10% 漂白粉、3% 福尔马林、3% 苛性钠、3%～5% 来苏尔等消毒液，对病牛和阳性牛污染的场所、用具、物品等进行严格消毒。

（5）解除封锁　当疫区内最后一头病牛及阳性牛被扑杀并经无害化处理后，继续监测 45 天以上，未见有新发病例；对被污染的场所、用具等进行彻底消毒，经当地动物卫生监督机构检验合格后，可解除封锁。

3. 防控措施

（1）监测净化　各地畜牧兽医行政主管部门要加大对牛结核病的疫情监测力度，及时准确地掌握牛结核病病原分布及疫情动态，科学进行疫情风险评估，及时发布预警信息。同时，制定切实可行的疫情控制、净化方案，分区域、分阶段统筹推进防治工作。集中养殖地区，要选择一定数量的养殖场（户）、屠宰场、交易市场作为固定的监测点，持续性开展疫情监测。所有牛养殖场，都要按照"一病一案、一场一策"的总体要求，从本场实际出发，制定切实可行的结核病控制净化方案，并有计划地组织实施；及时扑杀结核病阳性牛，着力开展牛结核病阴性群的培育工作。

（2）加强防疫检疫和监管　疫区饲养的健康牛群，使用牛型提纯结核菌素对牛群检疫时，检出的阳性牛应立即隔离；结合临床检查情况，必要时进行细菌学检查，发现开放性结核病牛时，应立即进行扑杀。患有结核病的牛产下的犊牛，只吃 3~5 天的初乳，而后由检疫无结核病的健康牛代哺；犊牛在生长过程中，分别在满月龄、3~4 月龄、6 月龄各进行一次检疫，阳性者一律淘汰，3 次检疫均为阴性且无结核病的可疑临床表现时，可混入假定健康牛群（污染牛群经结核变态反应为阴性的牛群）饲养。

假定健康牛群，第一年每隔 3 个月检疫一次，直至无阳性牛出现，如果在以后的 1~1.5 年内连续进行 3 次检疫均为阴性，则可以转为健康牛群。

引进的牛，必须进行产地检疫，并隔离观察 1 个月以上，再进行 1 次检疫，确认健康后才能混群饲养。

各地动物卫生监督机构在强化牛的产地检疫和屠宰检疫的基础上，要逐步建立以实验室检测、动物卫生风险评估为依托的产地检疫机制，不断提升结核病的检疫科学化水平；同时，要严格执行《跨省调运乳用、种用动物产地检疫规程》，切实做好跨省调运牛的产地检疫和流通监管工作。

（3）重视生物安全措施　①隔离饲养。检出的疑似病牛应严格隔离饲养。对检出的疑似结核病牛，应在 1 个月后再进行复检，如仍为疑似，经 25~30 天后可再进行第 3 次检疫，再次被检为疑似时，可视疑似牛的饲养价值等情况酌情处理。

②有效消毒。轮换使用有效消毒剂，做好经常性的消毒工作，严防病原散播。粪便收集，集中进行生物热处理等无公害处理。

③ 应急处置。一旦发生疫情，要本着"早、快、严、小"的原则，立即按照相关的应急预案和防治技术规范及时处置。

（4）做好人员防护　① 人结核病的防治。人感染牛分支结核杆菌的主要途径是食入了带有牛分支结核杆菌的乳汁或乳制品。因此，预防人结核病的重要措施是饮用消毒乳制品，牛奶要煮沸后饮用；与病人、病牛接触时，要搞好个人防护；同时要加强对牛群的定期检疫，及时淘汰病牛。对婴儿进行卡介苗注射，是预防人结核病的关键。

人结核病的治疗主要靠药物，异烟肼、链霉素、对氨基水杨酸钠等是最敏感的常用药。

② 人员防护。做好牛场工作人员的防护。进出牛场，要穿好隔离衣、戴口罩、戴手套，下班后做好个人清洗和消毒。每年定期进行个人体检，发现有结核病时要及时调离岗位，隔离治疗。

处置疫情的工作人员要穿戴好防护服，保定、取样等操作过程中注意不要出现伤口，处置完毕搞好个人消毒防护。

二、布鲁氏菌病

布鲁氏菌病又叫波浪热、地中海热，也叫懒汉病，简称布病，是由布鲁氏菌引起的一种人和牛、羊、猪、鹿、犬等哺乳动物共患的传染病。我国农业农村部将其列为二类动物疫病，我国卫健委将其列为乙类传染病。

（一）诊断要点

1. 发病情况

布鲁氏菌是革兰氏阴性、球状杆菌，科兹洛夫斯基染色呈红色，目前确认的有牛种布鲁氏菌、羊种布鲁氏菌等 11 个种。布鲁氏菌主要存在于动物母体排出的胎儿、胎水和胎衣中，偶尔在乳、粪尿以及阴道流出的恶露内发现；通过皮肤黏膜、消化道、呼吸道等途径传播，交媾、苍蝇携带、吸血昆虫叮咬较少传播；主要侵害生殖系统。

牛感染布鲁氏菌的比例是母牛比公牛多，成年牛比犊牛多，第一次妊娠的母牛比分娩过的母牛发病多，而且流产率高；患病的母牛可垂直传播给胎儿，产犊后造成犊牛先天性感染；一年四季都可发生，但产犊季节多见；家畜饲养比较密集的地区发病率高，牧区明显高于农区和半农区。新疫区流行时多见突发性病例，经常造成牛群暴发性流产；老疫区流行本病很少出现广泛流行，但临床上患有子宫炎、乳腺炎、关节炎以及胎衣不下、久配不孕的牛较多。

患病母牛流产、不孕、空怀、繁殖成活率低，肉牛牛肉产量下降，奶牛泌乳量减少。人患布病后，劳动能力下降甚至丧失劳动能力，严重影响生育能力；被布鲁氏菌污染的肉、奶等畜产品，如处理不当，可造成食源性布鲁氏菌感染，并可引发严重的公共卫生问题。

2. 临床症状

牛感染布鲁氏菌后潜伏期为 2 周~6 个月，多数为 30~60 天。母牛最显著的症状是流产，流产可发生于妊娠的各个阶段，但多发生于妊娠后 6~8 个月。母牛流产前常有分娩预兆象征，有生殖道发炎的症状，如阴道黏膜发炎、出现粟粒大红色结节，阴道中流出灰白色或灰红色黏性或脓性分泌物。一般出现分娩征兆 2~3 天后排出胎儿，也有部分母牛不表现任何产前征兆即突然发生流产，排出死胎、弱胎，流产后胎衣停滞、子宫内膜炎、患牛泌乳量下降；非妊娠牛临床上常出现膝关节炎、腕关节炎、滑液囊炎、腱鞘炎、淋巴结炎等，触诊疼痛、跛行；乳房皮温增高、疼痛，乳汁变质，呈絮状，严重时乳房坚硬，乳量减少甚至完全丧失泌乳能力。公牛感染本病后，阴茎潮红肿胀，出现睾丸炎和附睾炎，睾丸肿大、坚硬、触诊有痛感，有时出现关节炎，局部肿胀。

养殖场（户）发现牛、羊等家畜出现早产、流产等疑似布病临床症状后，应尽快向当地畜牧兽医主管部门、动物卫生监督机构或动物疫病预防控制机构报告。动物疫病预防控制机构在接到报告后，应采取隔离、消毒等防控措施，并按《布鲁氏菌病防治技术规范》规定开展布鲁氏菌病的诊断。

3. 实验室诊断

（1）血清学诊断　①虎红平板凝集试验。在布病流行病学调查和大面积检测时，我国将虎红平板凝集试验作为布病诊断的初筛检测方法，其优点是操作方便、成本低廉，适用于布鲁氏菌病的田间试验、筛选诊断和大规模检疫。但存在一定的失误率，易出现假阳性而使诊断错误，通过多次重复试验即可避免。

②试管凝集反应。我国诊断布病的法定诊断方法是试管凝集试验，其特异性强，操作方便，容易判定，是临床最常用的人及牛、马、骆驼和鹿等布鲁氏菌病的诊断方法。牛、马、骆驼和鹿等凝集价 1∶100 以上为阳性；羊、猪和犬等凝集价为 1∶50 以上为阳性。急性期阳性率高，可达 80%~90%；慢性期阳性率较低，可达 30%~60%。可疑反应者在 10~25 小时内再重复检查，以便确诊。但由于受多种因素的影响，易出现假阴性或假阳性，且有些被感染动物的抗体滴度不一定能达到检测水平，单独使用也容易造成误诊或漏诊。

生产实践中，先使用虎红平板凝集试验进行初步诊断，再使用试管凝集试验进行最后确诊，可提高诊断正确率。

（2）病原学诊断　①显微镜检查。采集流产胎衣、绒毛膜水肿液、胎儿胃内容物等病变组织，制成抹片，科兹洛夫斯基染色法染色，发现呈红色的球状杆菌，即可确诊。

② 细菌学分离培养。须在生物安全三级实验室进行。

③ PCR 等分子生物学诊断。采集患病牛脾脏、淋巴结等病变组织，体躯核酸后，检测是否存在布鲁氏菌特异性核酸。

④ 布病胶体金法快速诊断试纸条。是近年来最新研制生产的一种十分方便、简单、准确性很高的临床快速诊断布鲁氏菌抗原的方法，很有推广价值。

（二）疫情处置

1. 疫情报告

任何单位和个人如果发现疑似病牛或疫情，养殖场户要主动限制可疑病牛移动，立即隔离，并及时向当地动物防疫监督机构报告，经确认后，按《动物疫情报告管理办法》及有关规定及时上报处置。

2. 疫情处置

动物防疫监督机构在接报后要及时派员到现场核查，进行实验室检查。确诊后，当地人民政府组织有关部门按下列要求处置：对患病牛全部扑杀；受威胁的牛群（病牛的同群牛）隔离饲养，如圈养或使用固定隔离草场放牧，牛圈和隔离场要远离交通要道、居民区或人畜密集区，周围最好有自然屏障或设置人工栅栏；病牛及其流产胎儿、胎衣、所有排泄物、乳、乳制品等按照《畜禽病害肉尸及其产品无害化处理规程》（GB 16548—1996）彻底进行无害化处理；最后开展流行病学调查和疫源追踪，对同群牛依次进行检测；对病牛污染的场所、用具等进行严格消毒，金属设施、设备用火焰喷灯消毒或熏蒸消毒，牛圈舍、运动场等可用 2%~3% 烧碱等喷雾消毒；垫料、粪便等进行堆积发酵、深埋或焚烧，皮毛用环氧乙烷、福尔马林熏蒸等。如果发生重大布病疫情，当地县级以上人民政府应当按照《重大动物疫情应急条例》有关规定，采取相应的扑灭措施。

（三）防控措施

1. 免疫

免疫可用布氏杆菌 19 号菌苗或布氏杆菌猪型二号菌苗。

控制牛群发病可用牛布氏杆菌 19 号苗皮下注射法免疫，5~8 月龄时注射一次，必要时在 18~20 月龄（即第一次配种前）再注射一次。以后根据牛群布氏杆菌病流行情况，决定是否注射。孕牛不能注射。

猪型二号菌苗适于口服接种，口服不受怀孕限制，可以在配种前 1~2 个月进行，也可以在孕期使用。每年服用猪型二号菌苗一次。

2. 隔离

患病牛产犊后，立即将犊牛和其他的犊牛分开，单独喂养，在 5~9 个月内进行 2 次血清凝集试验，阴性者可注射 19 号菌苗或口服猪型二号菌苗，以培养健康牛。

3. 净化

确诊为布病的病牛或场内检出阳性奶牛的牛群（场、户）为牛布病污染群（场、户），必须全面实施布病净化工作。

（1）污染牛群（场、户）的处理　被布鲁氏菌病污染的牛群（场、户）要严格执行国家相关政策，积极配合当地政府，反复进行布病监测，一般每间隔 2 个月就要检测 1 次。一旦发现布病牛或检测阳性牛，要及时隔离、扑杀，其胎儿、胎衣、排泄物等都要进行深埋等无害化处理。对检测中发现的布病疑似牛、疑似阳性牛，须在隔离牛舍内进行复检；未建立隔离牛舍的牛场（户）就地隔离，分区集中饲养，加强对牛场设施设备、运动场等的消毒，粪便收集集中堆积发酵，固定饲养工具，严防疫病传播、扩散蔓延。布病牛、检测阳性牛在宰杀等无害化处理前以及可疑布病牛在隔离饲养期间所生产的牛乳，均需经高温等无害化处理。

（2）健康犊牛群的培育　牛饲养场要设立犊牛培育舍或犊牛岛，远离母牛群（最好 500 米以上）集中进行培育，专人饲养，固定饲养工具，饲养 6 个月后转入生产群，以降低犊牛发病率，提高犊牛的成活率和生产性能。犊牛在培育期间，分别于 20 日龄、100~120 日龄和 6 月龄连续检测布病 3 次，如果发现布病阳性牛、可疑牛要及时扑杀，并严格消毒。

（3）牛的调运要求　按照布病净化管理要求，牛场（户）如果在省内调运牛，必须凭调出地动物防疫监督机构出具的检疫合格证、车辆消毒证明和牛健康证调运；如果跨省调运，则须经过调入地动物防疫监督机构对调出地进行牛布病的安全风险评估和跨省牛检疫审批，调出地必须为非疫区；牛在起运前 30 天内，经调出地动物防疫监督机构牛布病检测合格，并出具检疫合格证明后，方可起运。调入的牛，必须进行隔离观察 45 天以上，并再次经牛布病检测为阴性后，方可混群饲养。

牛饲养场所有工作人员，包括兽医、饲养员、挤奶工、修蹄工等，都要每年开展一次布病健康检查，一旦发现有患布病及感染该病的，应及时调离工作岗位，并进行隔离治疗。工作人员的工作服、用具要保持清洁，不得带出场。

（4）牛净化效果评估　经扑杀布病牛及阳性牛后的牛群为假定健康牛群。凡连续 2 次以上监测结果均为阴性者，方可认为是健康牛群。

三、口蹄疫

（一）诊断要点

口蹄疫是偶蹄兽的急性、热性、高度接触性传染病，其临床特征是在口腔黏膜、蹄部和乳房皮肤发生水疱性疹。国际兽疫局将口蹄疫列为 A 类动物传染病首位。世界上许多国家把口蹄疫列为最重要的动物检疫对象，我国把口蹄疫列为"进境动物检疫—类传染病"。

1. 发病情况

口蹄疫病毒属于微核糖核酸病毒科中的口蹄疫病毒属，在不同的条件下，病毒容易发生变异。根据病毒的血清学特性，目前已知全世界有 7 个主型，即 A型、O 型、C 型、南非 1 型、南非 2 型、南非 3 型和亚洲 1 型，每个类型内又有多个亚型，已知共有 65 个亚型。我国目前流行的是 O 型。偶蹄动物中牛科动物（牛、瘤牛、水牛、牦牛）、绵羊、山羊、猪及所有野生反刍和猪科动物均易感；潜伏期感染及临床发病动物是主要的传染源，感染动物呼出物、唾液、粪便、尿液、乳、精液及肉和副产品均可带毒。康复期动物可带毒；通过呼吸道、消化道、生殖道和伤口感染，以直接或间接接触（飞沫等）方式传播，或通过人或犬、蝇、蜱、鸟等动物媒介，或经车辆、器具等被污染物传播。

2. 临床症状

潜伏期平均 2~4 天，最长可达 7 天左右。病牛体温升高到 40~41℃，呆立流涎，开口时有吸吮声；1~2 天后，在唇部、齿龈、舌面和颊部黏膜、鼻镜等处出现蚕豆大到核桃大的水疱，口角大量流涎，白色泡沫状，常挂满嘴边，采食、反刍完全停止；稍后，蹄冠、蹄踵、蹄叉、乳房等处也发生水疱；发病后期，水疱破溃、糜烂、结痂，严重者蹄壳脱落；恢复期可见瘢痕、新生蹄甲。

本病多为良性经过，仅在口腔发病时病程约 1 周；若蹄部出现病变，则病程可延至 2~3 周或更久，死亡率为 1%~2%。犊牛患病时虽特征性水疱症状不明显，常因出血性肠炎和心肌麻痹导致死亡率很高。部分成年病牛在趋向康复时可因病毒侵害心肌而转为恶性口蹄疫，病情突然恶化，心脏停搏而突然死亡，致死率高达 20%~50%。

3. 病理变化

心包膜有弥漫性点状出血，心肌切面有灰白色或淡黄色斑点或条纹，形色酷似虎斑，故称"虎斑心"，质地松软呈熟肉样。

（二）疫情处置

1. 疫情上报

作为从事牛饲养管理工作的人员，当发现病牛及疑似病牛时，应及时向上级领导如实报告疫情，不得隐瞒。同时依据相关防疫法做好自己的本职工作。

2. 疫情处置

划定疫区，严格执行封锁、隔离、消毒、紧急接种等综合性扑灭措施。

（1）疫点、疫区、受威胁区的划分　疫点为发病牛所在的地点。相对独立的规模化养殖场（户）以病牛所在的养殖场（户），散养牛以病牛所在的自然村，放牧牛以病牛所在的牧场及其活动场地，运输的病牛以车、船、飞机，市场疫情以病牛所在市场，屠宰加工病牛以屠宰加工厂（场）等分别划分为疫点；疫点边缘向外延伸 3 千米内的区域为疫区；疫区边缘向外延伸 10 千米的区域为受威胁区。

（2）疑似疫情的处置　对疫点实施隔离、监控，禁止家畜、畜产品及有关物品移动，并对其内、外环境实施严格的消毒措施。必要时采取封锁、扑杀等措施。

（3）确诊疫情处置　疫情确诊后，应当立即启动相应级别的应急预案。

① 疫点处置。疫点内所有病牛及同群易感牛全部扑杀，并对病死牛、被扑杀牛及其产品进行无害化处理；对排泄物以及被污染的饲料、垫料、污水等进行无害化处理；对被污染或可疑被污染的物品、交通工具、用具、牛舍、场地进行严格彻底消毒；对发病前 14 天售出的牛及牛奶进行追踪，并做扑杀和无害化处理。

② 疫区封锁与处置。疫区人民政府在接到当地兽医行政管理部门的疫情报告后，24 小时内发布封锁令，并实施封锁。疫区周围设置警示标志，在出入疫区的交通路口设置动物检疫消毒站，执行监督检查任务，对出入的车辆和有关物品进行消毒；所有易感畜进行紧急强制免疫，建立完整的免疫档案；关闭家畜产品交易市场，禁止活畜进出疫区及产品运出疫区；对交通工具、牛舍及用具、场地进行彻底消毒；对易感家畜进行疫情监测，及时掌握疫情动态；必要时，可对疫区内所有易感动物进行扑杀和无害化处理。

③ 受威胁区处置。最后一次免疫超过 1 个月的所有易感牛，进行一次紧急强化免疫；加强疫情监测，掌握疫情动态。

④ 疫源分析与追踪调查。按照口蹄疫流行病学调查规范，对疫情进行追踪溯源、扩散风险分析。

⑤ 解除封锁。当疫点内最后 1 头病牛死亡或扑杀后连续观察至少 14 天，没有新发病例；疫区、受威胁区紧急免疫接种完成；疫点经终末消毒；疫情监测阴性，疫情解除。动物防疫监督机构按照上述条件审验合格后，由兽医行政管理部门向原发布封锁令的人民政府申请解除封锁，由该人民政府发布解除封锁令。

（三）防控措施

1. 饲养管理

在确保牛日粮营养全面均衡，保证健康体质的前提下，规范从业人员行为，建立严格的生物安全制度，定期对牛场设备、设施、运动场、养殖器具进行严格有效消毒。每到冬季，更要加强易感牛群管理，适量给予微量元素或中药制剂，提高牛免疫力。无本病流行地区严禁从有病地区或国家购进动物及其产品、饲料、生物制品等。

2. 疫情监测

加强对牛养殖场（户）、散养牛，交易市场、屠宰厂（场）、异地调入的活牛及产品的监测，特别是疫区和受威胁区解除封锁后的监测，必要时对重点区域加大监测力度，并及时对监测结果及相关信息进行风险分析，做好预警预报。

3. 免疫接种

国家对口蹄疫实行强制免疫，本病常发地区需用口蹄疫疫苗定期预防接种，免疫密度必须达到 100%。所用疫苗必须采用农业农村部批准使用的产品，并由动物防疫监督机构统一组织、逐级供应。按照农业农村部要求标准，进行秋、冬、春季的免疫。一般首次接种疫苗的时间为 3 月龄牛，以后每隔 3 个月左右进行一次免疫。疫苗免疫后，要建立相应的档案，详细记录免疫情况。定期对免疫牛群进行免疫水平监测，根据群体抗体水平及时加强免疫。

4. 加强检疫

无病地区严禁从有病地区或国家购进动物及其产品、饲料、生物制品等。对来自无病地区的动物及其产品应加强检疫。

四、牛流行热

由牛流行热病毒引起的急性、热性传染病，以高热、流泪、呼吸困难为特征。病毒对外界环境抵抗力差，56℃ 20 分钟即可死亡，对碱、酸、紫外线敏感。

（一）诊断要点

1. 发病情况

由牛流行热病毒引起，主要侵害黄牛和奶牛。有明显周期性，3~5 年流行 1 次，大流行之后，常有 1 次小流行。多发于蚊蝇活动频繁的季节（6—9 月份）。

2. 临床症状

病牛突然呈现高热 40℃ 以上，维持 2~3 天；流泪，眼睑和结膜充血、水肿；呼吸急促，发出哼哼声，流鼻液；食欲废绝，反刍停止，多量流涎，粪干或下痢；四肢关节肿痛，呆立不动，呈现跛行；孕牛可流产；牛泌乳量下降或停止。发病率高，病死率低，常取良性经过，2~3 天即可恢复正常。

3. 病理变化

剖检可见上呼吸道黏膜充血、水肿和点状出血；间质性肺气肿以及肺充血、肺水肿；淋巴结充血、肿胀、出血；真胃、小肠和盲肠呈卡他性炎症和渗出性出血。

（二）防治

立即隔离治疗，对假定健康牛和受威胁牛，可用高免血清进行紧急预防注射。高热时，肌内注射复方氨基比林 20~40 毫升，或 30% 安乃近 20~30 毫升。重症病牛给予大剂量的抗生素，常用青霉素、链霉素；并用葡萄糖生理盐水、林格氏液、安钠咖、维生素 B_1 和维生素 C 等药物，静脉注射，2 次/天。四肢关节疼痛，牛可静脉注射水杨酸钠溶液。

加强消毒，搞好消灭蚊蝇等吸血昆虫工作。

五、牛病毒性腹泻

（一）诊断要点

1. 发病情况

由牛病毒性腹泻或牛黏膜病病毒引起，不同品种、性别、年龄的牛都易感，多见于 6~8 月龄犊牛。常发生于冬、春季节，在老疫区以隐性感染和慢性病例为主，在新疫区传染迅速，突然发病，发病率和死亡率变动较大。

2. 临床症状

病牛体温升高到 40~42℃，鼻、眼有浆液性分泌物，口流涎，呼吸有臭味，腹泻，带有胶胨样黏液和血液，跛行；孕牛发生流产，或产下先天性缺陷的犊牛，因小脑发育不全而呈现共济失调或盲目运动。

3. 病理变化

剖检可见鼻镜、齿龈、上腭、舌面、颊部黏膜糜烂，食道黏膜糜烂呈线形排列，胃黏膜糜烂、水肿，肠黏膜水肿、增厚，集合淋巴结肿胀、出血，小肠黏膜特别是回肠、空肠黏膜卡他性炎或出血性、坏死性炎，黏膜脱落。蹄冠和趾间糜烂、溃疡。运动失调的犊牛出现小脑发育不全和两侧脑室积水。

（二）防治

病牛及时隔离或急宰，对同群牛和可疑牛进行反复检疫，及时发现带毒牛；对持续感染牛应坚决淘汰。要严格消毒，并限制牛群活动，以防扩大传染。对病牛进行对症治疗（止泻、补液），防止继发感染。

引进种牛、羊时，必须严格检疫，防止引进带毒牛、羊。流行区的牛可用黏膜病弱毒疫苗或猪瘟弱毒疫苗进行预防接种。

六、牛恶性卡他热

牛恶性卡他热由恶性卡他热病毒引起，以短期发热、上呼吸道、副鼻旁窦、胃肠道、口腔等处黏膜发生急性卡他性、纤维素性炎症和角膜混浊及非化脓性脑膜炎为特征。

（一）诊断要点

1. 发病情况

由恶性卡他热病毒引起，各种年龄的牛均易感，以 2 岁左右的小牛最易感。

鹿和绵羊呈隐性感染，牛发病都与接触绵羊有关。全年都能发生，以冬季、早春和秋季较多。

2. 临床症状

病牛突然高热稽留（41~42℃），全身迅速虚弱，不久眼、口、鼻黏膜剧烈发炎。双眼羞明，眼睑肿胀，流泪，有脓性分泌物，角膜混浊甚至溃疡，最终导致失明；额窦、角窦、鼻窦发炎，角根松动或角脱落；鼻镜干裂、糜烂或坏死。少数病例伴发神经症状，沉郁或昏迷，有时兴奋，鸣叫，磨牙，攻击人、畜。临床可分为4型。

（1）最急性型　病初体温升高至41~42℃，稽留不下，心跳加快，呼吸增数，精神沉郁，被毛松乱，结膜潮红，鼻镜干燥，食欲减退，反刍停止，饮欲增加，严重者很快死亡。

（2）头眼型　病初体温升高达40~41℃，稽留不下，直至死前下降。病牛两眼羞明、流泪，眼睑肿胀，结膜充血，前眼房出现纤维素蛋白渗出物，角膜混浊，严重者形成角膜溃疡或穿孔，虹膜出血。鼻腔口腔黏膜高度潮红，出血和溃疡，溃疡表面覆盖一层伪膜。鼻孔流出黏液脓性恶臭分泌物，有时带血，口腔流出大量污秽恶臭唾液。

（3）肠型　不常见，主要表现为纤维素性坏死性肠炎，伴发高热。病牛严重腹泻，粪便稀薄如水，恶臭，混有大量黏液和伪膜，后期大便失禁。

（4）皮肤型　颈、背、乳房、蹄叉等处发生水疱和丘疹，水疱破裂后形成棕色痂皮，1~3天或4~14天死亡，致死率达20%~90%。出现神经症状，第3天后体温继续升高或突然降温者，常常预后不良。

3. 病理变化

剖检可见喉、气管、食道、真胃和小肠等部位的黏膜充血、水肿、糜烂或溃疡；肝、脾、肾肿胀变性；心包及心外膜出血，心肌变性；全身淋巴结充血、出血和水肿。

（二）防治

临床无特效药物治疗，只能采取对症治疗措施，同时配合抗生素、地塞米松等药物，以缩短病程、防止继发感染。可静脉注射美蓝2克、葡萄糖注射液2 000~3 000毫升，每天1次。也可肌内注射复方磺胺嘧啶注射液100毫升，每天2次，连用5天，首次量加倍。

中药可用清瘟败毒饮，石膏150克，水牛角90克，生地60克，栀子、黄芩、赤芍、玄参、连翘、知母、丹皮、鲜竹叶各30克，黄连、桔梗各20克，甘草15克，一次煎服。石膏打碎先煎，再下其他药同煎，水牛角锉细末冲入。

也可用龙胆草、黄芩、柴胡、板蓝根、车前草、淡竹叶、地骨皮各 100 克，薄荷、僵蚕、牛蒡子、二花、连翘、玄参、栀子各 50 克，茵陈 200 克，水煎服，每天 1 次。

预防措施在于加强饲养管理、定期消毒圈舍。发现病牛，应立即隔离治疗，对病牛污染的环境和用具，应彻底消毒。

七、牛结节性皮肤病

牛结节性皮肤病又称牛结节疹、牛结节性皮炎或牛疙瘩皮肤病，是由山羊痘病毒属的牛结节性皮肤病病毒引起的、以皮肤痘疮样结节或溃疡、奶牛产奶量下降、肉牛皮张质量下降等为主要临床特征的牛病毒性传染病。

（一）诊断要点

1. 发病情况

牛是主要的易感动物，不分年龄和性别，黄牛、水牛、奶牛、瘤牛，尤其是泌乳奶牛的易感性最高。发病率 5%~45%，死亡率 1%~10%。绵羊、山羊等也可感染。

牛结节性皮肤病病牛是主要传染源。患牛结节溃烂分泌物、脱落的痂皮中含有大量牛结节性皮肤病病毒。此外病牛的血液、肌肉、奶、唾液、眼鼻腔分泌物和精液中也含有牛结节性皮肤病病毒，病愈牛 3 周内体内还含有病毒并具有传染性。

本病通过蚊蝇等吸血节肢动物叮咬传播，非洲蜱虫也可充当媒介传播本病，还可通过饲料、饮水等直接接触传播。此外，牛结节性皮肤病病毒可通过母牛子宫内感染胎儿，也可通过被污染的牛奶或母牛皮肤损伤的乳房和乳头将牛病毒传播给牛犊。污染的精液也可传播，所以在该病流行的地区和发病季节，无论人工授精还是自然交配，都可能传播牛结节性皮肤病，所以应注意配种卫生和引种风险。

发病具有明显的季节性，多发生于夏季至晚秋昆虫较多的 6—9 月份，雨后更甚。

2. 临床症状

（1）一般性临床症状　牛结节性皮肤病的潜伏期，自然感染为 2~4 周，实验室感染为 4~12 天，平均为 7 天左右。发病牛最初表现体温升高在 40℃ 以上，稽留热，持续 7 天左右，精神沉郁，食欲减退。产奶牛产奶量下降，肩前、腹股沟外、股前、后肢和耳下淋巴结等处的浅表淋巴结肿大。公牛病后多不育，精液长期排毒；怀孕母牛可能会流产并持续数月不发情，或引起不孕不育。

（2）特征性临床症状　病牛在颈部、头部、胸部、背部、乳房等部位的皮肤上出现几个或数个疙瘩（结节），高出皮肤表面，触诊界限明显并有痛感；逐渐遍及四肢及全身，有的只有局部出现疙瘩，有的遍及全身。疙瘩大多显圆形，直径 2~3 厘米，有的稍大些，与周围皮肤界限明显。流口水，眼睛和鼻腔流出黏液性分泌物，进而引起角膜炎，角膜浑浊甚至失明。随着病情的发展，皮肤疙瘩可能遍布全身，并且在结膜、口角、鼻孔、口腔黏膜、喉部、气管、食道和皱胃等部位也出现结节，严重影响患牛的饮食和呼吸，逐渐消瘦，有些大结节或多量的结节，引起皮下水肿，尤其发生在四肢皮下水肿。

3. 病理变化

本病的主要病理变化是皮下水肿和结节脱落，引起皮肤坏死、溃疡和脱落，继发细菌感染和化脓。气管和肺的坏死病变可能导致肺炎；气管损伤愈合后结缔组织的收缩可能会导致局部气管塌陷，进而导致窒息；乳房部位的水肿和坏死病变可能会导致乳腺炎。

重症牛结节性皮肤病病例具有明显的特征性临床症状，结合实验室诊断基本能够确诊。但轻度感染的病牛，其临床症状与牛伪结核性皮肤病、牛疱疹性乳头炎（牛疱疹病毒 2 型）、嗜皮菌病、牛皮蝇等疾病很类似，应注意鉴别诊断（表7-1）。

（二）防治

1. 治疗

本病目前尚无特效治疗药物。一旦发现病牛，在做好安全隔离的情况下，进行中西医结合治疗，可以防止继发感染，降低死亡率。

用碘伏、聚维酮碘溶液等碘消毒剂对皮肤病变（疙瘩）进行消毒清理。对发烧牛适量应用解热镇痛药如安痛定注射，用氨苄西林、恩诺沙星等抗菌药注射控制继发感染。口服卡巴匹林钙和多维素及多糖类降低死亡率。

中兽医认为，牛结节性皮肤病是由于热毒郁结所致，热毒壅聚，气血凝滞，经络阻塞，肿疡乃生，进而肉腐化脓，皮破而溃，形成溃疡。如果热毒内侵，内伤脾胃肺等脏腑，热毒炽盛，外化成痘疮。可见高热、口渴、尿赤便干、舌红苔黄等症。如果邪盛正虚，热毒内陷，致全身感染成为败血症。热毒犯卫，表现咳嗽流涕，眼肿流泪，严重的表现脓毒败血症死亡。个别病例痘疮出血成脓，溃烂恶臭。治宜清热解毒，扶正祛邪。

病初以清热解毒，宣肺解表为主。可用黄连、栀子各 60 克，黄芩、黄柏各45 克，水煎候温灌服，每日 1 剂，分 2 次服用，小牛适当减量，连用 5~7 剂。也可用金银花、连翘各 60 克，葛根、升麻、土茯苓各 50 克，甘草 30 克，水煎候温灌服。每日 1 剂，连用 5~7 剂。

表7-1 牛结节性皮肤病的鉴别诊断

疾病名称	病原	流行特点	临床症状	病理变化	预防	治疗
牛结节性皮肤病	LSDV	主要感染牛（水牛、黄牛、瘤牛），发病率在5%~45%，死亡率在1%~10%。多发生于每年的6~9月	皮肤上出现直径为2~3厘米、硬而凸起，界限分明的结节，于头、颈、胸、背等部位，有时波及全身	结节坏死，破溃，皮肤坏死性脱落后留下深洞	接种山羊痘疫苗	中西医结合
牛伪结核棒状杆菌皮肤病	伪结核棒状杆菌	发生于牛、猪、羊、兔。牛的发病率在0.7%~30%，处理不当的病牛，死亡率可达50%。主要在每年6~10月发病	口、鼻、颈、背、尾根及两后肢内侧皮肤出现3~5毫米大的丘疹，不破溃，不化脓。主要表现奇痒，反复摩擦，局部脱毛	用小刀轻刮丘疹表层可见干酪样坏死病灶，刮去干酪样坏死物后留有溃疡面	保持皮肤清洁卫生，防止受伤	使用青霉素及广谱抗生素
牛疱疹性乳头炎	牛疱疹病毒2型	以初产母牛多发。病牛和带毒牛是主要的传染源。主要通过吸血昆虫传播	乳头皮肤肿胀，而后患部皮肤表面变软、脱落，形成不规则的深层溃疡，不久结痂，多数2~3周后痊愈，部分可发生乳房炎和淋巴结炎		消灭蚊蝇等吸血昆虫，定期消毒	涂抹生素软膏，防止并发症后的细菌感染
牛嗜菌皮病	刚果嗜皮菌	嗜皮菌为皮肤专性寄生菌。主要感染牛、羊、马等多种动物。多发于干燥炎热地区的多雨季节	皮肤出现小丘疹，分泌浆液性渗出物，与被毛凝结在一起，呈"油漆刷子"状。皮肤损害主要在背部、臀部、肋骨外部、颈、前躯、胸下、乳房、肉垂、腹股沟部及阴囊处，有的牛可能在四肢弯曲部位发病	皮肤有渗出性皮炎和痂块	搞好牛舍环境卫生，加强牛只管理工作	温肥皂水润湿，除去痂痂，涂抹1%龙胆紫溶液
牛皮蝇	牛皮蝇和纹皮蝇的幼虫	牛皮蝇和纹皮蝇整个生活周期约需1年。由卵孵出的幼虫钻入牛体内寄生9~11个月，成熟的幼虫从牛皮肤中爬出落在外界环境变成蛹，再经1~2个月，由蛹变为蝇	牛背部、尾部皮肤先有隆起，后穿孔，流出血液或脓汁。在雌蝇飞翔产卵时可引起牛皮肤盛痒，恐惧不安，有时出现"发狂"，表现喷鼻、蹦跳、奔跑等状状	用力挤压隆起，有乳白色虫体爬出	除掉牛背部皮下幼虫，切断传播途径	向肿胀部小孔内注入2%敌百虫，皮下注射伊维菌素

病牛中后期，痘疮逐渐好转，干瘪，形成痂皮，体温趋于正常，但由于病中消耗阳气，阴液亏损，体质偏虚，故治宜养阴清毒，扶阳正气。可用沙参、麦冬各 45 克，桑叶、花粉、白扁豆、玉竹各 25 克，甘草 30 克，水煎候温灌服。也可用黄芪 90 克，党参、金银花各 60 克，当归、川芎、白芍、白术、白芷、桔梗、甘草各 30 克，水煎候温灌服。每日 1 剂，连用 5~7 剂。

病牛康复期，有些病程长，体质差的牛，还存在精神较沉郁，两眼无神，食欲较差，粪干尿短的情况。治宜补中益气，滋阴壮阳。可用党参、茯苓、白术各 45 克，炙甘草 30 克。共研末，开水冲调，候温灌服。每日 1 剂，连用 5~7 剂。也可用黄芪、党参各 60 克，甘草 45 克、柴胡 40 克，白术、当归、陈皮、升麻各 30 克，红枣 20 克。水煎服，每日 1 剂，5~7 剂为一疗程。

2. 预防

（1）综合防控　严格按照农业农村部 2019 年 8 月 19 日印发的《农业农村部关于做好牛结节性皮肤病防控工作的紧急通知》要求，本着"早发现、早报告、早确诊、早处置"的原则，坚决防止疫情扩散蔓延，保障牛产业持续健康发展。

① 疫情排查。牛群中如果出现全身皮肤 10~50 毫米的多发性结节、结痂，尤其是伴有肩胛下淋巴结、股前淋巴结肿大，奶牛乳房炎、产奶量下降等典型临床症状时，要立即全面排查，隔离病牛，限制移动，组织有关专家及时开展临床鉴别诊断。

② 疫情报告。疑似牛结节性皮肤病病例所在地的县级以上动物疫病预防控制中心要及时采集可疑病牛的皮肤痂块、抗凝血、唾液或鼻拭子等样品，逐级上报并确诊、备份。

③ 疫情处置。一旦发现病例、坚决扑杀病牛并进行无害化处理，严格隔离和监视同群及附近健康牛，加强检测，严格消毒，防止该病扩散。地面、墙壁、车辆等运输工具、粪便等都要进行严格消毒、进行有效的灭蚊蝇等吸血昆虫工作，防止外部病原传入和内部病原传播。建立免疫带，紧急免疫完成后 1 个月内，限制同群牛移动，禁止发生疫情县活牛调出，同时不到发生疫情的地区和县购买牛。同时，加强流行病学调查，查明疫情来源和可能传播去向，及时消除疫情隐患。

（2）建立严格的消毒制度，有效彻底消毒　除常规化学消毒剂对环境及可能污染的环境彻底消毒外，还可利用阳光和紫外线进行消毒。

（3）加强饲养管理，提高牛自身抗病能力　给牛饲喂优质牧草和营养均衡饲料，添加适量多维素、黄芪多糖、益生菌等提高机体免疫抗病力的物质。给牛创造一个相对舒适的生活环境。

（4）免疫预防　疫苗接种是当前主要的防控措施，但我国目前并没有针对该病的疫苗。因牛结节性皮肤病病毒与羊痘病毒和山羊痘病毒同属痘病毒，基因同源性高，具有高度交叉免疫原性，所以疫区和发现有发病牛的同群牛、周围牛全部用山羊痘弱毒疫苗5~10倍量（具体剂量按牛体重大小）皮内注射。因皮内注射容纳疫苗量小，所以要多点（最少分5点）皮内注射。

八、皮肤真菌病

（一）诊断要点

皮肤真菌病由真菌引起。真菌多发生在头部，特别是眼的周围、颈部等部位，不久就遍及全身。病初被毛成片脱落，区域如小硬币大小，有时保留一些残毛，随着病情的发展，脱毛显著，脱毛部位出现无毛圆斑，皮肤则隆起、变厚，似灰褐色的石棉状，病初不痒，逐渐开始出现发痒表现，常靠近墙壁、树木、栏杆、草垛摩擦脱毛部位。

（二）防治

1. 预防

健康牛只饮用添加灰黄霉素原粉的水，每头4克，每天2次；适量饲喂优质青贮饲料和多汁饲料，每天中午12:00至下午4:00进行日光浴；平时注意牛舍消毒。

2. 治疗

隔离病牛，对所有牛只逐头保定检查，有临床症状的牛只全部转群集中在同一牛舍内，病、健牛只固定专人饲养，饲养员禁止串舍。严格消毒，牛舍每天清扫两次，清扫后用喷水冲洗，用来苏尔、百毒杀更替消毒，用具、器械、场地每天进行一次清洗和消毒，饲养员进出牛舍都要消毒，从病牛身擦掉的痂皮要集中清理后烧掉，保定牛只用具、场地消毒处理。

药物治疗，内部用药可选用灰黄霉素原粉饮水，每头5克/次，每天2次，7天为1个疗程，连用3个疗程；外部用药可选用达克宁，先用经温热来苏尔溶液浸泡过的毛巾浸润患部，然后用牙刷擦掉患部痂皮，再用5%~10%碘酊涂擦患部，最后涂抹达克宁。

九、犊牛流行性感冒

6月龄内犊牛免疫机能尚不健全，抗病力差，在遇到气候突变等情况时，容易感染流行性感冒，并快速传播全群，影响犊牛生长和牛生产。

（一）诊断要点

1. 发病情况

犊牛流行性感冒是由牛流行性感冒病毒引起的一种急性、热性传染病，多发于气候寒冷的冬季或晚秋、早春等气候多变的季节。由于气候寒冷、昼夜温差大、气温高低多变，牛舍保温效果差，不注意加强对犊牛保健、保温护理，一旦遇到冷风、雨雪侵袭，体质较差的犊牛就会染上流行性感冒，并快速地在牛群中感染、传播，造成牛场犊牛流行性感冒的暴发和流行。

2. 临床症状

发病初期，病犊牛仅表现精神稍萎靡，常卧地不喜运动；清晨偶有轻微咳嗽；随病情发展，见精神不振，弓背、炸毛；鼻镜干燥无汗、鼻流清涕，流泪，时有咳嗽；病重犊牛体温升高到40℃以上，不吃奶，粪少而干；卧地不起，咳嗽、气喘，有时腹泻，较少死亡。

（二）治疗

发现病犊牛，立即隔离治疗。板蓝根注射液0.1~0.2毫升/千克体重，肌内注射，1次/天，连用3~5天，或柴胡注射液0.05毫升/千克体重，肌内注射，1次/天，连用3~5天。高烧不退的病犊，每头6月龄内患病犊牛可用30%安乃近10毫升或复方氨基比林15毫升，肌内注射，2次/天，连用3~5天；咳喘严重者，可增加肌内注射5%地塞米松磷酸钠注射液2毫升；为防止继发感染，可同时使用盐酸林可霉素注射液0.05~0.1毫升/千克体重，肌内注射，1次/天，连用3~5天；或适当进行补液，用10%葡萄糖注射液500毫升、20%维生素C 20毫升，青霉素320万~400万单位静脉注射，1次/天，连用3~5天。

中药可用金银花20克、野菊花20克、一枝黄花10克、紫苏10克、薄荷5克、陈皮5克。加水800毫升，煎煮到300毫升，候温给病犊牛分2~3次灌服，每天1剂，连用3~5剂。

寒冷季节来临前，修缮牛舍，增设挡风板，用切碎的柔软秸秆铺设牛床，使其能保温防寒，不吹贼风。加强犊牛饲养管理，初生犊牛及早吃上并吃足初乳；保证充足的干净、清洁饮水。

患病犊牛遵循早发现、早治疗的原则，及时、有效治疗。牛舍要经常清扫并消毒，用0.2%~0.5%过氧乙酸每天带牛消毒，对运动场、牛床、走道等地方，要用3%氢氧化钠每周1~2次彻底消毒。

十、支原体肺炎

（一）诊断要点

1. 发病原因

由牛支原体引起。牛支原体主要寄生在鼻腔，是牛呼吸道黏膜上的常在菌，在应激条件下，特别在长途运输、气候骤变、饲料更换以及转群、断奶、分娩等应激条件下，或犊牛从犊牛岛转到后备牛舍后，由于饲养方式和环境条件的改变，支原体即成为致病菌，并诱发本病。

奶牛、肉牛常见多发。通过飞沫、被污染的脐带、污染的奶桶、水桶、饲喂用具以及没有消毒的初乳和消毒不好的巴氏奶，经呼吸道、消化道、脐带等途径传播。牛舍通风不良、空气不流通、空气污浊是本病发生的根本原因。

2. 临床症状与病理变化

各种年龄段的牛都可感染，犊牛感染时可引发肺炎、关节炎，成年牛感染则可引发肺炎、关节炎、乳腺炎。

（1）犊牛肺炎 病初，犊牛体温升高达40℃以上，中、后期体温可升高到42℃；精神沉郁、痛苦呻吟，有时卧地，食欲减退；支原体感染首先侵害的是呼吸道黏膜，表现咳嗽，气喘，张口、伸颈呼吸，清晨及半夜或天气转凉时咳嗽加剧，无鼻液或只有少量清亮鼻液，若伴发肺炎链球菌和巴氏杆菌感染后，病犊牛有脓性鼻涕。严重的犊牛，食欲废绝，逐渐消瘦，皮毛粗乱无光，生长缓慢。

剖检，鼻腔与气管内有黏性分泌物；肺脏肿大，有大面积的红色肉变区；肺脏实变，表面有大小不等的陈旧性出血斑，切面陈旧性出血；继发巴氏杆菌感染时，肺脏实变，表面有点状化脓性坏死灶。

（2）犊牛关节炎 多发于8~15日龄，常见前肢或后肢一个或多个关节坚实样肿胀，疼痛，难以屈曲，关节变形，运步时呈三脚跳跃式前进。病犊牛吃奶减少或不吃奶，精神沉郁。如同时伴有支原体肺炎，病犊牛经5~7天死亡，病死率高；勉强不死的病犊牛，因关节严重变形，也失去留养的价值。

关节外形肿胀、轮廓明显改变；关节囊内无积液，不化脓；关节软骨、韧带变性、坏死，关节腔内有黄色干酪样性坏死物。

（3）成年牛肺炎、关节炎、结膜炎等 病牛体温升高达42℃，精神沉郁，食欲减退，咳嗽，气喘，有清亮或脓性鼻液，严重者食欲废绝，病程稍长时患牛明显消瘦，被毛粗乱无光。有的继发腹泻，粪便水样或带血；有的继发关节炎，表现跛行、关节肿胀等症状；也有的继发结膜炎，眼结膜潮红，有大量浆液性或脓性分泌物。

剖检，肺有不同程度实变，轻者肺尖叶、心叶和膈叶都有红色肉变，或有化脓灶散在分布，严重者肺部广泛分布有干酪样或化脓样坏死灶；气管、支气管内有干酪样分泌物或乳白色泡沫，肺和胸膜发生不同程度粘连，胸腔积液，心包积水，液体黄色澄清。

（二）防治

1. 治疗

有效控制本病的基本原则是早诊断、早隔离、早治疗。敏感药物有四环素类（四环素、多西环素等）、喹诺酮类（蒽诺沙星、环丙沙星等）、大环内酯类（泰乐菌素、替米考星等），因牛支原体无细胞壁，因而青霉素类、头孢类、磺胺类药物无效。

2. 预防

加强牛群引进管理，不从疫区或发病区引进牛，坚持就近原则和产地购牛原则，减少交易环节；牛群引进后应进行隔离观察，确保无病后方可与健康牛混群；引进牛群要做好检疫，防止引进病牛或处于潜伏感染期的带菌牛；育肥牛群采用全进全出制度，在空栏期要对牛群进行彻底消毒；保持牛舍空气流通、通风良好，清洁、干燥。牛群密度适当，避免过度拥挤；不同牛龄及不同来源的牛应分开饲养，适当补充精料成维生素及矿物质元素，保证日粮的全价营养；粗饲料与精饲料搭配适当，定期消毒牛舍；在犊牛岛集中进行犊牛饲养，可以为犊牛提供一个良好的饲养环境和独立空间，降低犊牛在哺乳期的发病率，使用犊牛岛不仅能降低犊牛的发病率，还能改善犊牛的饲养管理制度，提高犊牛的成活率和生产性能。同时，要加强对牛初乳和常乳的消毒。

十一、牛支气管炎

牛支气管炎是因受寒、伤风等原因引起的牛支气管黏膜表层或深层的炎症，各年龄牛均可发生，但幼龄和老龄牛更多见。尤其在冬春季节，气候寒冷，奶牛容易发生上呼吸道感染，引发咳嗽病症，继发支气管炎，牧场应做好该病的预防和治疗工作。

（一）诊断要点

1. 发病情况

冬春气候寒冷，牛舍气温差，寒风攻击、雨雪浸淋、气温骤变，或出汗后受凉，贼风吹袭等原因，容易引起牛上呼吸道感染；牛感染了某些病毒、细菌引发传染病，如流行性感冒、口蹄疫、恶性卡他热、肺丝虫病等疾病，可继发该病。牛舍垫料潮湿，发酵产气，或空气中有烟尘、有毒气体（氨、氯、毒气等）；或牛舍干燥，粗饲料质量差，尘埃多；饮水或吃草、经口投服药物时，异物误咽入气管内，可引发该病。饲养管理粗放，如牛舍卫生条件差、通风不良、湿冷以及全混合日粮（TMR）饲料营养不平衡等，导致牛机体抵抗力下降，可诱发该病。

2. 临床症状

（1）急性支气管炎　①初期。病牛初期主要表现为干、短和带有疼痛的咳嗽，咳嗽声高朗，气粗。随病情发展，蛋清样鼻液增多，变为湿而长的咳嗽，咳出灰白色或黄色黏液或脓性痰液，疼痛逐渐减轻。鼻流浆液性、黏液性或脓性鼻液。胸部听诊肺泡呼吸音增强或有断续性呼吸音以及干性、湿性啰音（多为大中水泡音），体温正常或稍高。

②中期。可引起细支气管炎。病牛全身症状加剧，呼吸迫促。结膜发绀，

有弱痛性咳嗽，但很少有痰咳出。听诊，肺泡呼吸音增强，有干性、湿性啰音（小水泡音）。

③ 后期。后期可引起腐败性支气管炎。病牛全身症状加剧，呼出气体有腐败性恶臭，两侧鼻孔有污秽不洁或还有腐败臭味的鼻液流出。X 线检查肺部有较粗纹理的支气管阴影。

（2）慢性支气管炎　受寒感冒，长期顽固性干咳，采食霉变饲料等原因导致。病牛精神萎靡，食欲不振，被毛逆立；咳嗽，喘息，鼻液少而黏稠，病情时轻时重，以剧烈运动后、采食间以及夜间和早晚气温较低时更甚；胸部听诊，肺泡呼吸音增强，长期有啰音；并发肺气肿时，叩诊肺界后移并呈过清音，表现呼吸困难；全身症状不明显。X 线检查肺部，支气管阴影加重，肺部纹理增多、增粗，阴影变浓。

（3）腐败性支气管炎　病牛呼吸困难，呼出气体有腐败性恶臭，两侧鼻孔流出污秽不洁和有腐败臭味的鼻液。肺部听诊，有空瓮性呼吸音。

（二）治疗

将病牛单独喂养在温暖通风但无贼风、透光好的舍内，给予优质青干草、青贮饲料，保持舍内空气清新，清洁卫生，湿度适宜，无尘埃，无刺激性气味，自由饮水。而后，根据情况，推荐使用下列处方治疗。

1. 西医治疗

（1）① 氯化铵 20 克，人工盐 100 克，复方樟脑酊 50 毫升（病牛用药量按 500 千克体重计）。混合，一次灌服。痰液黏稠且不易咳出时，效果好。复方樟脑酊 50 毫升也可用远志酊 20 克替代。② 5%葡萄糖盐水 1 000 毫升，25%葡萄糖注射液 500 毫升，20%安钠咖注射液 20 毫升。混合一次静脉注射，每天 1 次，连用 3~5 天。

（2）① 青霉素 1.5 万单位/千克体重，链霉素 1 万单位/千克体重。一次肌内注射，每天 2 次，连用 3~5 天。② 10%磺胺嘧啶钠 0.1 克/千克体重。静脉注射，每天 2 次。③ 四环素 5 毫克/千克体重，5%葡萄糖注射液 500 毫升。静脉注射，每天 2 次。体温恢复正常后，不要立即停药，继续用药 3 天，以巩固疗效。

（3）① 硫酸卡那霉素 1 万单位/千克体重，鱼腥草注射液 0.1 毫升/千克体重。1 次肌内注射，1 次/天，连用 2 天。② 咳喘定 0.1 毫升/千克体重。1 次肌内注射，每天 1 次，连用 3 天。

2. 中兽医治疗

中兽医治疗该病时，应以止咳化痰，疏风解表为主要治则。推荐处方如下。

（1）炒杏仁 45 克、炙麻黄 30 克、荆芥 60 克、前胡 60 克、紫苏 60 克、五味子 45 克、桔梗 45 克、甘草 45 克。共研细末，开水冲调，候温灌服。每天 1 剂，连用 3~5 剂。本方祛风散寒、宣肺化痰，主治咳嗽，痰白而稀薄，舌苔薄白之风寒束肺。

（2）桑叶60克、前胡60克、连翘60克、黄芩60克、杏仁50克、牛蒡子50克、桔梗45克、芦根45克、薄荷25克。水煎灌服，每天1剂，连用3~5剂。或炙麻黄25克、炒杏仁25克、半夏25克、陈皮30克、茯苓25克、炙紫菀30克、炙百部30克、前胡30克、桔梗25克、知母30克、黄芩35克、苏子30克、五味子20克、甘草20克。水煎灌服，每天1剂，连用3~5剂。也可用沙参60克、麦冬、半夏、杏仁各45克，白芍、丹皮、贝母、陈皮、茯苓、甘草各30克。共研细末，开水冲调，待凉后加入氯化铵10克，1次灌服。以上3方宣肺解表、止咳泄热，主治证见病牛干咳少痰，不易咳出或咳痰黄黏，舌尖红，舌苔薄白之风热袭肺。

（3）半夏60克、杏仁60克、茯苓60克、苍术60克、白术60克、紫菀45克、白前45克、陈皮40克、枳壳30克、白芥子30克、甘草30克。水煎灌服，每天1剂，连用3~5剂。本方燥湿化痰，主治咳嗽，痰多色白而黏之痰湿翻飞。

（4）百合100克、熟地50克、山药60克、黄芪60克、玄参55克、麦冬45克、白术55克、茯苓40克、陈皮50克、半夏45克、白芍40克、甘草40克。共研细末，开水冲调，候温分次灌服。每天1剂，连用3~5剂。本方补肾健脾、润肺止咳，主治证见病牛咳嗽喘息，痰多色白，或稀或稠，咳喘缠绵不愈，遇寒即发，脾肾两虚。

（5）阿胶50克、党参50克、百合50克、贝母50克、紫菀50克、杏仁50克、黄芩50克、桔梗50克、当归50克、知母50克、五味子50克、麦冬50克、甘草25克。共研为末，开水冲服。本方是固肺散加减，可补肺理气，润肺止咳，主治内伤型支气管炎患牛。因饲喂失调，或久咳不息，患病时间过长，长期无力咳嗽，体质虚弱，呼吸短促，口色淡白，脉象细沉，可用次方。

（6）桑叶40克、菊花40克、金银花40克、连翘40克、川贝40克、蝉蜕40克、牛蒡子40克、苦杏仁30克、僵蚕30克、荆芥30克、薄荷30克、淡豆豉25克、桔梗25克、淡竹叶25克、芦根25克、滑石40克、绿豆200克、甘草40克。共研为末，开水冲服。本方辛凉透表，宣肺止咳，清热解毒，急性支气管炎病轻时可用。

（7）款冬花30克、知母30克、桑叶（焙）30克、制半夏60克、麻黄（去根、节）60克、阿胶60克、炒杏仁60克、贝母（去心，麸炒）60克、炙甘草60克。共为细末，开水冲服。本方辛凉透表，宣肺止咳，清热解毒，急性支气管炎病重时可用。

（8）百合45克、白芍25克、当归25克、桔梗25克、玄参30克、川贝30克、生地30克、熟地30克、麦冬30克、甘草20克。加水共煎2次，混合后候温灌服，可用于各种慢性支气管炎，缓解各种呼吸道疾病引起的呼吸道症状。

十二、牛传染性角膜结膜炎

（一）诊断要点

1. 发病情况

炎热潮湿的夏季多发，传播迅速，呈地方流行性。

2. 临床症状

病初多为单眼，然后发展为双眼。病初畏光，大量流泪，眼睑肿胀，其后角膜凸起，巩膜充血，瞬膜红肿，角膜上出现白色或灰色小点。严重者，角膜增厚，发生溃疡，形成疤痕，有时眼前房积脓或角膜破裂，晶状体脱落。病牛一般无全身症状，痊愈后往往失明。

（二）防治

1. 治疗

先用2%硼酸水溶液冲眼，再涂以含可的松的抗生素眼膏。如出现角膜混浊或角膜翳时，可涂抹1%~2%黄降汞软膏。

2. 预防

防止引入病牛，进行杀虫，特别是蝇类，以控制该病的传播。

十三、牛巴氏杆菌病

（一）诊断要点

1. 发病情况

由多杀性巴氏杆菌引起，又称牛出血性败血症，简称牛出败。秋末、冬初及天气骤变时容易发生。

2. 临床症状

急性败血型表现为突然发病，体温升高达40~42℃，结膜潮红，精神沉郁，食欲废绝，呼吸困难，鼻流带血泡沫，腹泻，粪便带血，多在12~48小时内死亡。肺炎型表现为痛性干咳，叩诊胸部浊音，听诊有支气管啰音，胸膜摩擦音。水肿型表现胸前、头颈部水肿，舌咽高度肿胀，呼吸困难，眼红肿，流泪，有时出现血便。

3. 病理变化

剖检可见黏膜和内脏表面广泛点状出血，纤维素性胸膜肺炎，胸腔内有蛋花样液体，肺与心包、胸膜等处粘连，肺组织肝样变，有小坏死灶；肿胀部位呈出血样胶样浸润。

（二）防治

1. 治疗

病初可用抗出败多价血清皮下或静脉注射，大牛 60~100 毫升，小牛 30~50 毫升，必要时在 12~24 小时后重复注射一次。同时肌内注射青霉素、链霉素，3 次/天，连用 3 天；或 20%磺胺嘧啶钠，肌内或静脉注射，2 次/天，连用 3 天。并注意强心、补液等对症治疗。

2. 预防

对病牛和疑似病牛，要严格隔离。发病地区，每年定期接种牛出血性败血症氢氧化铝菌苗，体重 100 千克以上的牛 6 毫升，100 千克以下的小牛 4 毫升，皮下或肌内注射。

十四、犊牛大肠杆菌病

（一）诊断要点

1. 发病情况

由致病性大肠杆菌引起，多发于 10 日龄以内的犊牛，冬、春季多发。气候骤变、阴冷潮湿、饲料和饲养条件变更，卫生不良，母乳过浓或不足，均可促进本病的发生。

2. 临床症状

败血型发生于 2~3 日龄的犊牛，呈急性经过，发热、沉郁，间有腹泻，迅速死亡；肠毒血型常突然死亡，但有的表现先兴奋，后沉郁甚至昏迷，腹泻；白痢型多发于 1~2 周龄的犊牛，初排黄色粥样稀便，后呈水样、灰白色，混有凝乳块、泡沫或血丝，恶臭，病末肛门失禁，常腹痛，可继发肺炎和关节炎。

3. 病理变化

急性死亡的病犊剖检无明显病变。白痢型死亡者，见真胃内有凝乳块，黏膜充血、水肿，有出血点；小肠黏膜充血、出血及部分黏膜脱落，腔内有血液和气泡；肠系膜淋巴结肿大，切面多汁；心内膜出血；肝、肾苍白，有出血点，胆囊内充满黏稠暗绿的胆汁；病程长者，可见肺炎及关节炎的变化。

（二）防治

1. 治疗

发病后及时治疗，内服高锰酸钾水，4~8 克/次，配成 0.5%的水溶液灌服，2~3 次/天，也可内服磺胺脒（每千克体重 100~200 毫克，2~3 次/天）。下痢不止者，内服次硝酸铋或活性炭，同时进行静脉内补液、强心等对症治疗。

2. 预防

保证牛舍和牛体的卫生，让犊牛在 12 小时内吃上初乳，防止接触粪便。母牛怀孕期间要给予足够的营养，产前 1 个月时注射相应血清型的大肠杆菌菌苗，以提高初乳中特异性抗体的含量。保证水质清净，可让犊牛自由饮用 0.1%～0.5%的高锰酸钾水。

十五、牛放线菌病

（一）诊断要点

1. 发病情况

由多种放线菌引起，常侵害牛，以 2～5 岁的牛易感。一般呈散发。

2. 临床症状

病菌侵害颌骨时，上、下颌骨肿大，界限明显，引起咀嚼、吞咽困难；侵害舌肌时，舌组织肿胀变硬、活动不灵，病牛表现流涎，咀嚼困难；侵害乳房时，乳房出现硬块或整个乳房肿大、变形，排出黏稠、混有脓的乳汁；肺脏受侵时，多形成慢性肉芽肿。病程缓慢者皮肤破溃形成经久不愈的瘘管。

3. 病理变化

脓液呈乳黄色，其中有坚硬光滑的、黄白色的细小菌块，似硫黄样颗粒；肉芽肿呈圆形、隆起、黄褐色、蘑菇状，表面偶见溃疡。受损骨骼骨体肥大，骨质疏松。

（二）防治

1. 治疗

硬结小者，在硬结周围注射一定量的青霉素和链霉素；硬结大者，外科手术切除后，创内撒布等量混合的碘仿和磺胺粉，然后缝合，创围注射 10%碘仿或 2%鲁戈尔氏液，同时内服碘化钾，成年牛 5～10 克/天，犊牛 2～4 克/天，连用 2～4 周；重症者，可静脉注射 10%碘化钠，50～100 毫升/天，2 次/天，共 3～5 次；若出现碘中毒现象，暂停用药 5～6 天。骨骼受侵时，由于骨质改变，难以治愈。

2. 预防

防止皮肤、黏膜创伤，不饲喂过长过硬的干草、料，有伤口时及时处理。

第二节　牛常见寄生虫病的防治

一、血吸虫病

血吸虫病是由血吸虫感染引起的一种人畜共患寄生虫病，严重威胁人类健康和畜牧业可持续发展，世界卫生组织将其列为重点防控的热带病之一。

（一）诊断要点

1. 发病特点

日本血吸虫成虫也叫日本裂体吸虫、日本分体吸虫，常寄生于人和动物的门静脉、肠系膜静脉或盆腔静脉等血管内，以血液为食。生活史包括成虫、虫卵、毛蚴、母胞蚴、子胞蚴、尾蚴和童虫等7个阶段。

日本血吸虫感染者或感染动物的粪便中均含有活卵，是本病的主要传染源。带有活卵的粪便通过人工倾倒、河水冲刷、放牧排便等方式进入河流或未经无害化处理的鲜粪直接施肥，均可污染水源。我国日本血吸虫病的主要传染源是患病的牛，不但因为牛易感，更因牛在有螺滩涂放牧，粪便到处排放，污染环境所致。

血吸虫生活史中的唯一中间宿主是钉螺，喜欢栖息在近水岸边、死水湖泊、沼泽洼地、潮湿荫蔽的水草上滋生、附着，秋季最多见。

日本血吸虫病为人兽共患病，不同种族、不同性别的人对日本血吸虫均有易感性。牛、羊、猪、马、狗、兔、猫等家畜，野鼠、家鼠、野兔、猴、狐、豹等野生动物也可感染。

日本血吸虫病通过直接接触传播，即当人、畜接触了含有感染性血吸虫尾蚴的水体（疫水），即可感染本病。人感染日本血吸虫病的主要途径有生产性感染和生活性感染两种类型，从事农业生产、渔业生产，经常大面积接触疫水，特别是打湖草、捕鱼捞虾的农民、渔民、船民，从事洗衣、淘米洗菜等生活活动的人群，喜欢游泳、戏水的儿童，抗洪抢险的人群，常是本病的高危人群。有时，因饮用疫水或用疫水漱口时被血吸虫尾蚴侵入口腔黏膜，也可引起本病感染。

由于中间宿主钉螺活动范围和扩散能力的局限性，日本血吸虫病为地方性流行病，仅在一定范围内流行，某些地区呈小块状或点状分布。在我国，日本血吸虫病的主要流行地区在长江流域及以南的江苏、浙江、安徽、江西、湖南、湖北、广东、广西、福建、四川、云南、上海等12个省（自治区、直辖市）的454个县（市、区），多数在农村，大约1亿人受到威胁。早在20世纪50年代，我国有日本血吸虫病患者约1 160万人，病牛150多万头，经过近70年的努力，上海、浙江、福建、广东、广西等5省区已达到全省（直辖市、自治区）消除标准，四川、江苏达到传播阻断标准，其他5省达到传播控制标准。

另外，日本血吸虫病是一种慢性消耗性疾病，患病家畜生产能力下降，患病人群健康水平和生活质量下降，极少数急性患病家畜和人群在得不到及时、有效治疗时致死率极高；生活在非流行区的人群进入日本血吸虫病重流行区活动，一旦感染，多为急性，且病情更严重。

2. 临床症状

奶牛日本血吸虫病的临床症状与年龄、感染毛蚴的数量等有关。

奶牛感染日本血吸虫后，临床症状比猪和水牛明显，成牛奶牛比奶犊牛明显。奶犊牛感染毛蚴数量多时，往往呈急性经过，体温升高达 40℃ 以上，食欲不振，精神沉郁，离群呆立，不愿活动；之后腹泻下痢，里急后重，排粪失禁甚至脱肛，便中带血或黏液；后期黏膜苍白，被毛粗乱，日渐消瘦、贫血，卧地不起，呼吸微弱，最后衰竭致死。少量毛蚴感染时，症状多不明显，间歇性下痢，渐进性消瘦，体温、食欲多无大的变化，病程多为慢性经过。患病母牛不孕、孕牛流产或产死胎、产奶性能下降。

（二）防治

1. 治疗

治疗本病的首选药物是吡喹酮。吡喹酮片，奶牛 30 毫克/千克体重（限量 300 千克），一次内服。也可使用吡喹酮注射液，相同剂量，一次肌内注射。弃奶期 7 日。

2. 预防

（1）灭螺 每年 3—11 月份是实施药物灭螺的最佳时间。灭螺药物使用 50% 氯硝柳胺乙醇胺盐可湿性粉剂，无异味，无刺激，对人、畜毒性低，不伤害农作物，杀螺效果好，持续长。喷洒灭螺时，按每平方米地面用氯硝柳胺 2 克计算，则 100 千克水中加药 200 克，灭螺面积为 100 米^2，配制药液。先清除灭螺区域内的植被，所有植物齐根割下，集中进行填埋或焚烧；不断搅动药液，直接喷洒地面。大面积滩涂灭螺时，可使用灭螺机提高工作效率。

大力推行环改灭螺，在有钉螺的湿地开挖鱼塘，塘埂硬化或种草养鱼；实施水田改造，水田改旱田，彻底消灭钉螺。

（2）搞好粪便管理 奶牛的粪便是感染本病的根源。牛粪要集中收集，进行无害化处理和资源化利用，以杀灭虫卵，切断血吸虫病的传播途径。通过堆沤发酵、固液分离生产有机肥；通过制备沼气，获取干净能源，沼渣肥用，配制营养土，栽培食用菌，沼液肥用、浸种，循环利用。

同时，结合新农村文明建设，做好改水改厕工作。

（3）改变饲养管理方式 疫区尽量避免奶牛放牧，特别是不去易感地带放牧，逐步改放牧饲养为舍饲。在有血吸虫病流行的地区，要切实管好水源，保持清洁，防止污染。牛饮用水必须选择无螺水源，坚决避免有尾蚴侵袭而感染。

（4）做好疫情监测 及时做好疫情状况监测，认真分析疫情，及时做出预警。

（5）搞好人员防护 对疫区居民和到疫区探亲访友、旅游的人员，要开展血吸虫病预防和健康教育，养成良好卫生习惯，尽量不玩水，不喝生水，不生吃这些环境的生水食物，不去有钉螺生长环境里去放牧牛羊、捞鱼摸虾、洗衣洗菜、游泳健身；抗洪抢险期间，当地居民不要急于下水入田劳作，抗洪抢险人员下水前要做好个人防护，戴好皮手套、口罩，穿好雨靴、雨裤，打好绑腿，涂抹防护剂等，有条件时还可使用1%氯硝柳胺浸泡衣裤。一旦感染血吸虫病，要及时在医生指导下及时治疗。

二、泰勒焦虫病

（一）诊断要点

1. 发病特点

寄生于反刍动物的巨噬细胞、淋巴细胞和红细胞内。环形泰勒虫传播者残缘璃眼蜱生活在牛圈内，故环形泰勒虫病在舍饲条件下发生于6—8月，7月为高峰；瑟氏泰勒虫传播者长角血蜱生活在山野或农区，故瑟氏泰勒虫病在放牧条件下发生于5—10月，6—7月为高峰。

2. 临床症状与病理变化

体温40℃以上，结膜和全身可视黏膜贫血、黄染及有粟粒到高粱粒大的出血点，异食癖，尤以体表淋巴结肿胀为本病特征。

3. 病理变化

剖检可见血液稀薄，全身性出血，脾、肝、肾肿大；全身淋巴结肿大，切面多汁，有暗红色病灶和灰白色结节；真胃黏膜充血、肿胀，有帽针头至黄豆大、黄白色或暗红色的结节，结节部上皮细胞坏死后形成糜烂或溃疡，具有诊断意义。

（二）防治

1. 治疗

可用磷酸伯氨喹啉，按每千克体重3毫克，口服，1次/天，连续给药3次为1疗程。对重危病例应根据临床症状给以强心、补液、止血、补血、健胃、缓泻、舒肝、利胆等对症治疗。

2. 预防

根据环形泰勒虫传播者残缘璃眼蜱的生活习性，12月至翌年1月用杀虫剂消灭在牛体越冬的若蜱，4—5月用泥土堵塞牛圈墙缝，闷死在其中蜕皮的饱血若蜱，6—7月用杀虫剂消灭寄生在牛体的成蜱，8—9月可再用堵塞墙洞的方法消灭在其中产卵的雌蜱和新孵出的幼蜱。瑟氏泰勒虫传播者长角血蜱生长于山地农区，可参阅牛巴贝斯虫病防治措施。

环形泰勒虫病可应用环形泰勒虫裂殖体胶冻细胞苗，接种后20天即产生免疫，但该虫苗对瑟氏泰勒虫病无交叉免疫保护作用。瑟氏泰勒虫病在发病季节可应用三氮脒进行药物预防，每千克体重 3 毫克，配成 7% 溶液深部肌内注射；也可应用咪唑苯脲，每千克体重 2 毫克，肌内注射。

三、牛皮蝇蛆病

（一）诊断要点

幼虫出现于背部皮下时易于确诊。最初可在背部摸到长圆形的硬结，过一段时间后可以摸到瘤状肿，瘤状肿中间有 1 小孔，可挤压出幼虫。此外，剖检时在食道浆膜下、皮下和脊椎管内可发现第一、二期幼虫。

（二）防治

1. 治疗

可选用下述药物杀虫。

① 倍硫磷每千克体重 5~7 毫克，肌内注射，以 11—12 月用药为好（对一、二期幼虫杀虫率为 95% 以上，注射 2 次可达 100%），或按每千克体重 4~10 毫克泼背（自肩后至尾根，沿脊背倾泼于皮肤上）。

② 伊维菌素每千克体重 200 微克，皮下注射。

③ 皮蝇磷每千克体重 100 毫克，制成丸剂内服。

④ 乐果用酒精配成 50% 溶液，成年牛 4~5 毫升，育成牛 2~3 毫升，犊牛 1~2 毫升，在 2~3 月肌内注射，对二、三期幼虫有良好的杀灭作用。

⑤ 敌百虫用温水（20℃）配成 20% 溶液，在牛背穿孔处涂擦，300 毫升/头。涂擦前应剪毛露出穿孔处。一般从 3 月中旬至 5 月底，每隔 30 天处理 1 次，共处理 2~3 次。

⑥ 亚胺硫磷乳油每千克体重 30 毫克，泼洒或滴于病牛背部皮肤，杀虫效果比敌百虫好。

2. 预防

消灭寄生于牛体的幼虫，尤其是一、二期幼虫，在防治牛皮蝇蛆病上具有极重要的作用。为此，必须了解和掌握皮蝇生物学特性，例如成蝇的产卵和活动季节、各期幼虫的寄生部位和寄生时间等，在此基础上有计划地采取大面积的防治措施，才能取得较好的效果。

四、肝片吸虫病

（一）诊断要点

1. 发病情况

寄生于牛、羊、鹿、骆驼等的肝脏和胆管。其发生与中间宿主——椎实螺密切相关，多发于低洼地、湖浸草滩、沼泽地带。干旱年份流行轻，多雨年份流行重，夏季为主要感染季节。

2. 临床症状

轻度感染往往不显症状，而幼畜即使寄生很少虫体也能呈现有害作用。急性型多见于羊，多发生于夏末和秋季，由于幼小虫体大量集中侵入而引起腹膜炎和创伤性肝炎，精神沉郁，体温升高，食欲减退，偶有腹泻现象，有时突然死亡。慢性型最多见，此时虫体已寄居于胆管内，临床上表现为贫血和水肿，食欲不振，体态消瘦，衰弱，步行缓慢，产乳量显著减少，孕畜流产，严重时极度消瘦而死亡。

3. 病理变化

病理剖检，急性病例肝肿大、质软，包膜有纤维素沉积，有 2~5 毫米长的暗红色虫道，虫道有凝固的血液和很小的童虫；腹腔中有血色的液体，有腹膜炎病变。慢性病例肝实质萎缩、退色、变硬，胆管肥厚、扩张呈绳索样突出于肝表面，胆管内壁粗糙，内含大量血性黏液和虫体及黑褐色或黄褐色磷酸盐结石。

（二）防治

1. 治疗

（1）中药治疗 贯仲 12 克、槟榔 30 克、龙胆 12 克、泽泻 12 克，共研末，用水冲服。

（2）西药治疗 口服硫双二氯酚（别丁），按每千克体重 40~60 毫克；或口服硝氯酚（拜耳 9015），每千克体重 5~8 毫克；或口服血防 846，每千克体重 125 毫克；或口服六氯乙烷，每千克体重 200~400 毫克；或口服丙硫咪唑，剂量为每千克体重 20 毫克。

2. 预防

疫区每年春、秋各驱虫 1 次，常用药品有：碘醚柳胺（重碘柳胺），对肝片形吸虫 6 周龄以上的童虫和成虫有较好效果，每千克体重 7.5 毫克，灌服；三氯苯唑，对肝片形吸虫 1 周龄童虫和成虫有效，牛每千克体重 12 毫克，羊每千克体重 10 毫克，灌服；溴酚磷每千克体重 12 毫克，1 次口服，对肝片形吸虫童虫及成虫均有效；5%氯氰碘柳胺钠注射液，牛每千克体重 2.5~5 毫克，羊每千克体重 5~10 毫克，皮下或肌内注射；5%氯氰碘柳胺钠悬浮液，牛 5 毫克，羊每千克体重 10 毫克，口服；双乙酰胺苯氧醚，黄牛每千克体重 75~100 毫克，绵羊每千克体重 80~120 毫克，1 次口服，对童虫效果较好，伴随虫龄的增长，药效降低；硝氯酚，牛每千克体重 5~8 毫克，羊每千克体重 4~6 毫克，1 次口服，对成虫有效；丙硫苯咪唑每千克体重 20 毫克，口服，对成虫有效。

粪便发酵处理，杀死虫卵，对驱虫后排出的粪便尤应严格处理。

五、牛蛔虫病

（一）诊断要点

1. 发病情况

主要寄生于肠道内，流行于我国南方各省、自治区，主要为害 2~5 月龄犊牛。

2. 临床症状

出生后 2 周的犊牛症状严重，表现精神沉郁、嗜睡，吮乳无力或停止吮乳，腹胀，排稀糊样、灰白色腥臭粪便，有时腹痛、血便，口腔发出刺鼻的酸味。

3. 实验室检查

采用饱和盐水浮集法，可检出粪便中的犊弓首蛔虫卵。

（二）防治

1. 治疗

左咪唑每千克体重 8 毫克，混入饲料或饮水中给药；或丙硫苯咪唑每千克体重 5~10 毫克，混入饲料或配成混悬液给药。

2. 预防

在本病疫区，对出生 10 天的犊牛全部进行 1 次预防性驱虫；对 6 月龄以内的犊牛，全部进行普查，粪检发现蛔虫卵的犊牛全部进行 1 次驱虫。

搞好环境卫生，及时清除粪便并堆肥发酵。

六、牛球虫病

（一）诊断要点

1. 发病情况

牛球虫病是由艾美耳属的几种球虫寄生于牛肠道引起的以急性肠炎、血痢等为特征的寄生虫病。牛球虫病多发生于犊牛。

2. 临床症状

主要寄生于小肠、盲肠和结肠内。临床多取急性经过，病初主要表现为沉郁，减食，粪便表面附有数量不等的鲜红血液和血凝块，在肛门周围还残留有新鲜血液。约 1 周后表现消瘦，食欲废绝，反刍停止，排恶臭带血稀便，其中混有纤维素性薄膜样物。末期高度贫血，粪便黑色，几乎全为血液，最后因高度衰弱死亡。慢性型一般在发病后 3~5 天逐渐好转，下痢和贫血症状可能持续数月，粪便中常带少量血液，如饲养管理不良，可逐渐衰弱死亡。

3. 病理变化

剖检可见小肠和大肠广泛性卡他性炎症，小肠后段、盲肠和结肠内充满半流动性的血样内容物，肠黏膜肥厚，有广泛性出血性炎症，淋巴滤泡肿大突出，有白色和灰白色的小病灶，同时常常可见直径 4～15 毫米的溃疡，其表面覆有凝乳样薄膜。直肠内容物呈褐色，恶臭，有纤维素性薄膜和黏膜碎片。

4. 实验室检查

在病变部刮取物中发现有大量裂殖体、裂殖子或卵囊具有诊断意义。仅根据粪便检查有无卵囊做出判断是不确切的。急性球虫病一般发生在球虫的无性繁殖阶段，此时尚无卵囊形成，反之粪便中存在少量卵囊常常是隐性感染带虫者的特征。

（二）防治

1. 治疗

可内服磺胺二甲嘧啶，犊牛每天每千克体重 100 毫克，连用 2 天，也可配合使用酞酰磺胺噻唑；或氨丙啉内服，每天每千克体重 25 毫克，连用 19 天，预防量每天每千克体重 5 毫克，连用 21 天；林古霉素，每头犊牛每天 1 克饮水，连用 21 天。

2. 预防

圈舍应保持干燥、通风，消除积水，勤于打扫，定期消毒。饲料和饮水应保持清洁，严防粪便污染。及时发现、隔离、治疗病牛。犊牛应与成年牛分开饲养，哺乳母牛的乳房要经常擦洗。

七、牛绦虫病

（一）诊断要点

绦虫寄生于肉牛小肠中引起，对犊牛危害较大。由于绦虫体很长，常结成团块阻塞肠道。虫体生长很快，能大量吸取牛的营养并产生毒素，所以，患病肉牛变瘦、贫血、下痢等，粪便中常见到白色米粒状或面条状的虫体节片。

（二）防治

1. 治疗

一次口服 1%硫酸铜溶液 120～150 毫克；或口服砷酸铅 0.5～1 克，用后给予蓖麻油 500～800 毫升；或口服灭绦灵，每千克体重 60～70 毫克；或口服硫双二氯酚，每千克体重 40～60 毫克。

2. 预防

绦虫病为牛羊共患病，生产上应防止羊对牛的感染。

八、多头蚴病（脑包虫病）

（一）诊断要点

多头蚴病（脑包虫病）由寄生于狗肠道的多头绦虫的幼虫，转寄生在牛的脑组织中引起。病牛除消瘦、沉郁、减食外，还有神经症状。常卧地不起，反应迟钝，一侧眼睛失明或视力减退，将头转向一侧，并做旋转运动，步伐不稳，或垂头走路，直到碰到物体时止。脑包虫寄生部位头骨变软。

（二）防治

主要预防措施是给狗口服 3~6 克槟榔驱除绦虫；或捕杀野狗，以防止此病的传染。牛发病后，主要措施是进行头颅手术，将脑包虫囊体从大脑中取出。

九、肺丝虫病

（一）诊断要点

肺丝虫病由牛肺中寄生的网尾线虫引起。患牛抵抗力弱时，出现咳嗽、呼吸困难、消瘦、贫血、食欲减退、肺部有啰音等症状。化验粪便，可见到肺线虫的幼虫。

（二）防治

1. 治疗

病牛可口服驱虫净，按每千克体重 15 毫克；或口服氰乙酰肼，每千克体重 17 毫克；也可按每千克体重 15 毫克，配成溶液皮下注射，每日 1 次，连用 3~5 天；或口服海群生，每千克体重 0.2 克。

2. 预防

加强饲养管理，增强牛的抵抗力，要定期驱虫。

十、蜱病

（一）诊断要点

蜱，又称扁虱、草爬子，常在草地、墙缝中隐藏而在牛体外寄生。体形为扁平的椭圆形，呈红褐色，腹部有四对足。小的如虱子般大小，雌体吸血后似蓖麻子大小。蜱对肉牛的主要危害是吸血和分泌毒素，同时还能引起疫病传播，使肉牛不安、贫血、清瘦。

（二）防治

牛体寄生数量少时，可人工捉除并消灭；如数量较多，可喷洒敌百虫溶液杀灭。对厩舍内躲藏的蜱，可用敌百虫溶液喷洒并堵塞墙缝。

十一、螨病

(一) 诊断要点

螨病是由螨寄生在肉牛体表引起的皮肤病，也称癣或癞。肉牛疥螨病多发生在眼眶、咬肌部及颈部等部位。发病部位为不规则的小秃斑，表面为灰白色，奇痒。后期有痂块，皮肤变厚。病变也可发展到胸腹部位，使牛不安，在物体上擦身。取患部皮屑镜检可见到虫体。

(二) 防治

发现病牛，应及时与健康牛隔离分群，彻底清扫厩舍。治疗时，可将患部被毛剪去，用肥皂水洗净皮肤，然后用0.5%敌百虫溶液洗擦患部，洗的范围要大一些，隔2~3天洗1次，连续2~3次。也可在1 000毫升水中加入特敌克（双甲脒乳化剂）药液4毫升，涂擦患部。用烟叶或烟梗1份，加水20份，浸泡1天后煮1小时，取煎煮液清洗患部，每天2~3次，也有较好的疗效。

十二、犊牛隐孢子虫病

(一) 诊断要点

1. 发病情况

主要寄生于犊牛的回肠，其次是十二指肠和大肠。

2. 临床症状

大量感染时，可引起犊牛腹泻，食欲缺乏，精神委顿，虚弱无力，体重下降，一般病程为6~14天，有的可复发。本病常可合并感染其他肠道病原体，使病情趋于复杂化。

3. 实验室检查

采用饱和盐水或食糖溶液浮集法浓集粪便中的卵囊，由于卵囊极小，多采用涂片染色在1 000倍显微镜下检查。常用的染色方法为抗酸染色法或沙黄-美蓝染色法。

(二) 防治

目前尚无特效药物，螺旋霉素、盐霉素、多黏菌素、呋喃西林对犊牛隐孢子虫病有一定疗效。5%氨水及10%福尔马林有杀灭卵囊的作用，可用于牛舍消毒。

十三、犊新蛔虫病

犊新蛔虫病是新蛔属的牛新蛔虫（牛弓首蛔虫）寄生于犊牛小肠内引起的，

其主要症状是腹泻、肠炎、血便、腹部膨大和腹痛。

（一）诊断要点

1. 发病情况

犊牛新蛔虫成虫只寄生于 5 个月以内的犊牛，主要以子宫内感染为主，但有时母牛的乳汁中也含有幼虫，犊牛也因此而感染。在自然情况下 2 周～4 月龄犊牛小肠中有成虫，成年牛只有在内部器官中寄生有幼虫。虫卵对化学药物抵抗力很强，但鲜石灰乳能将其杀死，高温干燥（40℃以上）或夏季日光直射能消灭虫卵。而冬季冰雪下未发育的虫卵，大部分能越冬存活。

2. 临床症状

病犊主要表现精神不振，吮乳无力或停止吸乳，腹胀、消瘦、腹泻、便中排出灰白色腥臭稀粪或血便，有腹痛症状，焦躁不安。严重时可引起肠阻塞或肠穿孔。如不及时治疗，患畜死亡率很高。

（二）防治

1. 治疗

可选用驱蛔灵 250 毫克/千克体重，丙硫苯咪唑 10 毫克/千克体重，精制敌百虫 40～50 毫克/千克体重，驱蛔灵 100 毫克/千克体重或左旋咪唑 7 毫克/千克体重，一次内服。也可用左旋咪唑注射液 5 毫克/千克体重肌注。

调理胃肠机能增强机体抵抗力，可肌内注射 2.5% 的维生素 $B_1$10 毫升、10% 的维生素 C 20 毫升和氟美松（5 毫克/支）6 毫升等。一年驱虫 2 次。抑菌消炎可用磺胺类药、氯霉素、青霉素、链霉素等杀菌消炎药。补充体液解除酸中毒可静注复方氯化钠注射液 1 000 毫升，10% 的葡萄糖 100 毫升，5% 的碳酸氢钠注射液 500 毫升。强心利尿处理可静注或肌内注射 10% 的安钠咖注射液 10 毫升。对有明显腹痛症状的犊牛可肌内注射 30% 安乃近 10 毫升或氨基比林注射液 20 毫升。

2. 预防

15～30 日龄是成虫寄生的高峰期，这时应进行驱虫处理。同时应注意牛舍清洁卫生，垫草和粪便应进行生物发酵处理，母牛和小牛最好隔离饲养。

十四、牛眼虫病

（一）诊断要点

1. 发病情况

寄生于牛的眼结膜囊、第三眼睑和泪管内。多发于温暖、潮湿、蝇类活动的季节。各种年龄的牛均可发生，可引起结膜角膜炎，病牛摇头不安，羞明流泪，结膜潮红，角膜混浊和溃疡。继发细菌感染时病情加剧，可引起失明。

2. 临床症状

在眼内发现虫体即可确诊。虫体有时游动到眼球表面，容易发现，一般情况下，需用手指轻压内眼角区，然后用镊子把瞬膜提起，即可发现虫体在其中活动。

（二）防治

1. 治疗

可选用的药物：左咪唑每千克体重 8 毫克，连服 2 天，或 10%左咪唑液滴眼；或 3%硼酸或碘水溶液（1：2 000）冲洗患眼，间隔 5~6 天冲洗 2 次；或 2%可卡因滴眼，虫体受刺激爬出，用镊子将虫体取出杀灭；或用 90%美沙立定 20 毫升皮下注射。但并发结膜炎或角膜炎时，应同时使用青霉素软膏或磺胺类药物治疗。

2. 预防

在本病流行区的冬、春季节进行 2~3 次全群的预防性驱虫，每次间隔 1 个月。

第三节　牛常见普通病的防治

一、食道梗塞

（一）诊断要点

1. 发病原因

动物常在采食过程中突然发病，咽下困难或不能咽下是突出的症状，同时有大量含饲料碎片的白色泡沫从口、鼻流出，呈牵缕状。

2. 临床症状

颈段食道阻塞时，可用手触到异物，在左侧颈沟处有局限性隆起；胸部食道阻塞时，阻塞部上方食道内集有唾液，触诊有波动感；用胃管探诊至阻塞部呈现抵抗。反刍动物食道完全阻塞时，可迅速引起瘤胃臌气；犬食道阻塞时，压迫颈静脉引起头部血液循环障碍而引起头部水肿。

（二）治疗

1. 牛如在排出梗塞物之前已发生臌气，先行瘤胃穿刺排气，并将套管针留置到梗塞物排出后拔出。

2. 梗塞物的排出方法

（1）经口排出法　适于颈部食道梗塞。大动物将头部确实保定，装着开口器，助手在颈部用手将梗塞物推送到咽部固定，术者将舌拉出，手伸入咽部取出梗塞物。犬、猫不完全阻塞时，可试用催吐剂阿朴吗啡等（犬 3 毫克，猫 1 毫克，皮下注射）；若阻塞物接近咽喉部，可在颈部用手向外推挤排出异物，或打开口腔，用异物钳取出。

（2）胃管推下法　适于胸部食道梗塞。先将 2%～5% 普鲁卡因溶液 10～20 毫升注入食道，10 分钟后将植物油或液状石蜡 100 毫升注入食道，用食道探子将梗塞物缓慢地向胃内推送。

（3）打气、打水法　先将胃管插入食道抵梗塞物，外端接打气筒，助手打气数次，术者配合推动胃管，可能将梗塞物推入胃中；或外端连接"邦浦"式投药器，急速打水数次，配合推胃管可将梗塞物推下。注意预防食道破裂。

（4）手术法　颈部食道梗塞，各种方法不能排除时，可用食道切开术取出。如梗塞物在胸部食道，可用胃管通过食道切口，将梗塞物推进到胃内；或作胃切开术，通过贲门用钳子取出，或用胃管插入，推送回口腔后取出。

二、前胃弛缓

（一）诊断要点

1. 发病原因

饲料单一、质量低劣，维生素或矿物质缺乏，饲养管理不当等可引起原发性前胃弛缓。

2. 临床症状

其他消化器官疾病如瘤胃积食、瘤胃酸中毒、创伤性网胃炎、瓣胃阻塞、真胃变位及肝脏疾病，一些营养代谢病如骨软症、生产瘫痪、酮病等，某些中毒病、传染病、寄生虫病及外产科病以及用药不当等可引起继发性前胃弛缓。

急性前胃弛缓主要表现食欲减退甚至消失，反刍弛缓甚至停止，瘤胃蠕动音减弱，次数减少。瘤胃充满内容物，坚硬，粪便干硬或下痢，色暗且被覆黏液。重症可出现酸中毒和脱水，患畜鼻镜干燥，眼球下陷，黏膜发绀，反刍、食欲废绝，呼吸、脉搏加快，精神沉郁。

慢性前胃弛缓的症状时轻时重，病程长，食欲不振或不定，有异嗜现象。触诊内容物松软或干硬，排粪多为干稀交替，色暗有恶臭。患畜逐渐消瘦、贫血、被毛粗乱，后卧地不起、体温下降。后期伴发瓣胃阻塞，精神高度沉郁、鼻镜龟裂、全身衰竭，发生脱水和自体中毒。

3. 实验室检查

瘤胃液 pH 值在 5.5 以下，纤维素消化试验时，棉线消化断裂时间大于 50 小时。

（二）治疗

① 初期绝食 1~2 天，积极治疗原发病，给予易消化草料。

② 皮下注射毛果芸香碱 0.05~0.15 克，或新斯的明 0.02~0.06 克，或氨甲酰胆碱 1~2 毫克，可 2~3 小时重复注射 1 次；内服槟榔末 30~40 克或酒石酸锑钾 4~8 克（牛），1 次/天，连用 1~3 天。

③ 用 10%氯化钠 300 毫升、5%氯化钙 100 毫升、10%安钠咖 20 毫升，静注，连用 1~2 次。同时皮下注射硝酸士的宁 0.015~0.03 克，效果更好。

④ 从健康牛的口中取出反刍食团，投与病牛，或用胃管吸取健康牛的瘤胃液，或从屠宰场取得瘤胃内容物（保存于温水桶中）投与病牛。

⑤ 如因酸中毒出现心衰时，可静脉滴入等渗糖盐水 2 000~4 000 毫升、5%碳酸氢钠 1 000~2 000 毫升和 10%安钠咖 20 毫升，有良好效果。

⑥ 内服硫酸镁或碳酸钠 300~500 克、石蜡油或植物油 1 000 毫升、鱼石脂 10~20 克及温水 600~1 000 毫升。牛也可内服稀盐酸 15~30 毫升、酒精 60 毫升、煤酚皂液 10~20 毫升及常水 500 毫升。

⑦ 在病牛的恢复期内服健胃剂，如酒石酸锑钾 6 克、番木鳖粉 1 克、干姜粉 10 克、龙胆粉 10 克混合给牛内服，1 次/天；或龙胆粉、干姜粉、碳酸氢钠各 200 克，番木鳖粉 16 克，充分混合，分成 8 份，牛内服 2 次/天，1 份/次。

⑧ 中药可选四君子汤、八珍散或厚朴温中汤。

三、瘤胃积食

瘤胃积食又名瘤胃阻塞、急性瘤胃扩张，因过食大量难消化易膨胀的饲料，或过食大量精料引起，也能引起瘤胃积食。发生瘤胃积食时，瘤胃容积增大，内容物停滞和阻塞，整个前胃机能障碍，最后导致脱水并形成毒血症。

（一）诊断要点

1. 过食大量难消化易膨胀的饲料所引起的瘤胃积食

食欲、反刍、嗳气、瘤胃蠕动减少或停止，腹痛，左腹中、下部膨大，触诊硬感如面团样，有时左腹上部有少量气体。排软便或腹泻，恶臭，重则混血液及黏液。压迫膈和胸腔时呼吸困难。后期肌肉震颤，走路摇摆，运动失调。

2. 过食大量豆谷类精料引起的瘤胃积食

食欲、反刍减少或废绝，可从粪便或反刍物中发现大量豆谷粒，有时出现臌气或腹泻，继则出现神经症状：视力障碍，盲目直行或转圈，重则狂躁不安，头抵墙壁或攻击人、畜，或嗜眠卧地不起。出现严重脱水、酸中毒是本病的特征。

（二）治疗

1. 排出瘤胃内容物

① 用硫酸钠或硫酸镁400~800克、松节油30毫升、马钱子酊15毫升、酒石酸锑钾6克，加水4 000~8 000毫升后1次内服；也可用液状石蜡2 000~4 000毫升、松节油30毫升、马钱子酊15毫升、酒石酸锑钾8克，1次内服；或用硫酸钠400克、液状石蜡2 000毫升、松节油30毫升、马钱子酊15毫升、酒石酸锑钾6克，加水4 000毫升，1次内服。

② 用胃管向胃内灌入大量温水，然后再导出，如此反复进行，直到将胃内食物大部分导出为止。此法可收到良好效果，但体质衰弱，呼吸困难者不宜进行。

③ 将瘤胃切开，掏空内容物，放入少量干草和清水，并接种健康牛的瘤胃液。接种不方便时，不宜掏空，应留1/3的瘤胃内容物。

2. 兴奋瘤胃

① 用草把按摩瘤胃，可刺激瘤胃蠕动，在病后6~8小时，每30分钟按摩1次，5~10分钟/次，同时灌服酵母粉500克、温水4 000毫升，对轻症病例能取得良好效果。

② 用"促反刍液"500~1 000毫升，1次静注，同时可用新斯的明20~60毫克或氨甲酰胆碱4~6毫克或毛果芸香碱20~50毫克皮下注射，最好用最小剂量，每2~3小时重复1次。

3. 解除脱水、酸中毒

尤其对过食豆谷类精料引起的瘤胃积食，应把解决此问题放在首要地位。

① 用等渗糖盐水或复方氯化钠注射液8 000~10 000毫升，分2~3次静脉滴入。在每次静脉滴注时可加入10%安钠咖20毫升和5%维生素C 60毫升，效果更好。

② 口服碳酸氢钠100~200克，或静注5%碳酸氢钠500~1 000毫升或11.2%乳酸钠200~400毫升。

高度兴奋者，可静注水合氯醛酒精注射液100~250毫升，或水合氯醛硫酸镁注射液100~200毫升，缓慢注入。

四、瘤胃酸中毒

在日常的饲养管理中，由于育肥饲喂精料量过高，精粗料比例失调，不遵守饲养制度，突然更换饲料；饲喂的青贮饲料酸度过大，引起乳酸产生过剩，导致瘤胃内pH迅速降低；其结果，因瘤胃内的细菌、微生物群落数量减少和纤毛虫活力降低，引起严重的消化紊乱，使胃内容物异常发酵，导致酸中毒。

（一）诊断要点

1. 发病原因

有过食富含碳水化合物、酸度过高的青贮玉米或质量低下的青贮饲料的病史。

2. 临床症状

一般于采食后 8~12 小时发病，最急性病例 3~5 小时不显症状而突然死亡。

轻症病例精神抑郁，结膜充血，食欲、反刍废绝或停止，空嚼磨牙，流涎，粪便细软、色淡而有恶臭味。瘤胃蠕动音减弱或消失，触之有明显波动感，冲击可有震水音。机体脱水，皮肤干燥，眼窝下陷，少尿或无尿。血液暗红、黏稠。患畜呼吸急促，脉搏增数。

重症病例可见有明显的神经症状，兴奋不安，甚至有攻击行为，运步强拘，前奔而以头抵障碍物或作圆圈运动，出现视觉障碍；或精神高度沉郁，卧地呈昏睡状态，可瘫痪或仅有后肢麻痹，角弓反张，各种反射减弱或消失，最后昏迷甚至死亡。

（二）治疗

临床上出现下痢症状时应立即停喂精料，给予优质干草或稻草。加精料时，要按日逐渐增加喂量，切不可突然增量，配合料加适量缓冲剂。轻症病牛用变换饲料的办法经 3~4 天即可恢复。瘤胃酸中毒病情恶化较快，稍有耽误很可能死亡，应该早诊断早治疗。

临床治疗时，对轻症病例，用碳酸钠粉 300~500 克，姜酊 50 毫升，龙胆酊 50 毫升，水 500 毫升，1 次灌服，或每日灌服健康牛瘤胃液 2 000~4 000 毫升。严重时要进行瘤胃冲洗，即用粗胶管经口插入瘤胃内，排除胃内液状内容物，然后用 1% 盐水或自来水反复冲洗，直至瘤胃内容物无酸臭味而呈中性或弱碱性为止。用 5% 碳酸氢钠注射液 2 000~3 500 毫升，给牛 1 次静脉注射，能纠正体液 pH，补充碱储量，缓解酸中毒。

五、瘤胃臌胀

（一）诊断要点

1. 发病原因

由于肉牛采食大量易发酵的饲料，如春天开牧或突然改变饲草未给予过渡期所引起，以肥嫩多汁的青草，特别是豆科牧草最易引发本病，也有因吃了腐败变质的饲草饲料，冻伤的土豆、萝卜、山芋等块根块茎饲料，误食有毒植物等造成瘤胃麻痹，或这些饲料发酵产生大量小泡沫不破裂，妨碍嗳气而引起发病。

2. 临床症状

患急性瘤胃膨气的病牛，腹围增大，而以左侧膨胀最明显。食欲和反刍完全消失，站立不稳，惊恐，出汗，呼吸困难，眼球突出。慢性发病者，常呈周期性发作，时间长者会继发便秘、下痢等。

（二）治疗

1. 加强饲养管理

将干草改为鲜草（特别是豆科草、嫩草）以及饲料大规模更换时，一定要有过渡期，防止牛大量食入发酵饲料、变质饲料和异物。

2. 重视病牛急救

发生急性病例或窒息危险时，应采取急救措施，即用套管针进行瘤胃穿刺放气。属于泡沫性膨气者，可经套管针筒注入松节油、鱼石脂、酒精合剂100～200毫升。非泡沫性膨胀者，可投给氧化镁50～100克的水溶液，或新鲜澄清的石灰水1 000～3 000毫升。也可将臭椿树皮捣碎灌服；或萝卜籽500克，大蒜头200克，捣烂加麻油250克，灌服；也可用熟石灰200克、熟油500克，灌服。

3. 中药治疗

中药可用丁香散：丁香30克、木香30克、藿香40克、槟榔片25～30克、二丑150～200克、青皮40克、陈皮40克，碾为末，开水冲，候温灌服。

六、瓣胃阻塞

（一）诊断要点

1. 发病原因

瓣胃阻塞又称"百叶干"。由于肉牛采食大量不易消化的粗纤维饲料，也可能是长期采食麸糠、豆角皮或带泥土的饲草，或饮水不足而发病，或由于其他胃病而继发本病。目前多见的病因是误食塑料、尼龙类人工合成编织物碎片。

2. 临床症状

初期，病牛精神沉郁，食欲不振，反刍减少，有时空口咀嚼。后期，体温升高，呼吸加快，食欲全无，鼻镜干燥，排粪少而干硬并呈球状或块状，外面带有大量黏液。叩诊瓣胃（右侧7～9肋间）浊音区增大，并有疼痛感。

（二）治疗

仔细检查粗饲料，细心检出其中的杂物。要经常喂给肉牛青绿多汁饲料，保证足够的饮水和运动。

内服泻剂常有较好的效果。可用石蜡油1 000～2 000毫升，硫酸镁（或硫酸钠）300～500毫升，番木鳖酊10～20毫升，龙胆酊30～50毫升，加水2 000～

3 000毫升，一次灌服。

瓣胃注射效果更好。10%硫酸钠（或硫酸镁）溶液500~1 000毫升，石蜡油300~500毫升，一次瓣胃注射。

用磨碎的芝麻0.5~1.0千克，白萝卜汁2.5~5.0千克，调匀灌服，再用去皮的大麦仁5.0~7.5千克，煮汤，让病牛自饮或灌服。

也可手术取出堵塞物，不过，手术成本太高，经济上不太合算。

七、创伤性网胃心包炎

（一）诊断要点

1. 临床症状

初期呈前胃弛缓症状，食欲减退，反刍减少，嗳气增多，间歇性瘤胃臌气，便秘或下痢。病牛行动和姿势异常，站立时肘头外展，呆立，弓腰，磨牙，不愿卧地，肘肌颤抖，躲避触摸甚至不断呻吟；体温升高，脉搏加快，愿走软路，上坡路，而忌下坡路和急转弯。

刺伤心包时，可听到心包击水音和心包摩擦音，叩诊心音界扩大。血液回心受阻时颈静脉怒张，伴有颌下、胸前或腹下水肿，体温先升高后下降。严重消化障碍，逐渐消瘦。

2. 实验室检查

白细胞总数增多，有时达正常的2~3倍，嗜中性粒细胞增多，核左移，淋巴细胞减少；应用副交感神经兴奋剂皮下注射可使病情加重。患创伤性网胃心包炎时，X线胸部透视检查显示心脏体积极度增大，可见有铁钉等异物穿透网胃至横膈及心包。金属探测仪检查网胃及心区，呈阳性反应。

（二）治疗

① 确诊后尽早施行手术，经瘤胃内入网胃中取出异物；或者经腹腔，在网胃外取出异物，并将网胃与膈之间的粘连分开，同时用大剂量抗生素或磺胺类药物进行注射，预防继发感染。

② 心包穿刺治疗，在左侧第4~6肋间，肩关节水平线下约2厘米，沿肋骨前缘刺皮下，再向前下方刺入，接上注射器边抽吸边进针，直到吸出心包渗出液为止，同时要掌握穿刺深度，以免损伤心肌而导致死亡，并要防止空气逸入胸腔；经穿刺排出渗出液后，要注射抗生素防止感染。

③ 对症治疗可用洋地黄、毒毛旋花子苷K、速尿、盐类泻剂进行强心和利尿。

④ 本病重在预防，加工和饲喂草料时，应清除金属异物。同时，可在牛胃放置磁铁环或定期使用牛胃吸铁器进行吸铁。

八、青草抽搐

(一) 诊断要点

1. 发病原因

多发生于低温多湿的初春和晚秋，特别是在早春放牧开始后的 2~3 周以内发生较多。春天的青草含镁量最低，而采食大量含钾的青草或小麦草，能促使青草搐搦的发生。特别是阴雨之后，迅速生长的青草和谷草中，含镁、钙、钠离子及糖分都比较低，而含钾、磷离子则比较多。钾能影响瘤胃代谢，特别是镁的吸收作用。饲草中蛋白质含量过高，钾含量相对高于钠，以及钙磷镁比例不平衡等，都是发生本病的因子。

2. 临床症状

表现兴奋、痉挛等神经症状。特急性型的牛正在吃草时突然头向某一侧的后方伸张，呈侧反张姿势，左右滚转，反复出现强直性痉挛，2~3 小时内死亡。急性型病牛精神沉郁、步态蹒跚，24 小时以内对光线、音响、接触等敏感性增强。耳竖立，眼球震颤，瞬膜突出。头部特别是鼻、上唇以及腹部、四肢的肌肉震颤，反应增强，接着出现破伤风样的全身性的强直性痉挛而倒地。血液检查，其特征是血清镁值急剧下降至 0.4~0.9 毫克/100 毫升（正常值为 1.8~3.0 毫克/100 毫升）。血清钙值正常或稍微下降。

(二) 防治

初春或晚秋不宜过度放牧，即便放牧也要采取半日放牧半日饲喂的方法。对曾经发生过本病的母牛，要适当控制放牧时间。本病的发生，主要是由于牛肠道镁的吸收能力比较低，而同时体内又缺乏控制镁代谢稳定性能力时所致，尤其是青草中镁的含量不足，是一个很重要的因素。所以，平时应在精饲料中加入氧化镁，用量为每千克体重 0.1~0.2 克，以补充镁的不足。本病一般呈急性经过，特别是特急性型病例，发病后 2~3 小时即可死亡。因此，必须抓紧时间进行治疗。

本病的治疗，补给镁和钙制剂极为有效，20%硫酸镁溶液 200~400 毫升，连日或隔日静脉或皮下注射 3 次，首次应配合静脉注射 20%硼酸葡萄糖酸钙注射液 200 毫升，效果较好。

九、胃肠炎

(一) 诊断要点

1. 发病原因

胃肠炎分为传染性胃肠炎和饮食性胃肠炎两种。发病多由于突然改变饲料，喂给腐败、霉烂、变质的饲料，食入有毒物质及冰冻饲料等。胃肠出血型败血病、犊牛大肠杆菌病、沙门氏杆菌病、恶性卡他热、病毒性下痢、空肠弧菌性冬痢、犊牛球虫病、肝片吸虫病等传染性疾病也能引起本病的发生。

2. 临床症状

病牛突然发生剧烈而持续性腹泻。排出的粪便稀呈水样，有黏液、假膜、血液或脓性物，恶臭。食欲、反刍消失，但口渴。喜卧地，表现腹痛，眼球下陷，精神不好，四肢无力。

（二）防治

消除发病因素，禁止喂给有毒食物和霉烂、变质饲料。如发现是由于传染性疾病引起的，应及早隔离消毒。应该用抗菌消炎药物治疗。内服黄连素，每日 3次，每次 2~4 克。或内服磺胺脒，每日 3 次，每次 30~50 克。如发生严重脱水、酸中毒时，可考虑进行输液治疗。

治疗肉牛胃肠炎有良效的中药配方。

方一：灶心土 100 克、侧柏枝一把（烧成灰），混合后一次灌服。

方二：鲜马齿苋 1 500 克、龙胆草 80~150 克，捣烂取汁，加童便 2 碗，混合后一次灌服。

方三：地榆 34 克、血竭 32 克、黄柏 30 克、仙鹤草 34 克、龙胆草 23 克、茵陈 28 克，共研为细末，开水冲烫，温凉后灌服。

方四：槐花（炒）加等量的蜂蜜，空腹喂下，每天 1 次喂 800 克，连服 3~6 天。

方五：云南白药 6~10 克，用温开水溶化后灌服。

方六：槐花（炒）70 克、当归 40 克、黄芪 40 克、地榆 48 克、沙参 37 克、地黄 45 克、甘草 30 克、白芍 36 克，共研为细末，用蜂蜜 200 克为引，开水冲，温凉后灌服。如果病牛气弱喘急，加阿胶 36 克；粪便稀薄呈黄色，加苍术、茯苓、白术各 35 克；体质瘦弱，四肢无力，加党参 38 克、五味子 35 克；小便短赤，加茯苓 37 克、车前子 30 克、泽泻 38 克；若食欲、反刍减少或停止，加厚朴 38 克、青皮 40 克、大黄（酒炒）36 克。

十、尿道结石

（一）诊断要点

饲喂精料较多的肉牛，易发生尿道结石。典型表现是排尿困难和血尿。若结石在肾脏，表现为肾区疼痛，运步困难，步态紧张；若结石在输尿管，表现为有强烈的疼痛不安，尿量明显减少；若结石在膀胱，表现为频频排尿，排尿时呻吟不安，有时出现血性尿液；若结石在尿道，则表现为断断续续或点滴状排出尿液，排尿时拱背缩腹，后肢屈曲叉开。

（二）治疗

1. 饮食疗法

停止饲喂富含矿物质的饲料，补充富含维生素 A 的饲料，同时给予大量饮水或使用利尿剂。

2. 中药疗法

海金砂 30~60 克、金钱草 60~100 克、萹蓄 30 克、瞿麦 20~30 克、知母 20 克、黄柏 20 克、延胡索 20~25 克、滑石 30 克、木通 20 克、甘草 20 克，以上药物研成细末，开水冲服。

也可将芒硝 150 克、滑石 50 克、茯苓 30 克、冬葵子 30 克、木通 50 克、海金砂 35 克，研末后开水冲服。

十一、真菌毒素中毒

（一）诊断要点

1. 发病原因

牧草保存不善，常会发霉变质，尤其是夏秋季堆垛时遭遇连阴雨天气，草垛的中心和低部常生长大量真菌，春季养牛饲喂这部分草料，就会出现中毒症状。引起牛中毒的真菌主要是镰刀菌毒素。镰刀菌可以寄生在稻草、麦秸、甘薯秧、花生秧、多种牧草等草料上。

2. 临床症状

真菌毒素主要作用于家畜的外周血管，使局部血管发生痉挛性收缩，导致管壁增厚、管腔狭窄，引起血流缓慢和血栓形成，出现水肿、出血与肌肉变形、坏死，若继发细菌感染，病情会进一步恶化，严重者可使球关节以下腐烂。本病常突然发生，病牛步态僵硬，细观会发现蹄冠微肿，凹部皮肤有横行裂隙，微热，有痛感。数日后，肿胀部会蔓延至腕关节或跗关节，行走困难。随后，肿胀部皮肤变凉，表面有淡黄色透明液体渗出。若继续发展，肿胀部位皮肤破溃后，导致出血、化脓、坏死，创面久不愈合，腥臭难闻。严重者，蹄匣可能脱落。有些病牛的耳尖和尾尖部位，会出现干性坏死，皮肤干硬，呈现暗黑色。

（二）防治

1. 预防

取用草垛底部的牧草时，要注意检查，尤其是春雨绵绵时节，更需细心，发现结块霉烂的草料，应及早抛弃。注意观察牛群，发现有牛出现肢蹄部病变时，应细心检查，若确定属于发霉牧草中毒，应改用优质干草，同时补饲发芽饲料、白菜、萝卜、胡萝卜等，以补充维生素，增进食欲。

2. 治疗

发病初期，为促进血液循环，应热敷患肢，每天 2~3 次，每次 30 分钟，将白胡椒面 20~30 克与白酒 200~300 毫升混合后，一次灌服。对皮肤破溃者，要及时使用 0.1%新洁尔灭溶液清洗创面，创面撒布外用磺胺药，也可配合使用抗生素进行治疗。为了促进肉芽组织及上皮增生，加快疮口愈合，可用红霉素软膏涂敷患部，每天 1~2 次。病情严重者，可静脉注射 5%葡萄糖 1 000~2 000 毫升，配合 10%维生素 C 20~40 毫升。

十二、产后瘫痪

母牛产后瘫痪，又称生产瘫痪或乳热证，是 5~9 岁母牛，分娩后突然发生的一种以舌、咽、肠道麻痹，四肢瘫痪，知觉丧失及体温下降为特征的常见多发性产科疾病。

（一）诊断要点

1. 发病原因

（1）日粮搭配不当　常见的是饲料中钙磷比例失调。钙和磷是构成牛骨骼的主要矿物质元素，来源于日粮。如果日粮搭配不合理，钙、磷含量不足或比例不当，或维生素天含量不足，就不能从血液和间质中源源不断地获取，即会妨碍吸收，引起牛的蹄叶炎、产后瘫痪、酮病、乳房水肿，甚至会引发牛的真胃变位、瘤胃酸中毒等多种疾病。

（2）产后泌乳过量　初乳中含有比常乳更高的钙和磷，当母牛分娩后，随着初乳的泌出，大量的钙磷从初乳中排出。即便初乳量不大，但因钙磷含量高，如果是为了获取大量的初乳，产后母牛挤出的初乳量大，就很容易使母牛的血钙量迅速下降，如果不能迅速从消化道补充，肠道吸收，或及时动用骨骼中的钙，就会使血钙含量快速下降，引发产后瘫痪。

（3）饲养管理不当　母牛产后产奶量大，血钙从乳汁中流失多，流失快，如果在产前停食时间过长；或饲料品种单一，粗饲料品质差，只供应玉米秸、麦秸、芦苇等杂草，母牛产后消化不良，吸收差；运动不足；接产过程中，消毒不彻底，保温措施不利，圈舍阴暗潮湿，长期光照不足；母牛临产过程中，难产，强行拉拽胎儿，造成产道损伤，产后大失血；或难产时采取措施进行强行分娩，母牛体内贮备大量消耗等等，都可诱发或激发母牛的营养代谢性疾病，尤其是产后瘫痪的发生。

（4）生产年龄偏大　实践证明，随着母牛年龄的逐渐增大，本病的发病率也在上升。一般 5~8 岁的母牛，特别是奶牛，更容易发生本病。其原因可能是年龄越大，吸收能力越差。而青年牛胃肠机能好，虽然每天分泌的乳汁多，血钙下降也快，但都能快速从消化道和骨骼中得到补充。而随着年龄的增大，母牛的这种反应过程变得迟缓，胃肠吸收钙的能力也明显下降，血钙一旦出现快速下降，很难在短时间内得到快速补充，就会出现本病。

2. 临床症状

典型的母牛产后瘫痪多发生于产后 12~72 小时内。往往见不到有什么明显的临床症状就突然发生瘫痪。如果仔细观察，常可分为 3 个发病阶段。病初，产后母牛多表现不安，精神沉郁，食欲不振，空嚼磨牙，瘤胃蠕动音减弱，肠道麻痹，头颈和后肢僵硬，运动失调，强迫卧地时常呈犬坐姿势，知觉丧失；母牛分娩后 3~7 天，病牛常表现伏卧不起，四肢屈曲于胸腹之下，冷凉，无力活动，头向后仰，呈 "S" 状，体温正常或下降，心率、呼吸加快，前胃蠕动迟缓，食欲减退，反射消失，严重者瞳孔反射消失；分娩后 1 周，瘫痪病牛常现昏睡状，体温下降，反刍、胃肠蠕动停滞，臌气，直肠中可见干硬的结粪，膀胱充盈，病重者呼吸困难，心音微弱，瞳孔散大，意识丧失，卧地不起。

（二）治疗

下列处方中药物用量为体重 200 千克母牛用量，具体用量可按体重大小灵活掌握。

1. 补钙疗法

方 1：① 25%葡萄糖注射液 500 毫升，20%安钠咖 20 毫升；② 10%葡萄糖注射液 500 毫升，维生素 B_1 注射液 30 毫升；③ 10%葡萄糖酸钙注射液 1 500 毫升，缓慢静脉注射。上述 3 组药物分别、依次使用。1 日 1 次。一般可连续用药 3~5 天。

方 2：① 25%葡萄糖酸钙 1 000 毫升，静脉注射；② 5%氯化钙注射液 500 毫升，静脉注射；③ 10%葡萄糖酸钙注射液 1 200 毫升，20%磷酸二氢钠注射液 250 毫升，静脉注射；④ 0.1%亚硒酸钠-维生素 E 注射液 40 毫升，肌内注射。上述 4 组药物分别、依次使用。病情严重者，10%安钠咖注射液（或 10%樟脑磺酸钠注射液 20~40 毫升），肌内注射；呼吸急促者，5%碳酸氢钠注射液 500 毫升，地塞米松磷酸钠注射液 10 毫升。1 日 1 次。一般可连续用药 3~5 天。

方 3：10%氯化钙注射液 250 毫升，25%葡萄糖注射液 1 000 毫升，地塞米松磷酸钠注射液 20 毫克，混合后一次缓慢静脉注射。1 日 1 次。一般可连续用药 3~5 天。

方 4：① 10%水杨酸钠注射液 200 毫升，40%乌洛托品注射液 80 毫升，静脉注射；② 10%氯化钙注射液 250 毫升，注射用维丁胶性钙 20 毫升，静脉注射；③ 10%葡萄糖注射液 1 000 毫升，缓慢静脉注射。上述 3 组药物分别、依次使用。

一般可连续用药3~5天。

前胃迟缓的病牛，治宜兴奋胃肠道，恢复前胃功能。健胃散250克，吗叮咛15片，灌服。一般可连续用药3~5天。

2. 乳房送风疗法

尽量使趴卧的病牛呈侧卧位，暴露乳房；挤净奶汁，用酒精棉球消毒乳导管、乳头及周围。轻轻转动乳导管，缓慢插入乳头直至乳房内，先通过乳导管缓慢注入5万~10万单位青霉素，稍等片刻，接上送风器或打气筒，分别向4个乳区打气送风。待乳房皮肤看起来已经胀满，轻轻敲打呈鼓音时，停止打气，缓慢取出乳导管，同时用纱布条将乳头扎进，以不出气为度，2小时后，解开纱布条，放出乳房内空气，并对乳房进行轻柔按摩。

3. 中兽医辨证治疗

中兽医认为，母牛产后瘫痪多因产前劳役过度，营养不足或失衡，身体瘦弱；或产后气血损耗，腠理不固，风寒湿邪乘虚侵袭，由表及里，传入经络，淤滞不通；或产后肝肾亏虚，营血不足，津液损耗，内不养神，外不养筋而发。

对发病初期病牛，当祛风舒筋，活血补肾。方用当归、黄芪、川续断、枸杞子、桑寄生、熟地、小茴香各30克，川芎、威灵仙各20克，益智仁、补骨脂、麦芽各45克，青皮25克，甘草20克。共研为末，开水冲调，候温灌服。每日1剂，连用3~5剂。

本病到了中后期，治宜气血双补，重补肝肾，活血化瘀，祛风除湿。方用独活、秦艽、当归、杜仲、牛膝、党参、茯苓各30克，桑寄生、熟地各45克，防风、白芍各25克，川芎、桂心各15克，细辛6克，甘草20克。共研为末，开水冲调，候温灌服。每日1剂，连用3~5剂。如疼痛明显，可酌加制川乌、制草乌、白花蛇等，以助搜风通络，活血止痛；寒邪偏盛时，酌加附子、干姜，以温补散寒；湿邪偏盛时，去熟地，酌加防己、薏苡仁、苍术，以祛湿消肿。

中后期病牛也可方用党参、白术、益母草、黄芪、当归各50克，白芍、陈皮、大枣各40克，熟地、川芎各30克，升麻、柴胡各25克，甘草20克。共研为末，开水冲调，候温灌服。每日1剂，连用3~5剂。

对卧地不起的病牛，治宜活血化瘀，强筋壮骨。方用红花、丹皮、当归、白术、川芎各25克，牛膝20克，延胡索、没药、桃红、赤芍各45克，甘草20克。共研为末，开水冲调，候温灌服。每日1剂，连用3~5剂。

十三、胎衣不下

正常情况下，母牛产犊后12小时内可自行排出胎衣，如果12小时内胎衣不能自行全部排出而滞留于子宫内，称为母牛胎衣不下，又称胎衣滞留。胎衣不下可引发母牛子宫内膜炎，影响其正常繁殖，严重者子宫感染，还可导致母牛患乳房炎、不孕症，甚至引起败血症而死亡。

（一）诊断要点

1. 发病原因

（1）日粮营养不均衡　母牛在妊娠期，尤其是妊娠后期（奶牛干奶期），如果粗饲料品质差，日粮营养水平不均衡，特别是矿物质元素、微量元素、维生素的含量少，或钙磷比例不合理，将导致钙吸收差。相关资料证明，饲料中含钙量低，是诱发母牛胎衣不下的重要因素。

（2）体质差，子宫收缩力不足　妊娠期母牛如果拴系饲养，运动量小，光照不足；或过度肥胖，过度瘦弱；或老龄母牛体质较差，临产时子宫将收缩无力。此外，因胎儿过大，胎水过多，导致胎盘迟缓，子宫收缩力也会不足。妊娠期感染某些传染病，如布鲁氏杆菌病、结核病等，也容易导致胎儿胎盘与母体胎盘粘连，临产时子宫收缩无力。

（3）环境影响　母牛产犊时，产房周围环境嘈杂，不仅影响产犊进程，还会导致胎衣不下。产程中母牛突然受到惊吓，子宫极易马上过紧收缩，使已经脱落的胎衣无法及时排出。

2. 临床症状

母牛产犊 12 小时后，胎衣仍未排出，母牛主要表现不安，哞叫，回头顾腹，弓背，努责。全部胎衣不下时，阴门外无异物。部分胎衣不下时，见一部分已经排出的胎衣挂在阴门外，起初呈鲜红色或土红色，随着时间延长，排出的胎衣逐渐腐败变质，变成灰白色，从阴门流出污秽的恶臭血水，并带有部分坏死的组织碎片或胎衣，卧下或按摩子宫，流出液更多。如果 24 小时内仍不能完全排出胎衣，产后母牛常出现全身症状，精神沉郁，食欲不振，前胃弛缓，有时继发瘤胃臌气。

（二）治疗

下列处方中药物用量为体重 200 千克母牛用量，具体用量可按体重大小灵活掌握。

1. 促进子宫收缩

方1：垂体后叶素 40~80 单位，肌内注射，2 小时后重复注射 1 次。

方2：① 子宫内缓慢注入温热的 10% 盐水 2 000 毫升，同时加入土霉素 3 克。② 5% 葡萄糖酸钙注射液 250 毫升，静脉注射。③ 双氯芬酸钠注射液 20 毫升，青霉素 480 万单位，青霉素钠 320 万单位。肌内注射。上述 3 组药物分别、依次使用。每天 1 次，一般连续用药 3~5 天。

方3：① 20% 氯化钙 60 毫升，生理盐水 350 毫升，静脉注射。② 双氯芬酸钠 20 毫升，青霉素 480 万单位，青霉素钠 320 万单位，肌内注射。上述 2 组药物分别、依次使用。每大 1 次，一般连续用药 3~5 天。

方 4：0.25% 氯化氨甲酰甲胆碱注射液 20 毫升，青霉素 480 万单位，青霉素钠 320 万单位，混合后一次性皮下注射。如胎衣在子宫内停留时间太长，可于 12 小时后重复注射 1 次。

方 5：氯前列烯醇 6 毫升，青霉素 480 万单位，青霉素钠 320 万单位，混合后肌内注射。

方 6：缩宫素 8 毫升，青霉素 480 万单位，青霉素钠 320 万单位，混合后肌内注射。

2. 预防感染

金霉素 2 克，装入胶囊内投入子宫。每日 1 次，连投 3 日。

全身症状明显的病牛，可用 20% 葡萄糖酸钙注射液 500 毫升，维生素 C 注射液 50 毫升，10% 安钠咖 30 毫升，20% 葡萄糖注射液 1 000 毫升，一次静脉注射，连用 3 日；也可用 5% 葡萄糖生理盐水注射液 1 500 毫升，头孢噻呋钠 5 克，维生素 C 注射液 50 毫升，地塞米松磷酸钠 20 毫克，10% 葡萄糖注射液 1 500 毫升，一次静脉注射，每日 1 次，连用 3 日。

3. 中药治疗

可根据情况，任选下列方剂之一治疗。

① 当归 120 克，党参、黄芪各 50 克，黄芩 40 克，川芎、桃仁各 45 克，炮姜、红花各 30 克，炙甘草 15 克，共研为末，开水冲泡半小时，加黄酒 250 毫升，一次灌服。每日 1 剂，连用 3 剂。

② 当归 60 克，红花、牛膝各 30 克，肉桂 15 克，共研为末，开水冲泡半小时，加黄酒 250 毫升，一次灌服。每日 1 剂，连用 3 剂。

③ 赤芍、当归尾、龟板各 60 克，桃仁、荆三棱、莪术各 30 克，红花 20 克，血余炭 15 克，共研为末，开水冲泡半小时，加黄酒 250 毫升，一次灌服。每日 1 剂，连用 3 剂。

④ 黄芪 60 克，党参 40 克，当归 30 克，柴胡、陈皮各 20 克，白术、川芎各 15 克，升麻 10 克；如有体温升高时，加黄芩 30 克，金银花 45 克。加水 500~1 000 毫升，共煎 2 次，2 次煎液合在一起，候温灌服，每日 1 剂，连用 3 剂。

4. 手术治疗

用药物治疗无效的患牛，应采用手术治疗。

方法 1：胎衣剥离术。母牛产后 2 天有部分胎衣不下时，可用此方法。具体操作：术者剪指甲、消毒手臂、涂抹石蜡油。洗净母牛外阴及周围，先向子宫内注入温热的 10% 食盐水 2 000 毫升。术者左手拉住已经排出的胎衣，右手沿着露在体外的胎衣伸入子宫内，由前向后、先左再右，用拇指和食指捏住胎膜的边缘，轻轻地从母体胎盘上剥开一点，然后顺着轻拉捻转，如此逐个剥离胎盘，直至胎衣被完全剥离取出。

方法2：捻转术。取一干净木棍，一头戳进已经外露的胎衣中间，用细麻绳把胎衣绑在木棍上，然后向一个方向转动木棍，让胎衣缠在木棍上，边缠边向外拉拽胎衣，但不可强拉硬拽。此方法有时也能使胎衣快速排出。

注意事项：对母牛产后2天，胎衣仍全部不下的患病母牛，也可以应用这两种方法进行手术剥离，但不宜过早进行手术，因为剥离容易损伤子宫并引发感染。同时，为防止子宫炎症，可在手术治疗后用温热的0.1%高锰酸钾溶液或2%~3%的明矾水2 000毫升冲洗子宫，然后灌注土霉素3克或四环素30片。必要时可肌内注射青霉素320万单位，每日2次，连用3日。

十四、子宫脱垂

母牛子宫角、子宫体、子宫颈的部分或全部翻转于阴道，并脱出于阴门外的现象，称为子宫脱垂。如不及时正确处置，可继发腹膜炎，甚至导致败血症而死亡。

（一）诊断要点

1. 发病原因

本病多发于产后。常因体质虚弱、饲养管理失宜或劳役过度，致使母牛子宫韧带松弛，胞宫失去悬吊支持作用而翻转脱出；或老弱经产母牛体质虚弱，产前过度劳役或产后过早使役且饲养管理不善；母牛长期缺乏运动，肌肉松弛，便秘难下，努责过度；胎儿过大，胎水过多，子宫过度伸展进而松弛；或因其他原因导致腹压突增，均可造成子宫翻转脱出。

2. 临床症状

母牛产后见阴门外挂一圆形肉团，仔细辨认，大多为子宫，有时也附有未脱离的胎衣。脱出物两角处向内凹陷，有许多暗红色的子叶，为母体胎盘。如果脱出时间长，脱出物逐渐淤血、水肿，变成黑褐色肉冻样物，严重感染，破溃流出黄水。如发生在寒冷的冬季，还会因冻伤而坏死。

病牛表现神疲体倦，卧地不起，食欲、反刍渐减，四肢微肿，尿频。严重者继发腹膜炎甚至败血症而死亡。

（二）治疗

1. 手术整复

将病1%~3%的温食盐水或白矾溶液清洗脱出的肉团及外阴周围，去除黏附在肉团上的污物、杂草及坏死组织。用冰片或白矾适量，研为细末，涂抹在肉团上，以便使脱出物尽量收缩。若已发生水肿，应用小三棱针乱刺外脱的肿胀黏膜，放出血水。

整复时，术者用拳头抵住子宫角末端，在病牛努责间隙把外脱的子宫推进产道，还纳于骨盆腔，并把子宫所有皱褶舒展，使其尽量完全复位、复原。而后，进行阴唇的钮扣状缝合，即在阴唇两外侧各垫上 2~3 粒钮扣，钮扣的下面向外，线通过钮扣孔进行缝合，然后打结固定。同时，取新砖一块烧热，喷上一些食醋，用数层布或毛巾包裹，放在阴门外热敷，以利子宫复原，防止再脱。

2. 药物治疗

整复后，应同时使用药物治疗。

催产素 50~100 单位，皮下或肌内注射。头孢噻呋钠 4 克，双黄连注射液 80 毫升，肌内注射，每日 2 次，连用 3 天。也可用氯化钙 50 克（或葡萄糖酸钙 100 克），25% 葡萄糖 1 500 毫升（或 50% 葡萄糖 500~1 000 毫升），地塞米松磷酸钠 15 毫克，维生素 B_1 50 毫升，维生素 C 50 毫升，静脉注射。每日 1 次，连用 3 天。

3. 中药治疗

手术整复后，可对症选药治疗。

如病牛脱出物不能缩回，色暗紫。病牛不断努责，神志倦怠，反刍少，口色青紫，脉象沉涩者，此为气滞血瘀，治宜行气活血，消肿止痛。方用当归、赤芍各 40 克，川芎、乳香、没药、续断各 30 克，郁金、乌药、杜仲各 35 克，甘草 15 克。加水适量，煎服。每日 1 剂，连用 3 剂。

如病牛脱出物不能缩回，卧地不起，食欲、反刍均少，大便稀溏，四肢微肿，后躯肢冷，口色淡白，脉象细而无力。此为气血双亏，治宜补脾益肾，养血敛阴。方用党参 50 克，白术、当归各 45 克，茯苓、白芍、熟地各 40 克，川芎、附子、肉桂各 30 克，甘草 20 克。加水适量，煎服。每日 1 剂，连用 3 剂。

如病牛脱出物不能缩回，脱出物严重感染，甚至破溃流水，尿频尿痛，尿色赤黄，口渴但不饮或少饮。此为湿热下注，治宜清热利湿，泻火解毒。方用大黄 35 克，土茯苓 30 克，栀子、木通、茵陈、灯芯草、泽泻各 25 克，滑石、车前草各 20 克。加水适量，煎服。每日 1 剂，连用 3 剂。

4. 针灸疗法

可针灸百会、命门、尾根、阴俞等穴，每天 1 次，连针 3 天。

电针后海、脱肛二穴（位于肛门两侧约 2 厘米处，左右各一穴），每天 1~2 次，每次 30 分钟以上。或者在后海穴和肛脱穴（位于阴唇中点旁约 2 厘米处，左右各一穴）用 18~29 号针头进针 4.5 厘米左右，分别注入 0.25% 盐酸普鲁卡因注射液 5 毫升。

为控制子宫再次脱出，可取两侧阴脱穴（阴唇两侧，阴唇上下联合中点旁2厘米处，左右各一），各注射95%酒精25毫升，每日1次，连用2天。

十五、酮病

酮病是指因糖、脂肪代谢障碍使血糖含量减少，而血液、尿液、乳汁中酮体含量异常增多的一种代谢性疾病。临床上表现为消化功能障碍（消化型）和神经系统紊乱（神经型），以低血糖、高血脂、酮血、酮尿、脂肪肝、酸中毒，以及体蛋白消耗多、食欲减退或废绝为临床特征。常发于产后3周左右的母牛。

（一）诊断要点

1. 发病原因

血糖代谢负平衡，是导致该病的根本原因。有原发性和继发性2种类型。

（1）原发性病因　与高蛋白、低能量饲料喂量过大，特别是碳水化合物饲料饲喂不足有关。主要出现在妊娠后期和泌乳初期。此外，饲喂过多过度发酵、质量低劣的青贮饲料；前胃功能障碍，产生过量的脂肪酸；体态过于肥胖等，均可引起酮病。

（2）继发性病因　多与产后瘫痪、子宫内膜炎、低磷血症或低镁血症等有关。

2. 临床症状

（1）消化型酮病　多在分娩后几天至数周内，尤其是在挤奶次数过多或泌乳盛期的奶牛发病率较高。病牛精神沉郁，食欲不振，反刍停止，拒食精料，喜食干草及污秽的垫草，常舔食泥土，啃咬栏杆。病牛鼻镜无汗，呼出的气体、皮肤和尿液有醋酮味或烂苹果味，牛奶易起泡沫，有醋酮味。有的病牛出现反复腹泻，或腹泻便秘交替发作。可视黏膜苍白或黄染。体重下降，日渐消瘦，脱水，见眼窝下陷，皮肤弹性降低。心跳每分钟100次以上，心音恍惚，第一、第二心音不清；体温一般无明显变化或略低于正常。

（2）神经型酮病　多在分娩后7~10天发病。除了具有消化型酮病的临床症状外，往往表现兴奋狂躁、双眼凶视，做攻击状，不断咀嚼、流涎，常做转圈运动。肌肉尤其是颈部肌肉痉挛，全身抽搐。随着病情不断发展，转为抑制，表现后躯运动不灵活甚至轻瘫，反应迟钝，重者昏睡状。体温下降。

（二）治疗

1. 西医疗法

① 50%葡萄糖注射液1 000毫升，地塞米松磷酸钠30毫克；② 5%碳酸氢钠注射液1 500毫升，辅酶A 500单位。上述两组药物分别、依次静脉注射，每日1

次，连用 3~5 天。同时，丙酸钠 300 克/天，分 2 次口服，连用 10 天。

神经型酮病，除使用上述方法治疗外，每天胃管灌服 2 次水合氯醛 10 克，连用 3~5 天。神经症状仍不缓解的病牛，可在以下两个处方中任选其一。

方1：10%葡萄糖酸钙注射液 500 毫升，静脉注射，每日 1 次，连用 3~5 天；同时用 10%安钠咖注射液 20 毫升，肌内注射，每日 1 次，连用 3 天。

方2：5%氯化钙注射液 300 毫升，5%葡萄糖注射液 500 毫升，单独或混合静脉注射，每日 1 次，连用 3~5 天；同时用 10%安钠咖注射液 20 毫升，肌内注射，每日 1 次，连用 3 天。

2. 中兽医疗法

如证见前胃蠕动微弱无力，纳差或不食，腹泻或腹泻便秘交替发作，黏膜苍白，泌乳量减少或停止，乳房干瘪，消瘦。此为脾胃气虚所致，治宜补气健脾，活血补血。药用党参、神曲、苍术各 60 克，白术、茯苓、山楂各 40 克，当归、熟地、川芎、白芍、半夏、陈皮、厚朴、木香、莱菔子各 30 克，黄连、草豆蔻各 25 克，干姜 15 克，甘草 20 克。加水适量，水煎 2 次，混合后分 2 次灌服。连用 3~5 天。如有消化不良，便中见未消化饲料渣者，用山楂 50 克、神曲 70 克，加砂仁 20 克；前胃蠕动不明显者，用厚朴 45 克，加枳壳 30 克；病久体虚，体温下降者，用党参 80 克，加黄芪 25 克；产后数日仍恶露不止者，去党参、白术，加益母草 60 克，金银花 40 克，鱼腥草 30 克；有明显神经症状者，去茯苓，加石菖蒲 30 克，酸枣仁 35 克，茯神、远志各 20 克。

如证见病牛卧地打滚甚至轻瘫不起；或狂躁不安，横冲直撞，双目凶视，眼球震颤，全身肌肉痉挛抽搐，猝然昏倒。此为肝血不足所致。治宜镇肝熄风，滋阴潜阳。方用生赭石 120 克，生牡蛎、酸枣仁、山茱萸、生龙骨各 60 克，当归 80 克，白芍、麦冬、菊花子、枸杞子、泽泻各 45 克，川芎、茯苓、甘草各 30 克。加水适量，水煎 2 次，混合后分 2 次灌服。连用 3~5 天。

十六、犊牛腹泻

犊牛腹泻是因肠蠕动亢进、内容物吸收不全，导致未被吸收的肠内容物和多量水分排出体外的一种疾病。临床上可分为因感染了病原微生物、寄生虫等引起的感染性腹泻和因饲养管理不当引起的消化不良性腹泻两种。犊牛阶段，10 日龄左右多发；初冬到早春，气候寒冷季节多见。

（一）诊断要点

1. 发病原因

（1）感染性腹泻　犊牛感染了大肠杆菌、沙门氏杆菌及冠状病毒、轮状病毒或球虫等，均可引起感染性腹泻。

（2）消化不良性腹泻

① 犊牛管理不当。犊牛腹泻多发生在吸吮母乳不久，或出生后 1～2 天内。犊牛没有及时吃上初乳，初乳喂量不足，母牛患有乳腺炎导致初乳不洁，均可使犊牛体内缺乏足够的免疫球蛋白，抗病力低下，引发本病。

② 妊娠母牛营养不全价。母牛在妊娠期，日粮粗劣，缺乏蛋白质、维生素、矿物质等营养，导致营养代谢紊乱，胎儿发育受阻，出生后犊牛发育不良，体质衰弱，抗病力低；母乳中缺少必要的营养。

③ 环境条件差。圈舍内部温度低，不能透光；阴冷潮湿，通风不良，是犊牛腹泻的重要诱因。

2. 临床症状

（1）感染性腹泻

① 大肠杆菌感染。感染大肠杆菌后引起的腹泻多发生于 10 日龄内，尤其是 1～3 日龄内的新生犊牛。常在犊牛未及时吃足初乳或发生消化障碍时突然发病，母乳不足或质量不佳、牛舍卫生条件差、温暖的小气候控制不力等均可诱发本病。急性病例多发生于 2～3 日龄内的出生犊牛，呈急性败血型变化，发热，间有腹泻，病程 2～3 天即死亡。10 日龄内的犊牛多呈慢性经过，临床症状较轻，食欲减退或废绝，排水样稀粪；而后呈现出明显的鼻黏膜干燥，皮肤弹性下降，眼球凹陷等脱水症状；有时出现不安、兴奋等神经症状，以后昏迷。严重病例体温下降，虚脱，衰竭，继发肺炎而死亡。

② 沙门氏杆菌感染。感染沙门氏杆菌后引起的腹泻多见于 1 月龄左右的犊牛，也叫犊牛副伤寒。常突然发病，体温升高到 40℃ 左右，下痢带血，混有黏液、纤维素性絮状物，后肢踢腹。严重者脱水，衰竭，5～6 天后即死亡。

③ 病毒性感染。新生犊牛病毒性腹泻是由多种病毒引起的急性腹泻综合征。由轮状病毒感染引起的腹泻，多发生于 1 周龄内的犊牛；冠状病毒感染引起的犊牛腹泻，多发生于 2～3 周龄的犊牛。病犊牛表现精神不振，食欲减退或废绝，呕吐，排黄白色稀粪。

④ 球虫感染。犊牛球虫病多见于 1 月龄以上的犊牛，4—9 月温暖潮湿的季节。感染球虫后的犊牛，下痢，里急后重，便中带血，恶臭。后期食欲废绝；被毛粗乱无光。可视黏膜苍白；贫血；喜卧甚至卧地不起。用饱和盐水漂浮法检查患病牛犊的粪便，可检出球虫卵囊。

（2）消化不良性腹泻　常见于 12～15 日龄犊牛。病犊腹泻，粪便呈灰白色、褐色或黄色粥样稀薄，有时混有未被消化的凝乳块；有时呈水样腹泻，甚至水枪样从肛门排出；排粪次数多，臭味小，沾污后躯。慢性病例因肠内容物过度发酵，会产生自体中毒甚至继发肠炎，腹泻症状加剧。

（二）治疗

1. 感染性腹泻

（1）**犊牛大肠杆菌病** 选用广谱抗生素或敏感抗生素治疗；脱水严重的病犊牛，强心补液，配合使用维生素 B$_1$、维生素 C，纠正酸中毒；纠正低血糖、低血钾和代谢性酸中毒。

抗生素治疗可用青霉素 80 万~160 万单位，链霉素 100 万单位，或氨苄青霉素 80 万单位，或蒽诺沙星注射液 20 毫升，一次肌内注射，每天早晚各 1 次，连续注射 3~5 天。

脱水严重的犊牛，在应用抗生素治疗的同时，还要用 5% 葡萄糖生理盐水 1 500~3 000 毫升，加入 5% 碳酸氢钠注射液 150~300 毫升，静脉滴注，每天 1~2 次，连用 3~5 天。也可用 5% 葡萄糖氯化钠注射液 500 毫升、10% 葡萄糖注射液 500 毫升、5% 碳酸氢钠注射液 250 毫升，配合 10% 安钠咖注射液 10 毫升、10% 维生素 B$_1$ 注射液 20 毫升、10% 维生素 C 注射液 20 毫升，静脉滴注。

危重腹泻患病犊牛需要大量补液时，加入 10% 氯化钾注射液 50~80 毫升，静脉滴注，每天 1~2 次，连用 3~5 天。口服补液可用氯化钠 3.5 克，氯化钾 1.5 克，碳酸氢钠 2.5 克，葡萄糖粉 20 克，常水 1 000 毫升，混溶后口服，每次 50~100 毫升/千克体重，每天服用 3~4 次。每头病犊牛每天每次口服氟哌酸 2.5 克，每天 2~3 次；同时用 6% 低分子右旋糖酐注射液、5% 葡萄糖氯化钠注射液、5% 葡萄糖注射液、5% 碳酸氢钠注射液各 250 毫升，氢化可的松注射液 100 毫克，10% 维生素 C 注射液 20 毫升，混溶后一次静脉滴注。轻症每天 1 次，重危症每天 2 次，连用 3~5 天。如果病犊牛有抽搐、昏迷等神经症状时，可同时静脉注射 25% 硫酸镁注射液 40 毫升。

预防本病，要保证牛舍和牛体卫生，产后 12 小时内让犊牛吃上、吃足初乳，防止直接接触粪便。母牛在怀孕期间，保证饲料营养全面均衡。饮水清洁，犊牛可自由饮用 0.1%~0.5% 高锰酸钾水。

（2）**犊牛沙门氏杆菌病** 内服氟苯尼考，20 毫克/千克体重，每天 3 次，也可剂量减半肌内注射，连用 5~7 天。对症治疗可参考犊牛大肠杆菌病用药。

中药治疗，1~2 月龄病犊牛可用白头翁 100 克，黄连、黄柏各 30 克，泽泻、元参、猪苓、生地各 20 克，黄芩、苍术、秦皮、炒槐花、炒丹皮、党参、炒栀子、侧柏叶、白术各 15 克，共研末，用 500 毫升开水冲调，候温灌服，每天 1 次，连用 5 天。

预防本病，要加强对母牛和犊牛的饲养管理，保持牛舍空气清新、清洁干燥，注意母牛乳房卫生，保证饲草饲料质量，定期消毒。疫区可注射牛副伤寒灭活菌苗，妊娠母牛产前 1.5~2 个月肌内注射 2~5 毫升，所产犊牛 1~1.5 月龄时注射 1~2 毫升。

（3）**病毒性腹泻** 本病无有效治疗方法，在加强护理和对症治疗的同时，可用中药提高治疗效果。1~3 周龄病犊牛可用熟地 10 克、黄柏 15 克、黄芪 12 克、黄芩 15 克、罂粟壳 15 克、茯苓 10 克、党参 10 克、白芍 10 克、石榴皮 12 克、泽泻 10 克、地榆 12 克、神曲 10 克、山楂 14 克、麦芽 10 克、当归 10 克、甘草 20 克，加水 1 000 毫升，煎煮到 500 毫升，候温给病犊牛分 2~3 次灌服，每天 1 剂，连用 5 剂。

加强饲养管理，定期检疫、隔离、净化。发现病犊牛，及时隔离治疗。

（4）**寄生虫性腹泻** 1 月龄以上的犊牛，内服 5~8 毫克/千克体重阿维菌素片，每天 2 次，连用 3 天。服用驱虫药后 1 周内的粪便要集中堆积发酵。

牛舍保持通风干燥，消除积水，定期消毒。定期擦洗哺乳母牛乳房。保持饲料饮水清洁，严防粪尿污染。犊牛要与成年牛分开饲养。

2. 消化不良性腹泻

先禁乳 8~10 小时，改用口服补液盐；用液状石蜡油 150~200 毫升，一次灌服，排出肠内容物；次日用磺胺脒、碳酸氢钠各 4 克，一次喂服，每天服用 3 次，连服 2~3 天，控制继发感染和酸中毒；腹泻而脱水者，尽快补充 5% 碳酸氢钠注射液 250 毫升，5% 葡萄糖注射液 300 毫升，5% 葡萄糖氯化钠注射液 500 毫升，一次静脉注射，每日 1~2 次，连用 2~3 天，以补充电解质。下痢带血的病犊，还可用维生素 K_3 注射液 4 毫升肌内注射，每天 2 次，直至便中无血。

参考文献

陈幼春, 1999. 现代肉牛生产 [M]. 北京：中国农业出版社.

蒋洪茂, 1999. 优质牛肉生产技术 [M]. 北京：中国农业出版社.

兰俊宝, 王中华, 2002. 牛的生产与经营 [M]. 北京：高等教育出版社.

李宏全, 2013. 门诊兽医手册 [M]. 北京：中国农业出版社.

刘强, 闫益波, 2013. 肉牛标准化规模养殖技术 [M]. 北京：中国农业科学技术出版社.

孙颖士, 钟鸣久, 2005. 牛羊病防治 [M]. 北京：高等教育出版社.

覃国森, 丁洪涛, 2006. 养牛与牛病防治 [M]. 北京：中国农业出版社.